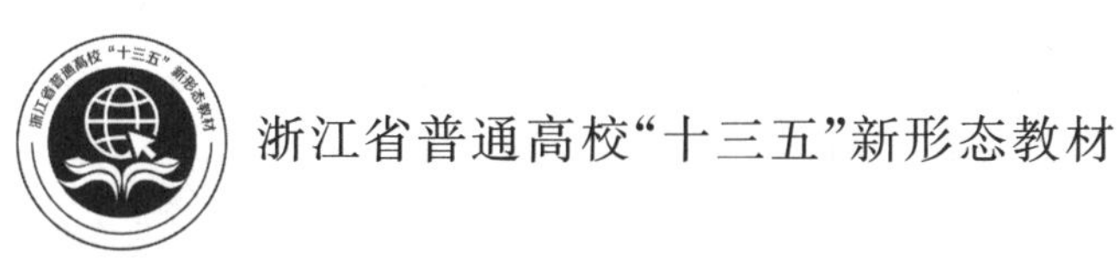

浙江省普通高校“十三五”新形态教材

计算机信息的加密与解密

主　编　　冯卓慧
副主编　　徐　晶

ZHEJIANG UNIVERSITY PRESS
浙江大学出版社

图书在版编目（CIP）数据

计算机信息的加密与解密 / 冯卓慧主编. —杭州：浙江大学出版社，2021.10
ISBN 978-7-308-21831-3

Ⅰ. ①计… Ⅱ. ①冯… Ⅲ. ①电子计算机—密码—加密技术 ②电子计算机—密码—解密译码 Ⅳ. ①TP309.7

中国版本图书馆 CIP 数据核字（2021）第 204694 号

计算机信息的加密与解密

冯卓慧 主编

责任编辑 王元新
责任校对 秦 瑕
封面设计 周 灵
出版发行 浙江大学出版社
（杭州市天目山路 148 号 邮政编码 310007）
（网址：http://www.zjupress.com）
排　　版 杭州好友排版工作室
印　　刷 杭州高腾印务有限公司
开　　本 787mm×1092mm 1/16
印　　张 14.75
字　　数 368 千
版 印 次 2021 年 10 月第 1 版 2021 年 10 月第 1 次印刷
书　　号 ISBN 978-7-308-21831-3
定　　价 45.00 元

前　言

密码技术是保障网络与信息安全的核心技术和支撑基础。通过密码技术，可以实现信息在计算机中和网络上的防泄密、防篡改、防假冒、抗抵赖等安全措施。在信息化和网络化高度发达的今天，密码技术已经渗透到了社会生产生活的各个方面，重要网络和信息系统、关键信息基础设施、信息化平台都离不开密码的保护。物联网、云计算、大数据、人工智能、区块链、5G、数字经济等新技术、新业态都与密码紧密融合。

2019 年 10 月 26 日，十三届全国人大常委会审议通过《中华人民共和国密码法》，自 2020 年 1 月 1 日起施行。2021 年 3 月，教育部正式将“密码科学与技术”列入新增普通高等学校本科专业目录，7 所高校从当年秋季开始招收密码专业本科生；“密码技术应用”专业也已纳入职业教育专业目录。人力资源和社会保障部会同国家市场监管总局、国家统计局发布新职业信息，将“密码技术应用员”确定为新职业。根据第 48 次《中国互联网络发展状况统计报告》，截至 2021 年 6 月，我国网民规模达 10.11 亿人，较 2020 年 12 月增长 2175 万。其中，使用台式电脑和笔记本电脑上网的比例分别为 34.6%和 30.8%。法律的颁布、专业的增设以及网民数量的持续增长，促使我国密码应用保障领域全面拓宽，社会公众的密码安全意识亟待增强。密码应用技术在维护国家安全、促进经济社会发展、保护人民群众利益中的作用日益凸显。

加密与解密正如矛与盾的关系，它们是在互相斗争中发展进步的，双方相互依存，互为条件，共处于一个统一体中，对一方的有效学习能够加强对另一方的深入认识。本书的编写目的在于通过一些实际的应用案例来介绍计算机中常用的加密和解密技术，使广大读者对密码技术有更加深入的了解，从而提高个人的信息安全意识和技术水平。本书一共分为八章，各章的主要内容如下。

第 1 章密码概述，主要介绍了密码在不同时代、不同地区的应用案例，以及传统的加密解密方法和对称加密技术，重点介绍了数据加密标准 DES(Data Encryption Standard)的设计思想和算法步骤。

第 2 章常用压缩软件的加密与解密，主要介绍了 WinZip 和 WinRAR 等压缩软件的加密操作方法和 Advanced Archive Password Recovery 破解工具的使用，以及数据压缩的原理、分类和算法。

第 3 章常用办公软件的加密与解密，主要介绍了 Windows 操作系统中 Office 办公软件的加密操作方法和 Advanced Office Password Recovery 破解工具的使用，以及如何通过密码字典生成工具来制作字典文件。

第 4 章加密软件，主要介绍了如何通过各种加密软件来对我们的文件和信息进行加密保护。本章有选择性地介绍 CnCrypt、Wise Folder Hider、Dekart Private Disk 和 Pretty Good Privacy 等几种较为常见且操作方便的加密工具使用方法，以及如何使用异或运算来设计一个简单的加密软件。

第 5 章密码的设置与管理，主要介绍了各种用户密码的强度，并提出用户密码设置的六条原则和二十种构造密码的方法，并对各种构造方法进行了详尽的说明，较好地解决了用户密码的安全性和可记性的矛盾，此外还介绍了密码管理工具的使用方法和 MD5 算法。

第 6 章系统密码技术，主要介绍了计算机硬件主板的 BIOS 密码和操作系统密码的设置方法，以及相应的恢复技术。

第 7 章非对称加密技术。非对称加密技术是现代信息安全的基石，已有多方面的成熟应用。本章主要介绍 PKI 系统结构、CA 的构建技术以及 RSA 算法原理和实现步骤。

第 8 章软件保护与破解技术，主要介绍了软件基本的保护与破解原理和技术，通过循序渐进的方法讲解了软件破解中的静态分析技术和动态分析技术，最后给出破解实例。

本书第 1 章由冯卓慧编写，第 2 章和第 3 章由冯卓慧和彭辉编写，第 4 章由冯卓慧编写，第 5 章和第 6 章由冯卓慧和李龙景编写，第 7 章由徐晶编写，第 8 章由冯卓慧编写。全书最后由冯卓慧统稿。由于当前信息技术发展迅速，而编者本身水平有限，本书难免存在疏漏和不足之处，恳请各位专家和读者批评指正，以便我们进一步完善和提高。

编　者

2021 年 7 月

目　录

第1章 密码概述

人类在经过石器时代、铁器时代和蒸汽时代后，迈入了信息时代。20世纪90年代后，人类社会进入信息时代的高速发展时期。其主要标志就是网络通信技术及计算机技术的飞速发展和广泛应用。本书的计算机信息就是指在计算机上呈现的各类信息，如字符、图片、音频、视频等，其归根结底都是二进制编码信息。而广义上的信息无处不在，它泛指人类社会传播的一切内容，如语言、文字、声音、图像等。早在远古时期，我们的祖先就知道了用"结绳记事""烽火告急""飞鸽传书"等方法来存储和传递信息，而密码则是信息经过加工处理后的产物，这个加工过程就是加密与解密。早在几千年前，人类就已经将密码应用在军事上，如古希腊的腰带密码、古代中国的反切码等。1949年，信息论创始人香农(C. E. Shannon)通过论证得到由传统的加密方法所获得的密文几乎都是可攻破的。这使得密码的安全性一度备受争议。直至20世纪60年代，由于计算机技术的迅速发展，以及结构代数、可计算性理论学科研究成果的出现，密码研究走出困境，进入了一个新的发展时期。特别是美国的数据加密标准DES和公开密钥密码体制的推出，为密码学的广泛应用奠定了坚实的基础。

1.1 密码应用案例

1.1.1 腰带密码

公元前405年，雅典和斯巴达之间的伯罗奔尼撒战争已进入尾声。斯巴达军队逐渐占据了优势地位，准备对雅典发动最后一击。这时，原来站在斯巴达一边的波斯帝国突然改变态度，停止了对斯巴达的援助，意图使雅典和斯巴达在持续的战争中两败俱伤，以便从中渔利。在这种情况下，斯巴达急需摸清波斯帝国的具体行动计划，以便采取新的战略方针。正在这时，斯巴达军队抓获了一名从波斯帝国回雅典送信的雅典信使。斯巴达士兵仔细搜查这名信使，可搜查了好大一阵，除了从他身上搜出一条布满杂乱无章的希腊字母的普通腰带外，别无他获。情报究竟藏在什么地方呢？斯巴达军队统帅莱桑德把注意力集中到了那条腰带上，认定情报就在那些杂乱的字母之中。他反复琢磨研究这些天书似的文字，把腰带上的字母用各种方法重新排列组合，怎么也解不出来。最后，莱桑德失去了信心，他一边摆弄着那条腰带，一边思考着弄到情报的其他途径。当他无意中把腰带呈螺旋形缠绕在手中的剑鞘上时，奇迹出现了。腰带上原来那些杂乱无章的字母，竟组成了一段文字。这便是雅典间谍送回的一份情报，它告诉雅典，波斯军队准备在斯巴达军队发起最后攻击时，突然对斯巴达军队进行袭击。斯巴达军队根据这份情报马上改变了作战计划，先以迅雷不及掩耳之势攻击毫无防备的波斯军队，并一举将它击溃，解除了后顾之忧。随后，斯巴达军队回师征伐雅典，终于取得了战争的最后胜利。

雅典间谍送回的腰带情报，就是世界上最早的密码情报，具体运用方法是，通信双方首先约定密码解读规则，然后发信方将腰带（或羊皮等其他东西）缠绕在约定长度和粗细的木棍上书写。收信方接到后，如果不把腰带缠绕在同样长度和粗细的木棍上，就只能看到一些毫无规则的字母，如图 1.1.1 所示。后来，这种密码通信方式在希腊广为流传。现代的密码电报，据说就是受了它的启发而发明的。

图 1.1.1　雅典间谍的腰带情报

1.1.2　反切码

到 16 世纪中叶，中国出现了真正的密码——反切码。其原理与现代密电码的设计原理完全一样，但却比现代密码更难破译，它使用汉字注音方法中的“反切法”进行编码。反切注音方法出现于东汉末年，是用两个字为另一个字注音，取上字的声母和下字的韵母，“切”出另外一个字的读音。“反切码”就是在这种反切拼音基础上发明的，发明人是著名的抗倭将领、军事家戚继光。戚继光还专门编了两首诗歌作为密码本。一首是：“柳边求气低，波他争日时。莺蒙语出喜，打掌与君知”；另一首是：“春花香，秋山开，嘉宾欢歌须金杯，孤灯光辉烧银缸。之东郊，过西桥，鸡声催初天，奇梅歪遮沟。”这两首诗歌是反切码全部秘密所在。取前一首中的前15个字的声母，依次分别编号1～15；取后一首36字韵母，顺序编号1～36。再将当时字音的八种声调，也按顺序编上号码1～8，形成完整的“反切码”体系。其使用方法是：如果送回的情报上的密码有一串是5－25－2，对照声母编号5是“低”字，韵母歌编号25是“西”字，两字的声母和韵母合到一起是di，对照声调是2，即dí，就可以切射出“敌”字。戚继光还专门编写了一本字典《八音字义便览》，作为训练情报人员、通信兵的专门教材。

1.1.3　无线电报

1844年，萨米尔·莫尔斯发明了莫尔斯电码，用一系列的电子点划来进行电报通信。电报的出现第一次使远距离快速传递信息成为可能，它增强了西方各国的通信能力。20世纪初，意大利物理学家奎里亚摩·马可尼发明了无线电报，让无线电波成为新的通信手段，它实现了远距离通信的即时传输。由于通过无线电波送出的每条信息不仅传送给了己方，也传送给了敌方，这就意味着必须给每条信息加密。随着第一次世界大战的爆发，对密码和解码人员的需求急剧上升，一场秘密通信的全球战役打响了。20世纪初，第一次世界大战进行到关键时刻，英国破译密码的专门机构“40号房间”利用缴获的德国密码本破译了著名的“齐默尔曼电报”，促使美国放弃中立参战，改变了战争进程。

1.1.4　Enigma(恩尼格玛)密码机

Enigma密码机是德国的Arthur Scherbius于1919年发明的一种加密电子器件，结合了机械系统与电子系统(见图1.1.2)。机械系统包括一个包含了字母与数字的键盘，相邻地排列在一个轴上的一系列名为“转子”的旋转圆盘，在每次按键后最右边的转子都会旋转，并且有些时候与它相邻的一些转子也会旋转。转子持续的旋转会造成每次按键后得到的加密字母都会不一样。接线板上的每条线都会连接一对字母，这些线的作用就是在电流进入转子前改变它的方向。三个转子不同的转向组成了26×26×26＝17576种可能性；三个转子间不同的相对位置为6种可能性；连接板上两两交换6对字母的可能性则是异常庞大的，有100391791500种；于是一共有17576×6×100391791500种。这样庞大的可能性，即便能动员大量的人力物力，要想靠“暴力破译法”来逐一试验可能性，那几乎是不可能的。而收发双方，则只要按照约定的转子方向、位置和连接板连线状况，就可以非常轻松简单地进行通信了。这就是Enigma密码机的保密原理。

1.1.5　语言密码

在第二次世界大战中，印第安纳瓦约(Navajo)土著语言被美军用作密码。美国在二战时特别征募使用印第安纳瓦约通信兵。在第二次世界大战日美的太平洋战场上，美国海军军部让北墨西哥和亚历桑那印第安纳瓦约族人使用约瓦纳语进行情报传递。纳瓦约语的语法、音调及词汇都极为独特，不为世人所知道，当时纳瓦约族以外的美国人中，能听懂这种语言的也就一二十人，这是密码学和语言学的成功结合。我国在对越自卫反击战中也曾利用温州方言来进行军事通信。但是，语言进行通信的效率不高，而且有局限性，假如有一幅照

图 1.1.2　Enigma 密码机

片，如果用语言该如何来传输？最终还是需要转换成计算机数据来传输。

1.1.6　量子密码

1985 年，美国的贝内特(Bennett)根据 BB84 协议，在实验室第一次实现了量子密码加密信息的通信。尽管通信距离只有 30 厘米，但它证明了量子密码术的实用性。与一次性便笺密码结合，同样利用量子的神奇物理特性，可产生连量子计算机也无法破译的绝对安全的密码。2003 年，位于日内瓦的 ID Quantique 公司和位于纽约的 MagiQ 技术公司，推出了传送量子密钥的距离超越了 30 厘米的商业产品。2013 年，中国科技大学潘建伟小组首次实现测量设备无关的量子密钥分发，彻底抵御了所有针对探测系统的黑客攻击，被美国物理学会评选为 2013 年度国际物理学重大进展；2014 年，将测量设备无关的量子密钥分发安全通信距离拓展至 200 千米，创造了新的世界纪录；2016 年，又首次实现了基于非可信中继的量子密钥分发网络。

1.2　传统加密方法

1.2.1　基本概念

加密就是按确定的加密变换方法(加密算法)对需要保护的数据(也称为明文)作处理，使其变换成为难以识读的数据(密文)。其逆过程，即将密文按对应的解密变换方法(解密算法)恢复出现明文的过程，称为数据解密。为了使加密算法能被许多人共用，在加密过程中又引入了一个可变量——加密密钥。这样可以在不改变加密算法的情况下，按照需要设置不同的密钥，也能将相同的明文加密成不同的密文。加密的基本功能包括：防止不速之客查看机密的数据文件；防止机密数据被泄露或篡改；防止特权用户（如系统管理员）查看私人数据文件；使入侵者不能轻易地查找一个系统的文件等。

- 明文（plain text，记为 P）：指信息的原始形式。
- 密文（cipher text，记为 C）：指明文经过算法变换加密后的形式。
- 加密（enciphering，记为 E）：指由明文变成密文的过程，加密通常是由加密算法来实现的。
- 解密（deciphering，记为 D）：指由密文还原成明文的过程，解密通常是由解密算法来实现的。
- 密钥（key，记为 K）：为了有效地控制加密和解密算法的实现，在其处理过程中要由通信双方掌握的专门信息参与。

1.2.2 替代密码

替代密码（substitution cipher）是用一组密文字母来代替一组明文字母以隐藏明文，但保持明文字母的位置不变。在替代法加密体制中，使用了密钥字母表。它可以由一个明文字母表构成，也可以由多个明文字母表构成。

1. 单表替代密码——由一个字母表构成的替代密码

Julius Caesar 发明的凯撒密码是最古老的替代密码。以英文 26 个字母为例，它用 D 表示 A，用 E 表示 B，用 F 表示 C，…，用 C 表示 Z，也就是说密文字母相对明文字母循环左移了 3 位，因此，又称为循环移位密码。这种映射关系表示为如下函数：

$$f(a)=(a+k) \bmod n$$

其中：a 表示明文字母所对应的数字（见表 1.1.1）；n 为字符集中字母个数；k 为密钥。

表 1.1.1 字母数字映射

字母	A	B	C	D	E	F	G	H	I	J	K	L	M
数字	0	1	2	3	4	5	6	7	8	9	10	11	12
字母	N	O	P	Q	R	S	T	U	V	W	X	Y	Z
数字	13	14	15	16	17	18	19	20	21	22	23	24	25

假设密钥 $k=3$，明文 Z“TEXT”经过单表替代加密后得到密文“WHAW”。具体步骤如下：

$$f(\mathrm{T})=(19+3)\bmod 26 = 22(\text{字母 W})$$
$$f(\mathrm{E})=(4+3) \bmod 26 = 7(\text{字母 H})$$
$$f(\mathrm{X})=(23+3) \bmod 26 = 0(\text{字母 A})$$
$$f(\mathrm{T})=(19+3) \bmod 26 = 22(\text{字母 W})$$

对于密钥 $k=3$，其字母替代映射表如表 1.1.2 所示。

表 1.1.2 凯撒密码替代映射

明文	A	B	C	D	E	F	G	H	I	J	K	L	M
密文	D	E	F	G	H	I	J	K	L	M	N	O	P
明文	N	O	P	Q	R	S	T	U	V	W	X	Y	Z
密文	Q	R	S	T	U	V	W	X	Y	Z	A	B	C

通过上述示例可知，根据密文恢复明文是非常简单的，因为只要知道密钥 k 就可以构造一张密码映射表，根据 k 的取值范围，最多只需尝试 25 次即可轻易破解密码。因此，凯撒密码的安全性很低。

2. 多表替代密码

500 年前，单表置换加密算法得到了改进，这就是多表置换加密法。周期替代密码就是一种常用的多表替代密码，又称为费杰尔(Vigenere)密码。这种替代法是循环地使用有限个字母来实现替代的一种方法。

这种加密的密码表示以字母表移位为基础，把 26 个英文字母进行循环移位，排列在一起，形成 26×26 的方阵，该方阵被称为费杰尔密码表。它采用的算法为：

$$f(a)=(a+B_i) \bmod n,\ i=1,2,\cdots,n$$

实际使用时，往往把某个容易记忆的单词作为密钥。加密时，将密钥写在明文下方(或上方)，若密钥与明文位数不一致，则重复循环使用密钥。每个明文字母下面(或上面)对应的密钥字母说明该明文字母应该用费杰尔密码表的哪一行加密，如表 1.1.3 所示。

表 1.1.3 费杰尔密码

行	列																									
	A	B	C	D	E	F	G	H	I	J	K	L	M	N	O	P	Q	R	S	T	U	V	W	X	Y	Z
A	A	B	C	D	E	F	G	H	I	J	K	L	M	N	O	P	Q	R	S	T	U	V	W	X	Y	Z
B	B	C	D	E	F	G	H	I	J	K	L	M	N	O	P	Q	R	S	T	U	V	W	X	Y	Z	A
C	C	D	E	F	G	H	I	J	K	L	M	N	O	P	Q	R	S	T	U	V	W	X	Y	Z	A	B
D	D	E	F	G	H	I	J	K	L	M	N	O	P	Q	R	S	T	U	V	W	X	Y	Z	A	B	C
E	E	F	G	H	I	J	K	L	M	N	O	P	Q	R	S	T	U	V	W	X	Y	Z	A	B	C	D
F	F	G	H	I	J	K	L	M	N	O	P	Q	R	S	T	U	V	W	X	Y	Z	A	B	C	D	E
G	G	H	I	J	K	L	M	N	O	P	Q	R	S	T	U	V	W	X	Y	Z	A	B	C	D	E	F
H	H	I	J	K	L	M	N	O	P	Q	R	S	T	U	V	W	X	Y	Z	A	B	C	D	E	F	G
I	I	J	K	L	M	N	O	P	Q	R	S	T	U	V	W	X	Y	Z	A	B	C	D	E	F	G	H
J	J	K	L	M	N	O	P	Q	R	S	T	U	V	W	X	Y	Z	A	B	C	D	E	F	G	H	I
K	K	L	M	N	O	P	Q	R	S	T	U	V	W	X	Y	Z	A	B	C	D	E	F	G	H	I	J
L	L	M	N	O	P	Q	R	S	T	U	V	W	X	Y	Z	A	B	C	D	E	F	G	H	I	J	K
M	M	N	O	P	Q	R	S	T	U	V	W	X	Y	Z	A	B	C	D	E	F	G	H	I	J	K	L
N	N	O	P	Q	R	S	T	U	V	W	X	Y	Z	A	B	C	D	E	F	G	H	I	J	K	L	M
O	O	P	Q	R	S	T	U	V	W	X	Y	Z	A	B	C	D	E	F	G	H	I	J	K	L	M	N

续表

行	列																									
	A	B	C	D	E	F	G	H	I	J	K	L	M	N	O	P	Q	R	S	T	U	V	W	X	Y	Z
P	P	Q	R	S	T	U	V	W	X	Y	Z	A	B	C	D	E	F	G	H	I	J	K	L	M	N	O
Q	Q	R	S	T	U	V	W	X	Y	Z	A	B	C	D	E	F	G	H	I	J	K	L	M	N	O	P
R	R	S	T	U	V	W	X	Y	Z	A	B	C	D	E	F	G	H	I	J	K	L	M	N	O	P	Q
S	S	T	U	V	W	X	Y	Z	A	B	C	D	E	F	G	H	I	J	K	L	M	N	O	P	Q	R
T	T	U	V	W	X	Y	Z	A	B	C	D	E	F	G	H	I	J	K	L	M	N	O	P	Q	R	S
U	U	V	W	X	Y	Z	A	B	C	D	E	F	G	H	I	J	K	L	M	N	O	P	Q	R	S	T
V	V	W	X	Y	Z	A	B	C	D	E	F	G	H	I	J	K	L	M	N	O	P	Q	R	S	T	U
W	W	X	Y	Z	A	B	C	D	E	F	G	H	I	J	K	L	M	N	O	P	Q	R	S	T	U	V
X	X	Y	Z	A	B	C	D	E	F	G	H	I	J	K	L	M	N	O	P	Q	R	S	T	U	V	W
Y	Y	Z	A	B	C	D	E	F	G	H	I	J	K	L	M	N	O	P	Q	R	S	T	U	V	W	X
Z	Z	A	B	C	D	E	F	G	H	I	J	K	L	M	N	O	P	Q	R	S	T	U	V	W	X	Y

例如，以“PASSWORD”为密钥，将明文“HELLOWORLD”进行加密，形成的密码替代映射结果如表 1.1.4 所示。

表 1.1.4 费杰尔(Vigenere)密码替代映射表

明文	H	E	L	L	O	W	O	R	L	D
密钥	P	A	S	S	W	O	R	D	P	A
密文	W	E	D	D	K	K	F	U	A	D

1.2.3 换位密码

换位密码(transposition cipher)是采用移位法进行加密的。它把明文中的字母重新排列，本身不变，但位置改变了。换位密码的安全是靠重新安排字母的顺序来实现的，而不是隐藏它们。

1. 列换位加密法

列换位加密法是将明文字符分割成为若干个一列(如 5 个一列)的分组，并按一组后面跟着另一组的形式排好，形式如表 1.1.5 所示。

表 1.1.5 列换位法示例表

p1	p2	p3	p4	p5
p6	p7	p8	p9	p10
p11	p12	p13	p14	p15
…	…	…	…	…

最后，不能完全分配的组可以重复循环使用明文进行补齐。密文就是通过取各列来产

生的：p1 p6 p11 … p2 p7 p12 … p3 p8 p13 …。

例如，将明文“WHAT CAN WE LEARN FROM THIS BOOK”分组排列到行，如表 1.1.6所示。

表 1.1.6　列换位法实例

W	H	A	T	C
A	N	W	E	L
E	A	R	N	F
R	O	M	T	H
I	S	B	O	O
K	W	H	A	T

密文则以列的形式取出：WAERIK HNAOSW AWRMBH TENTOA CLFHOT，密钥 $k=5$，即列数。

2. 矩阵换位加密法

矩阵换位加密法是把明文的字母按给定的顺序安排在一个矩阵中，然后用另一种顺序选出矩阵的字母来产生密文。例如，将明文 ENGINEERING 按行安排在一个 3×4 矩阵中，如果最后不能完全分配，可以重复循环使用明文补齐（同列换位加密法）。如图 1.1.3 所示。

	1	2	3	4
1	E	N	G	I
2	N	E	E	R
3	I	N	G	A

图 1.1.3　3×4 矩阵（一）

假设给定一个密钥（列号置换序号）：k=(2413)，根据第 2 列，第 4 列，第 1 列，第 3 列的顺序排列，变换后如图 1.1.4 所示。

	1	2	3	4
1	N	I	E	G
2	E	R	N	E
3	N	A	I	G

图 1.1.4　3×4 矩阵（二）

密文结果为 NIEGERNENAIG。在这个加密方案中，密钥就是矩阵的行数和列数，以及给定的置换序号，解密过程同样是将密文放入矩阵，按行和列的顺序填入，再根据给定的置换序号反向操作，即可恢复明文。

此外，也可以使用多个字母作为秘钥，将明文排序，然后以秘钥字母大写顺序排出列号，再以列的顺序取出密文，如图 1.1.5 例所示，使用“MATRIX”作为秘钥来加密明文“COMPUTER INFOMATION SECURITY”。

秘钥：	M	A	T	R	I	X
列号：	3	1	5	4	2	6
	C	O	M	P	U	T
	E	R	I	N	F	O
	M	A	T	I	O	N
	S	E	C	U	R	I
	T	Y	C	O	M	P

图 1.1.5　多个字母作为秘钥

密文：ORAEYUFORMCEMSTPNIUOMITCCTONIP

1.3　对称加密技术

1.3.1　对称密码体制介绍

对称密码体制又称为秘密密钥密码体制或者单密钥密码体制，加密模型如图 1.1.6 所示，把要加密的原始报文(明文)，按照以密钥为参数的函数进行变换(加密)，通过加密过程而产生一个输出报文(密文)。如果密码算法的加密密钥和解密密钥相同，或者由其中一个很容易推导出另一个，该算法就是对称密码算法。对称密码体制的安全性主要取决于两个因素：一是加密算法必须足够安全；二是密钥必须保密。对称密码体制要求入侵者在掌握了密文和加解密算法的情况下，无法破译出明文或破译(在时间上)的代价非常大。

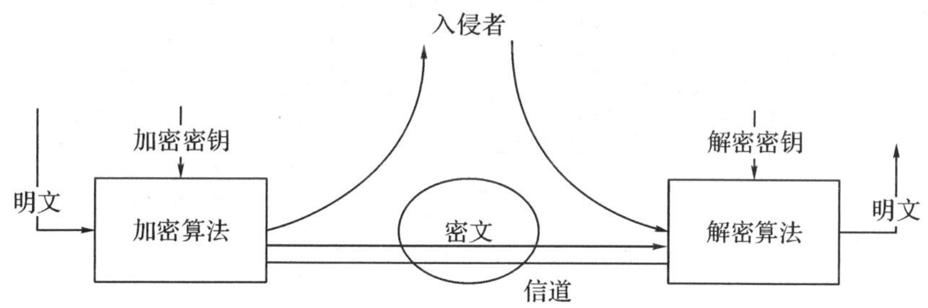

图 1.1.6　对称加密模型

对称密码算法的优点：加密、解密处理速度快，保密度高等。缺点：①密钥是保密通信安全的关键，发送方必须安全、妥善地把密钥护送到接收方，不能泄露其内容。如何才能把密钥安全地送到接收方，是对称密码算法的突出问题。②多人通信时密钥组合的数量会出现几何性增长，使密钥分发更加复杂化，假设有 N 个用户进行两两通信，总共需要的密钥数量为 $N(N-1)/2$ 个。③通信双方必须统一密钥，才能发送保密的信息，假如发送方与接收方素不相识，就无法向对方发送保密信息了。④除了密钥管理与分发问题外，对称密码算法还存在数字签名困难问题(通信双方拥有同样的消息，接收方可以伪造签名，发送方也可以否认发送过某消息)。

对称密码体制分为两类:一类是对明文的单个位(或字节)进行运算的算法,称为序列密码算法,也称为流密码算法(stream cipher);另一类是把明文信息划分成不同的块(组)结构,分别对每个块(组)进行加密和解密,称为分组密码算法(block cipher)。

1.3.2 数据加密标准思想

数据加密标准(Data Encryption Standard, DES)是在 20 世纪 70 年代中期由美国 IBM 公司的一个密码算法发展而来的,1977 年美国国家标准局公布 DES 密码算法作为美国数据加密标准。

DES 密码算法所使用的加密密钥和解密密钥相同,属于对称密码体制。DES 是一种典型的分组密码算法,是将两个基本的加密块(组)替代和换位的复杂结构。它通过 16 次反复应用块(组)替代和换位来提高其强度,使得密码分析者无法获得该算法一般特性以外的更多信息。对于这种加密算法,除了采用蛮力攻击尝试密钥外,还没有已知技术可以求得所用的密钥。加密流程如图 1.1.7 所示。

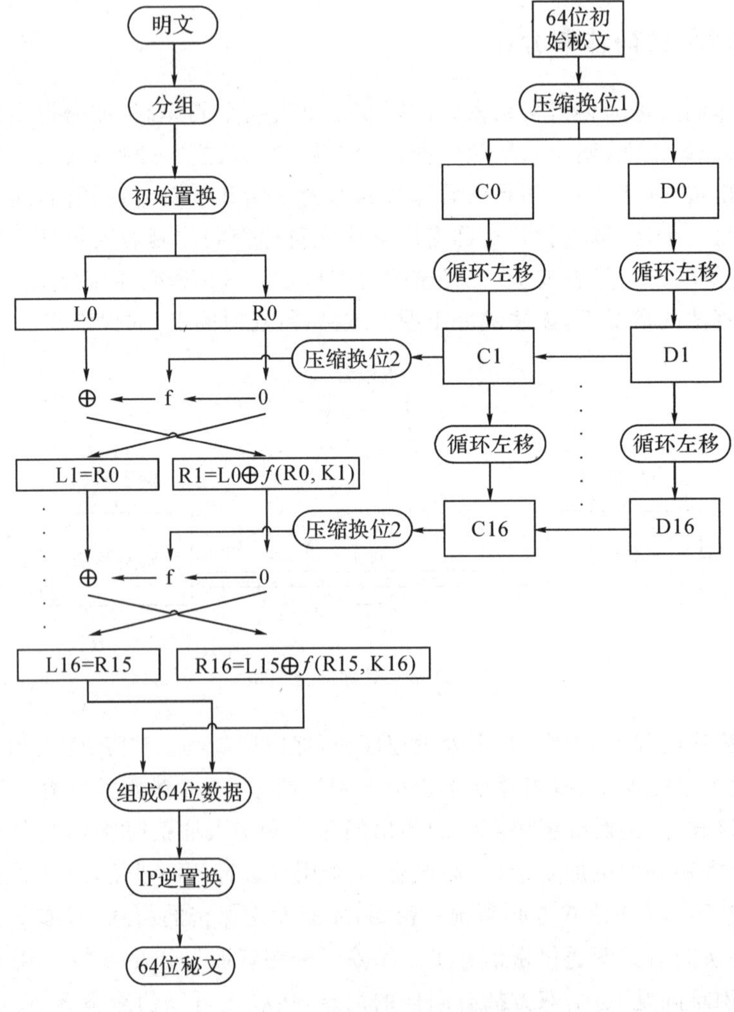

图 1.1.7　DES 加密流程

1.3.3 数据加密标准算法

DES 属于分组加密算法，因此，在其加密系统中，每次加密或解密的分组大小都是 64 位。这时需要将明文/密文中每 64 位当成一个分组加以切割，再对每个分组进行加密或解密。当切割的最后一个分组小于 64 位时，要在此分组后附加“0”形成 64 位。同样，DES 所用的加密或解密密钥(key)也是 64 位，除 8 位奇偶校验位外，真正起作用的只有 56 位，而 DES 加密与解密所用的算法除了子密钥的顺序不同之外，其他的部分则是完全相同的。

1. 算法操作步骤

第一步：加密/解密输入分组按照表的顺序重排，即进行初始置换 IP(initial permutation)，打乱数据原来的顺序，如表 1.1.7 所示。

表 1.1.7 初始置换

58	50	42	34	26	18	10	2
60	52	44	36	28	20	12	4
62	54	46	38	30	22	14	6
64	56	48	40	32	24	16	8
57	49	41	33	25	17	9	1
59	51	43	35	27	19	11	3
61	53	45	37	29	21	13	5
63	55	47	39	31	23	15	7

例如：表 1.1.7 中数字 58 是指将输入分组的第 58 位换位到第 1 位，其他换位情况根据表类推。

然后将置换输出的 64 位分组，分为 L0 和 R0 两个 32 位的分组。

第二步：R0 与第一个子密钥，K1 一起进行 f 函数运算，并将得到的 32 位输出与 L0 做逐位异或(XOR)运算，最终得到新的 R，即下一轮的 32 位右分组 R1，而下一轮的 32 位的左分组 L1 则直接由 R0 赋值。

第三步：重复第二步动作 16 轮，即使用下面的式子进行迭代运算。

$L_i = R_i - 1$

$R_i = L_i - 1 \text{ XOR } f(R_i - 1, K_i)$，这里 $i = 1, 2, \cdots, 16$

第四步：最后得到 L16 和 R16 连接形成 64 位分组，并按照表 1.1.8 做终结置换(即逆初始置换)操作，得到最终的 64 位输出(即密文)。其他的部分则是完全相同的。

表 1.1.8 终结置换

40	8	48	16	56	24	64	32
39	7	47	15	55	23	63	31
38	6	46	14	54	22	62	30
37	5	45	13	53	21	61	29
36	4	44	12	52	20	60	28

续表

35	3	43	11	51	19	59	27
34	2	42	10	50	18	58	26
33	1	41	9	49	17	57	25

2. 子密钥的产生

子密钥 K_i 的生成可参考图 1.1.7,操作过程如下。

第一步:在子密钥产生的过程中,输入是使用者所持有的 64 位初始密钥。初始密钥首先经过密钥置换 A,如表 1.1.9 所示,通过置换将 8 个奇偶校验位去掉,留下 56 位真正的密钥。

表 1.1.9　密钥置换 A

57	49	41	33	25	17	9
1	58	50	42	34	26	18
10	2	59	51	43	35	27
19	11	3	60	52	44	36
63	55	47	39	31	23	15
7	62	54	46	38	30	22
14	6	61	53	45	37	29
21	13	5	28	20	12	4

第二步:将这 56 位密钥分成两个 28 位的分组 C0 和 D0,再分别经过一个循环左移函数,如表 1.1.10 中的第一轮 LS_1,左移 1 位得到 C1 和 D1。

表 1.1.10　循环左移函数

轮号	循环左移位数	轮号	循环左移位数	轮号	循环左移位数	轮号	循环左移位数
LS_1	1	LS_5	2	LS_9	1	LS_{13}	2
LS_2	1	LS_6	2	LS_{10}	2	LS_{14}	2
LS_3	2	LS_7	2	LS_{11}	2	LS_{15}	2
LS_4	2	LS_8	2	LS_{12}	2	LS_{16}	1

第三步:将 C1 和 D1 连接成 56 位数据,按照密钥置换 B(见表 1.1.11)进行重排产生子密钥 K1。

表 1.1.11　密钥置换 B

14	17	11	24	1	5
3	28	15	6	21	10
23	19	12	4	26	8
16	7	27	20	13	2
41	52	31	37	47	55
30	40	51	45	33	48

续表

44	49	39	56	34	53
46	42	50	36	29	32

第四步：仍然对于 C1 和 D1，再分别经过一个循环左移函数得到 C2 和 D2，C2 和 D2 连接成 56 位数据，再按照密钥置换 B 进行重排产生子密钥 K2。

第五步：按以上步骤依次类推，一次生成 K3，K4，…，K16。

3. DES 算法的 *f* 函数

f 函数是整个 DES 加密法中最重要的部分，而其中的重点又在用于置换的 S-盒数据表(substitution boxes)上，如表 1.1.12 所示。*f* 函数有两个输入数据：一个为 32 位的中间密文 R，另一个为 48 位的子密钥 K。在进行函数运算前，首先通过扩展置换 E 将 32 位的中间密文 R 扩展为 48 位，如表 1.1.13 所示的两边列扩展；接着，再与另一输入数据(即 48 位的子密钥 K)做异或(XOR)运算，所得到的结果再分配给 8 个 S-盒 S1，S2，…，S8。每个 S-盒的输入与输出分别为 6 位和 4 位。所以，经过 8 个 S-盒的替换后，总的输出数据成为8×4＝32(位)。最后再经压缩置换 P 缩减成 32 位结果，这也是 *f* 函数的最终输出，如表 1.1.14所示。

表 1.1.12　S 数据表

		0	1	2	3	4	5	6	7	8	9	10	11	12	13	14	15
S1	0	14	4	13	1	2	15	11	8	3	10	6	12	5	9	0	7
	1	0	15	7	4	14	2	13	1	10	6	12	11	9	5	3	8
	2	4	1	14	8	13	6	2	11	15	12	9	7	3	10	5	0
	3	15	12	8	2	4	9	1	7	5	11	3	14	10	0	6	13
S2	0	15	1	8	14	6	11	3	4	9	7	2	13	12	0	5	10
	1	3	13	4	7	15	2	8	14	12	0	1	10	6	9	11	5
	2	0	14	7	11	10	4	13	1	5	8	12	6	9	3	2	15
	3	13	8	10	1	3	15	4	2	1	6	7	12	0	5	14	9
S3	0	0	10	9	14	6	3	15	5	1	13	12	7	11	4	2	8
	1	13	7	0	9	3	4	6	10	2	8	5	14	12	11	15	1
	2	13	6	4	9	8	15	3	0	11	1	2	12	5	10	14	7
	3	1	10	13	0	6	9	8	7	4	15	14	3	11	5	2	12
S4	0	7	13	14	3	0	6	9	10	1	2	8	5	11	12	4	15
	1	13	8	11	5	6	15	0	3	4	7	2	12	1	10	14	9
	2	10	6	9	0	12	11	7	13	15	1	3	14	5	2	8	4
	3	3	15	0	6	10	1	13	8	9	4	5	11	12	7	2	14
S5	0	2	12	4	1	7	10	11	6	8	5	3	15	13	0	14	9
	1	14	11	2	12	4	7	13	1	5	0	15	10	3	9	8	6
	2	4	2	1	11	10	13	7	8	15	9	12	5	6	3	0	14
	3	11	8	12	7	1	14	2	13	6	15	0	9	10	4	5	3

续表

		0	1	2	3	4	5	6	7	8	9	10	11	12	13	14	15
S6	0	12	1	10	15	9	2	6	8	0	13	3	4	14	7	5	11
	1	10	15	4	2	7	12	9	5	6	1	13	14	0	11	3	8
	2	9	14	15	5	2	8	12	3	7	0	4	10	1	13	11	6
	3	4	3	2	12	9	5	15	10	11	14	1	7	6	0	8	13
S7	0	4	11	2	14	15	0	8	13	3	12	9	7	5	10	6	1
	1	13	0	11	7	4	9	1	10	14	3	5	12	2	15	8	6
	2	1	4	11	13	12	3	7	14	10	15	6	8	0	5	9	2
	3	6	11	13	8	1	4	10	7	9	5	0	15	14	2	3	12
S8	0	13	2	8	4	6	15	11	1	10	9	3	14	5	0	12	7
	1	1	15	13	8	10	3	7	4	12	5	6	11	0	14	9	2
	2	7	11	4	1	9	12	14	2	0	6	10	13	15	3	5	8
	3	2	7	14	7	4	10	8	13	15	12	9	0	3	5	6	11

表 1.1.13　扩展置换 E

32	1	2	3	4	5
4	5	6	7	8	9
8	9	10	11	12	13
12	13	14	15	16	17
16	17	18	19	20	21
20	21	22	23	24	25
24	25	26	27	28	29
28	29	30	31	32	1

表 1.1.14　压缩置换 P

16	7	20	21
29	12	28	17
1	15	23	26
5	18	31	10
2	8	24	14
32	27	3	9
19	13	30	6
22	11	4	25

本章小结

本章介绍了从古至今一些密码的应用案例、密码的基本概念以及替代密码和换位密码的设计原理和操作方法。本章要求掌握替代密码和换位密码的加密和解密方法；了解数据加密标准和 DES 加密算法。

实训

1. 在凯撒密码中设置密钥 $k=5$，编制一张明文字母与密文字母的映射对照表，并将自己姓名的全拼进行加密。

2. 使用替代密码设计一个密码对照表，并对自己姓名的全拼进行加密和解密。

3. 自己设计一个矩阵换位加密方法，对下列明文进行加密。

It's snowing! It's time to make a snowman. James runs out. He makes a big pile of snow. He puts a big snowball on top. He adds a scarf and a hat. He adds an orange for the nose. He adds coal for the eyes and buttons.

4. 下面这段密码是经过替代密码加密过的，请尝试解密。（提示：字母频率）

kt vboq eqberq koq rbyyfzy bzwb wcq fzwqozqw qdqosmks, zqwibon tqhaofws gqhbvqt k rkoyqo fttaq. fz wcq azfwqm twkwqt, fmqzwfws wcquw kzm hbveawqo uokam koq kvbzy wcq uktwqtw oftfzy hofvqt. fw ft fvebowkzw wb eobwqhw sbao zqwibon kzm qztaoq wcq tkuqws bu krr hbveawqot kzm atqot fz wckw zqwibon.

第 2 章

常用压缩软件的加密与解密

随着信息时代的来临、计算机使用的普及以及互联网的广泛应用，信息被大量使用并存储在电脑中。为了满足对数字化的信息进行存储、传输的需要，就必须进行数据压缩，即去掉数据的冗余性。而对压缩包进行加密是保证信息安全的重要手段。当然，在密码丢失时想办法恢复原文件、减少损失也是我们的重要任务。

2.1 WinZip 和 WinRAR 的加密功能

2.1.1 WinZip 的加密

作为互联网上久负盛名的压缩/解压缩工具软件——WinZip，由于其压缩效率高、速度快、安全可靠，无论是数据资料的交流与传播，还是共享软件或商业软件包的发行，都是首选的压缩格式。WinZip 工具及其压缩的文件包在互联网上广为流传，已经成为事实上的工业标准。

为了保证数据的安全性，WinZip 为其压缩文件包提供了基于口令的保护措施，通过设定口令，WinZip 可以保护压缩文件包中的文档。

WinZip 使用工业标准的 Zip 2.0 加密格式，这种格式可以防止不知道口令的用户查看压缩文件的内容。但要注意，Zip 2.0 格式的加密强度不能和 DES 或者 RSA 之类的公共密钥加密算法相提并论，不可能完全抵御一个拥有高级破译工具的解密高手的攻击。Zip 2.0 加密格式加密强度不高，这样做的考虑：一是与 Zip 2.0 标准兼容；二是基于美国政府对加密技术产品出口的严格限制。

提醒：未做特殊说明的情况下，以下操作均为在已经打开了 WinZip 软件的情况下进行的。单击“开始”菜单→“所有程序”→“WinZip 软件”，即可打开 WinZip 软件，打开的“WinZip”用户界面如图 2.1.1 所示。

1. WinZip 中密码的设置

WinZip 软件可以设置密码，密码应该符合相应的规则。密码规则可以通过“选项”菜单的“配置”命令项来设置。

在如图 2.1.1 所示的 WinZip 用户主界面中，选择菜单中的“命令项”→“配置”，将会打开“Configuration”（配置）对话框，如图 2.1.2 所示。

在图 2.1.2 所示的配置对话框的密码选项卡中，可以设置密码的长度，默认的密码最小长度是 8，也可以设置密码中必须包含小写字母、大写字母、数字、特殊字符等字符集。用户

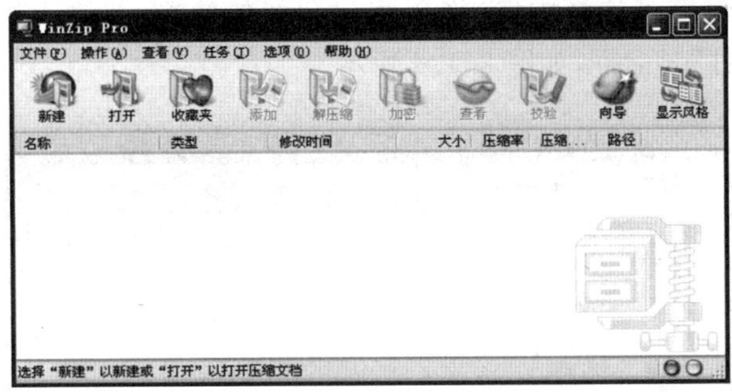

图 2.1.1　WinZip 主界面

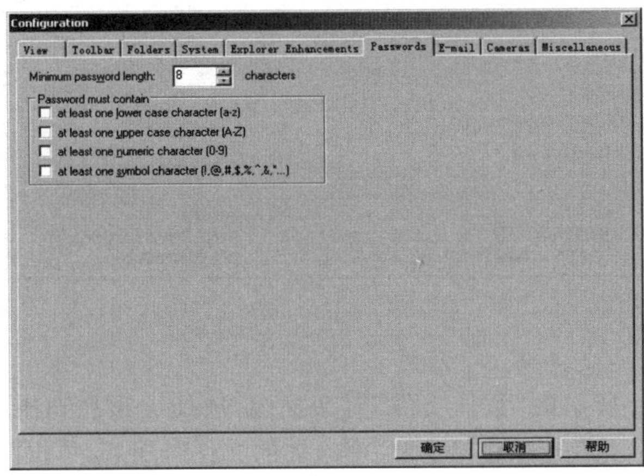

图 2.1.2　密码规则的设置

可以根据需要设置。

2. 为新建的压缩文件添加密码

(1)在图 2.1.1 所示的用户主界面中点击“新建”按钮，或者在“文件”菜单选择“新建压缩文档...”命令项，出现如图 2.1.3 的“新建压缩包”对话框。

图 2.1.3　“新建压缩包”对话框

(2)在“新建压缩包”对话框中,选择压缩包存储的位置,并输入压缩包的名字。点击“OK”,出现“添加文件”对话框,如图 2.1.4 所示。

图 2.1.4 “添加文件”对话框

(3)在如图 2.1.4 所示的“添加文件”对话框中,选择欲添加到压缩包的文件,可以按 Ctrl 键选择多个文件,并在选项中勾选“加密添加的文件”,随后,单击“添加”按钮,出现“提示”对话框,如图 2.1.5 所示。

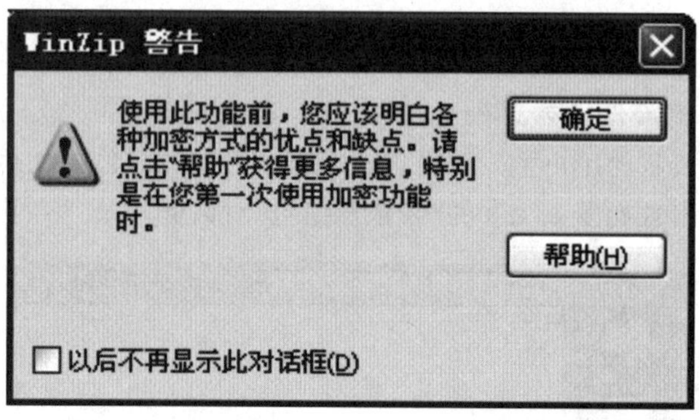

图 2.1.5 “提示”对话框

在这一步,我们可以单击“更改压缩”,选择压缩的方法,如图 2.1.6 所示。

(4)图 2.1.5 所示的对话框中提示“使用此功能前,您应说明各种加密方式的优点和缺点。请点击‘帮助’获得更多信息,特别是您第一次使用加密功能时。”在这里,我们单击“OK”按钮转入下一步操作,如图 2.1.7 所示。

(5)在如图 2.1.7 所示的“加密”对话框中,要求输入密码和选择加密方法。若选择“Hide the Password”(隐藏口令),则用户输入的口令将以“ * ”的形式显示,并提示用户输

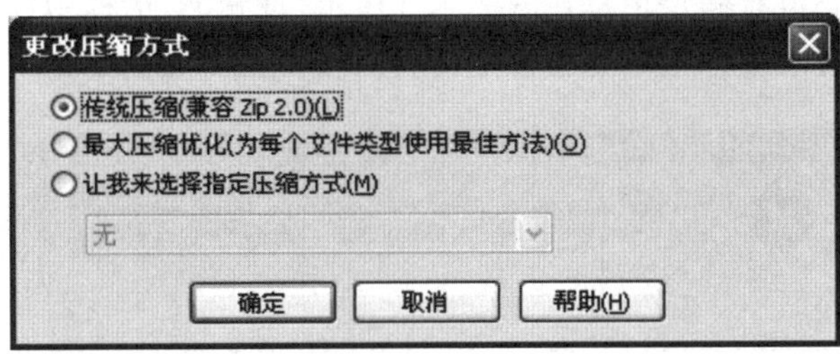

图 2.1.6　压缩方式选择对话框

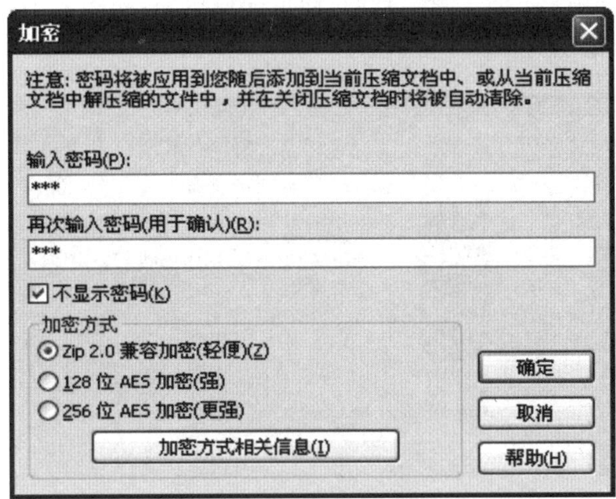

图 2.1.7　“加密”对话框

入两次口令以进行验证；若不勾选该选项，则用户输入的口令内容将以明码显示，并且只需要输入一次，如图 2.1.8 所示。

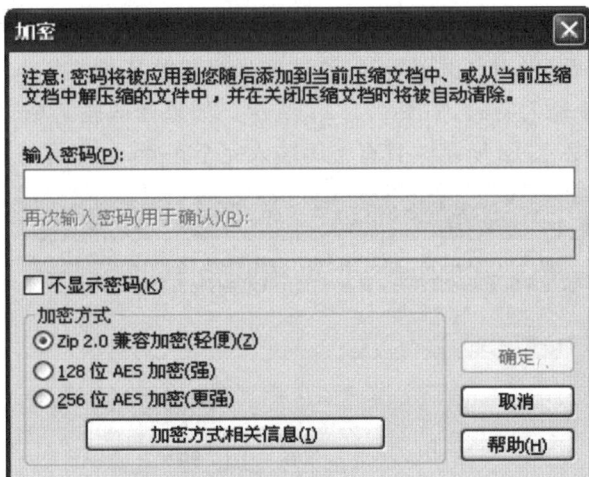

加密
注意: 密码将被应用到您随后添加到当前压缩文档中、或从当前压缩文档中解压缩的文件中，并在关闭压缩文档时将被自动清除。
输入密码(P):
再次输入密码(用于确认)(R):
不显示密码(K)
加密方式
Zip 2.0 兼容加密(轻便)(Z)
128 位 AES 加密(强)
256 位 AES 加密(更强)
加密方式相关信息(I)
确定
取消
帮助(H)

图 2.1.8　未勾选“隐藏密码”的“加密”对话框

(6)如果用户密码没有满足用户在图 2.1.2 所示“设置”对话框中设置的用户密码规则，如输入长度太短，或者未包含指定的字符集，则会提示出错，如图 2.1.9 所示。

图 2.1.9　口令策略错误

(7)密码输入满足用户配置的密码规则，即可完成压缩，如图 2.1.10 所示，在该对话框会显示压缩的文件数量以及压缩率等参数。

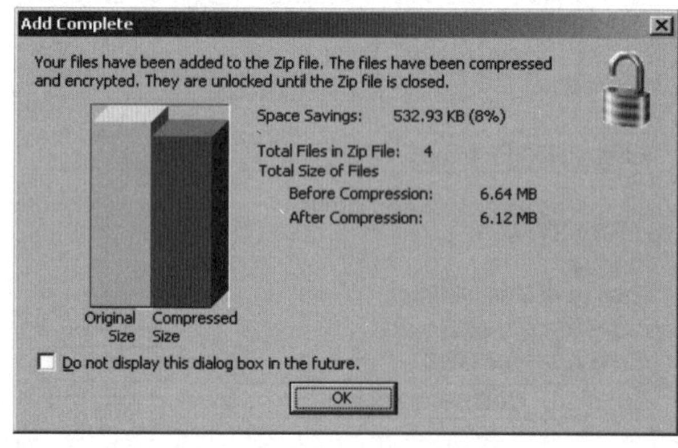

图 2.1.10　压缩完成对话框

(8)关闭压缩文件包之后，口令保护有效。当用户利用 WinZip 打开含有口令的压缩文件包时，能够在 WinZip 的主窗口中看到压缩文件包中的所有被压缩文件名等信息，并且在有加密口令的文件名之后以“ * ”号作为标记，这些文件目录信息无需口令就可以浏览，但是如果再次打开压缩包中加密的文件，将会被要求输入口令，需要进行解密操作。

在设定了口令之后，当用户试图展开、测试或者直接从压缩文件包安装时，将被自动提问口令。此时，会提示输入密码，如图 2.1.11 所示。如果密码输入错误，则会弹出“密码不正确”的对话框，如图 2.1.12 所示。只有密码输入完全正确，方能打开加密的文档。

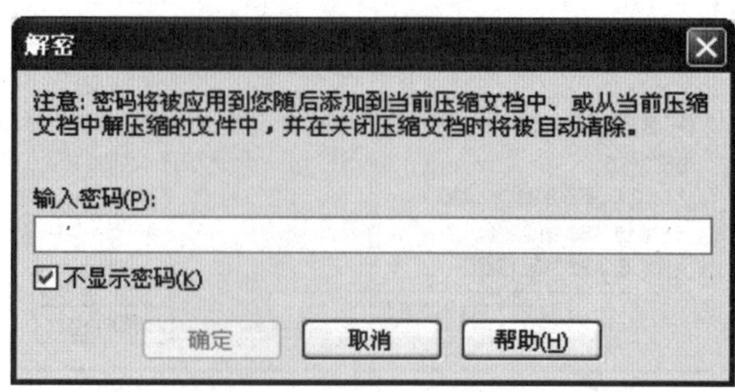

图 2.1.11　“解密”对话框

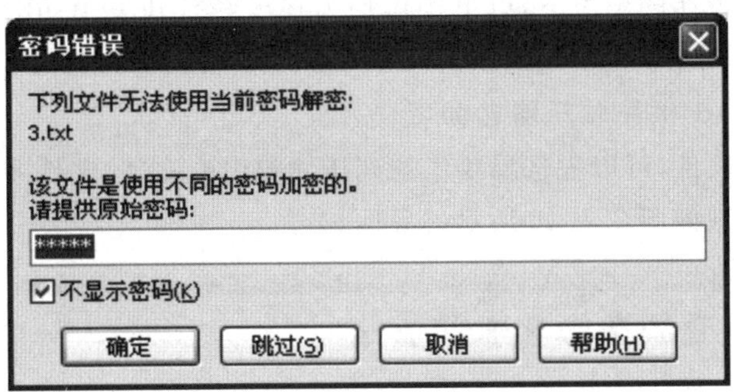

图 2.1.12 解密密码错误对话框

3. 为已经存在的压缩包添加密码

已经存在的压缩包中的文件需要添加密码,可以通过工具栏上的"加密"按钮或者在"操作"菜单中选择"加密"命令来添加密码,分别如图 2.1.13 和图 2.1.14 所示,在这里不再赘述。

图 2.1.13 工具栏上的"加密"按钮

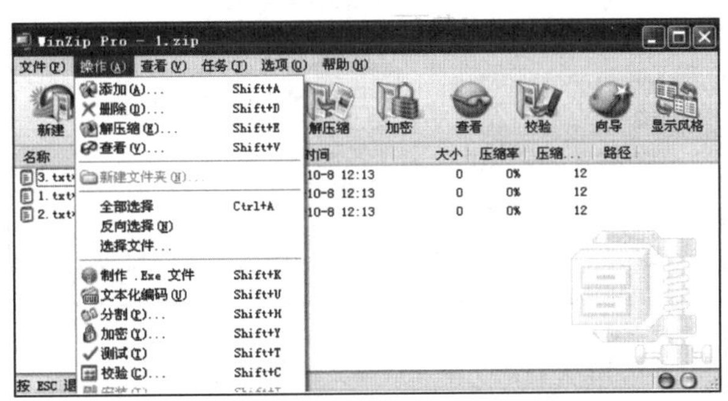

图 2.1.14 "操作"菜单中选择"加密"命令

2.1.2 WinRAR 软件的加密

和 WinZip 软件一样,WinRAR 也提供了压缩包和压缩包中部分文件的加密,提供正确密码才能打开相应的压缩包或者压缩文件。

提醒：未做特殊说明的情况下，以下操作均为在已经打开了 WinRAR 软件的情况下进行操作。单击“开始”菜单→“所有程序”→“WinRAR 软件”，即可打开 WinRAR 软件。

1. 利用 WinRAR 软件对压缩包加密

打开 WinRAR 软件，可以先选择要添加到压缩包中的文件/文件夹，如图 2.1.15 所示，点击“添加”按钮，出现如图 2.1.16 所示的界面。

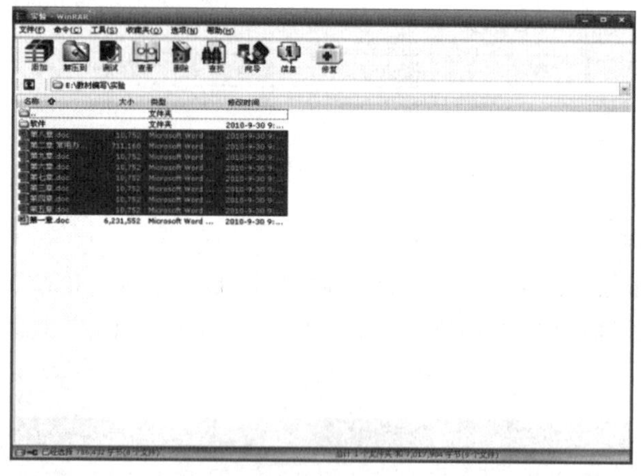

图 2.1.15　选择要添加到压缩包中的文件

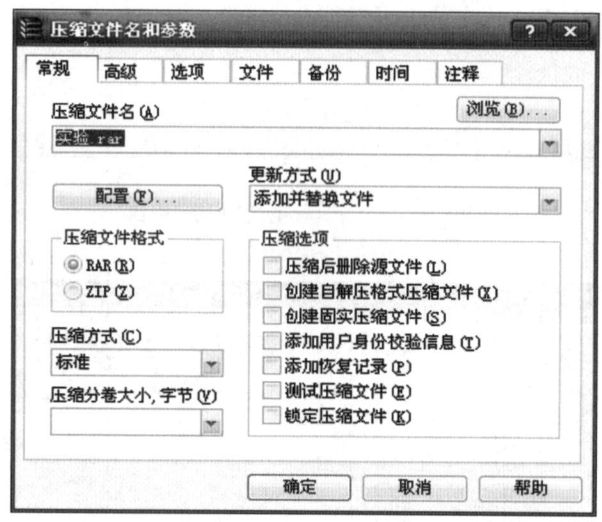

图 2.1.16　添加压缩文件的常规选项卡

在图 2.1.16 所示的界面中选择“高级”选项卡，单击“设置密码”按钮后，出现“设置密码”对话框，如图 2.1.17 所示，此时可以设置密码。

若只需要对压缩包中的部分文件进行加密，或者需要对新添加的文件进行加密，则可以在添加新文件时，在“压缩文件名和参数”对话框的高级选项卡进行设置密码(见图 2.1.18)。注意：在压缩文件时设置的密码，只对此次添加的文件有效。如图 2.1.19 所示，带 * 号的文件表示设置了密码，打开该标识的文件时，需要输入密码。

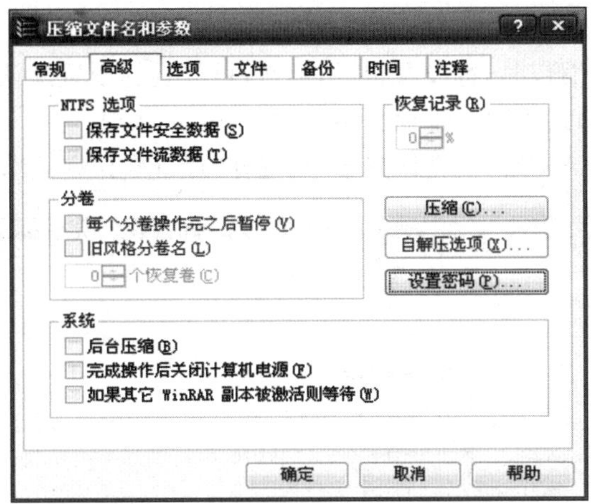

图 2.1.17　添加压缩文件的高级选项卡

图 2.1.18　WinRAR 压缩的加密

图 2.1.19　WinRAR 加密文件的解密

2. 创建默认配置密码

若想在每次创建压缩包时，都设置密码，那么，可以选择设置默认密码，这样就可以不必每次创建压缩包时，都输入密码。下面介绍 2 种方法。

方法一：打开 WinRAR 后，在文件菜单中，选择“设置默认密码”，如图 2.1.20 所示。

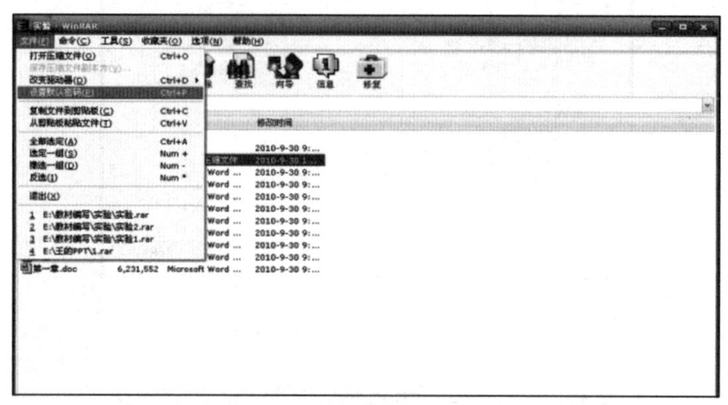

图 2.1.20　通过文件菜单设置默认压缩密码

方法二：运行 WinRAR 后，如图 2.1.21 所示，单击菜单栏中的“选项”→“设置”，在“设置”窗口中选择如图 2.1.22 所示“压缩”选项，点击上面的“创建默认配置”按钮。在随后打开的窗口中选择“高级”，点击其中的“设置密码”按钮，如图 2.1.23所示。在“带口令存档”窗口中，输入密码，并点击“确定”完成设置。

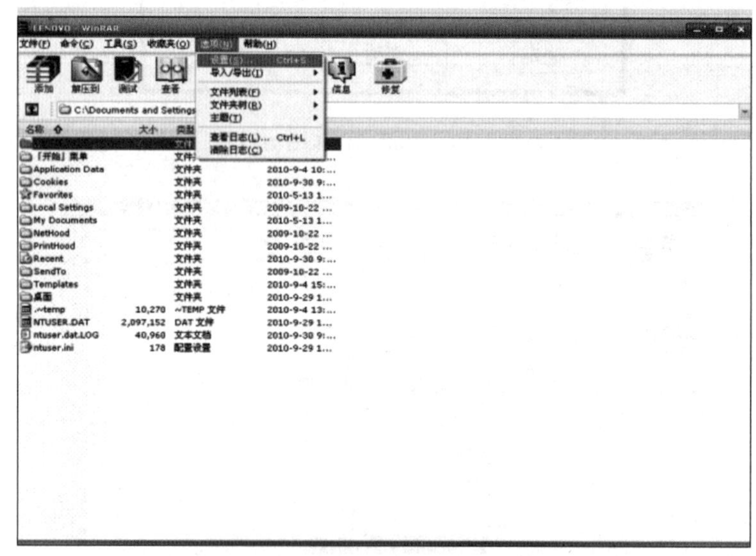

图 2.1.21　通过选项菜单设置默认压缩密码

图 2.1.22　WinRAR 中默认设置的压缩选项卡

图 2.1.23　WinRAR 中默认设置的“带密码压缩”对话框

2.2　WinZip 与 WinRAR 密码的恢复

由于 Zip 和 RAR 压缩格式在互联网上盛行，使得现在有许多破解它们密码的程序。本节介绍一款用于 WinZip 和 WinRAR 密码恢复的软件工具 Advanced Archive Password Recovery（简称 archpr），该软件支持 Zip / PKZip / WinZip，RAR / WinRAR，ARJ / WinARJ，ACE / WinACE(1. x)等文件格式，支持 AES 加密、自解压档案，可使用字典攻击和暴力攻击。下载地址：https://cn. elcomsoft. com/archpr. html。

2.2.1　Advanced Archive Password Recovery 的安装

从 https://cn. elcomsoft. com/archpr. html 下载的密码恢复软件的安装包为 archpr_ setup_en. msi，运行该安装文件，会出现如图 2. 2. 1、图 2. 2. 2 所示安装界面。

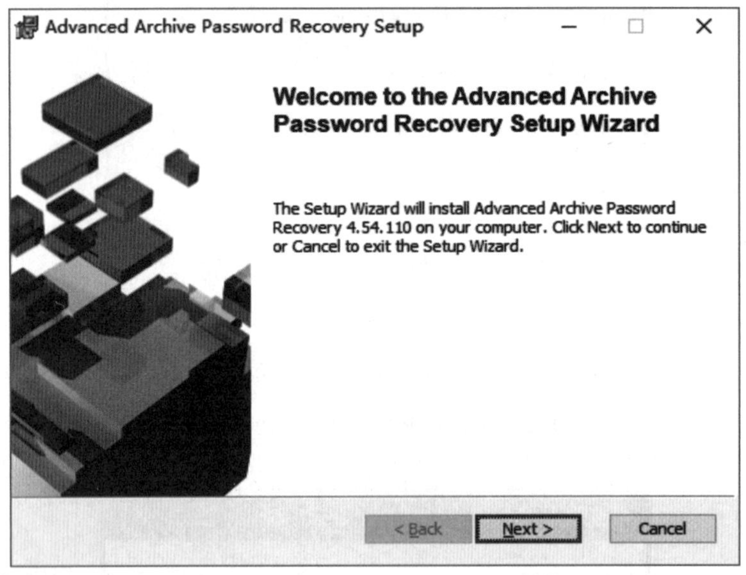

图 2. 2. 1　archpr 安装向导界面

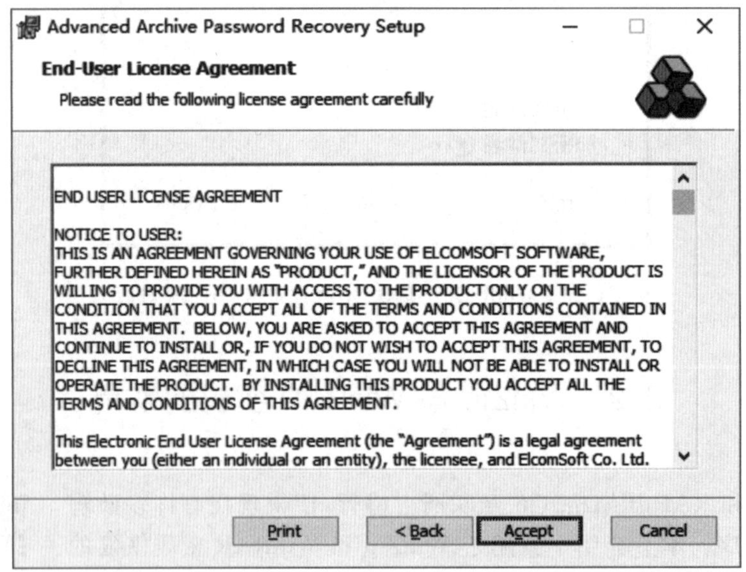

图 2. 2. 2　archpr 安装协议

在图 2. 2. 2 所示 archpr“安装协议”对话框中点击“Accept”按钮继续安装下去，出现“安装路径选择”对话框如图 2. 2. 3 所示。

在“安装路径选择”对话框中，可在文本框中输入一个路径，也可单击“Browse...”打开列表框选择一个安装路径，还可以采用默认路径安装。本例为默认路径。单击“Next”出现如图 2. 2. 4 所示“注册”对话框。

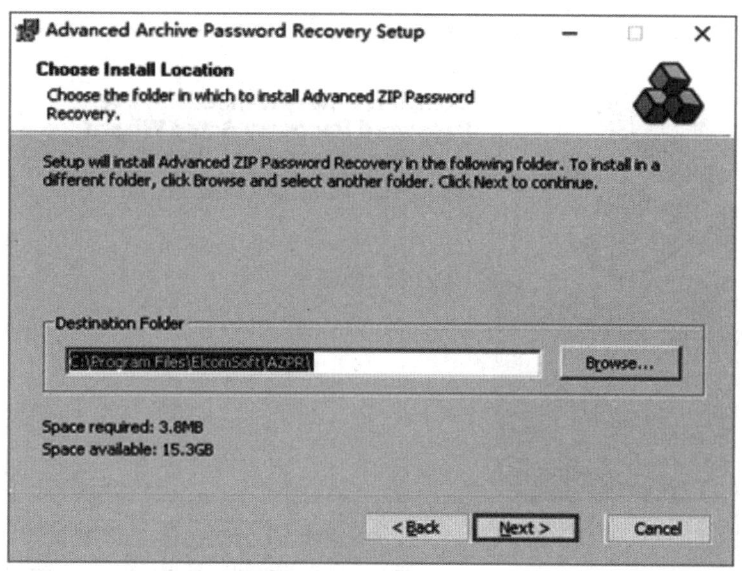

图 2.2.3　archpr“安装路径选择”对话框

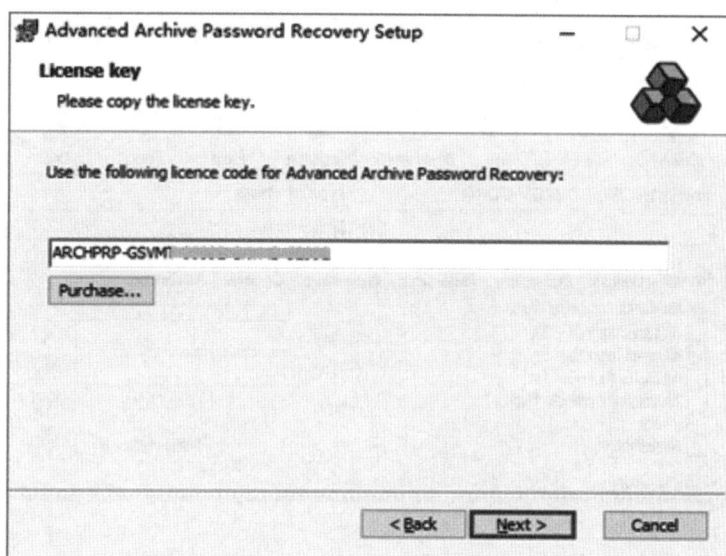

图 2.2.4　archpr 注册对话框

在“注册”对话框中，可以输入注册码，也可以单击“Purchase...”从网上获得注册码。若不输入注册码，则安装的是演示版。单击“Install”后会出现一个安装进度条以显示安装进度，安装结束后会出现如图 2.2.5 所示的“安装完成”对话框。

点击“Finish”按钮结束安装，打开 archpry 应用窗口，如图 2.2.6 所示。

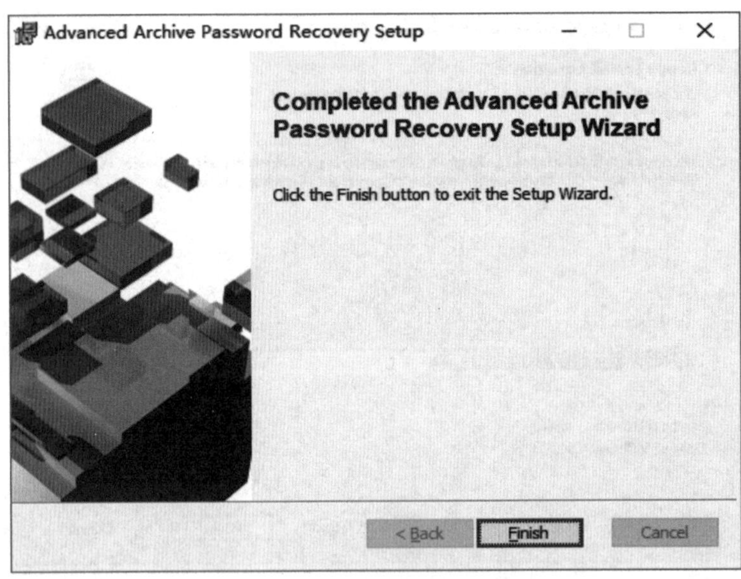

图 2.2.5　archpr“安装完成”对话框

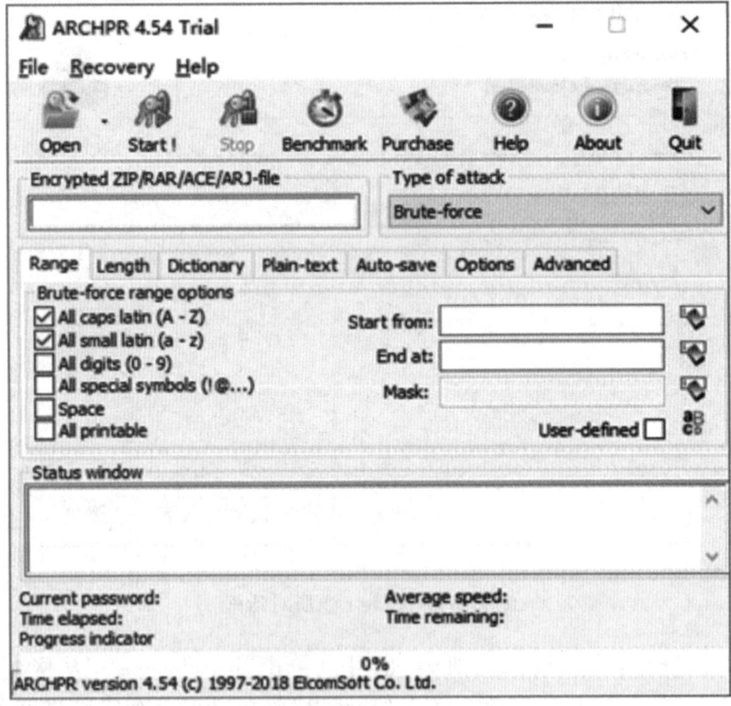

图 2.2.6　archpr 主界面窗口

2.2.2　Advanced Archive Password Recovery 的使用

archpr 主界面窗口的第一栏为工具栏，8 个工具按钮分别为：打开要恢复密码的文件(Open)、开始恢复(Start)、停止恢复(Stop)、基准测试(Benchmark)、购买(Purchase)、帮助(Help)、关于(About)、退出(Quit)。

主窗口的第二栏由加密文件选择框和恢复方法选择框组成。加密文件选择框由文本框和下拉目录框组成，可在文本框中直接输入需要恢复的文件路径与文件名，也可通过下拉目录框选择被加密的压缩文件。恢复方法选择由下拉列表组成，如图 2.2.7 所示，共有六种恢复方法，从上到下依次是：暴力(Brute-force)、掩码(Mask)、字典(Dictionary)、明文(Plain-text)、担保 WinZip 攻击(Guaranteed WinZip Recovery)、口令来自密钥(Password from Keys)。

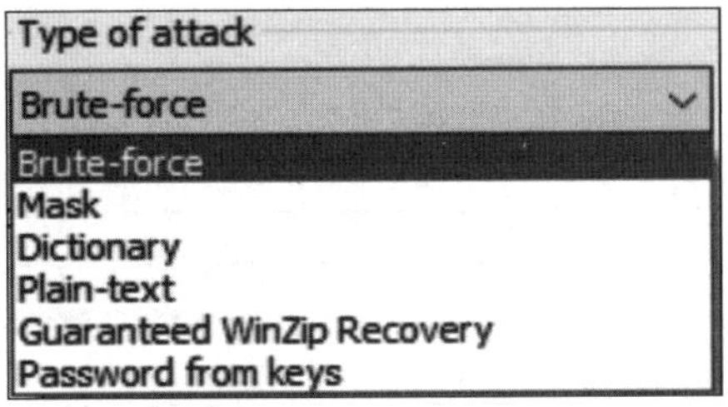

图 2.2.7　恢复方法选择

窗口的第三栏是参数设置栏，有七个选项卡：范围(Range)、长度(Length)、字典(Dictionary)、明文(Plain-text)、自动保存(Auto-save)、选项(Options)、高级(Advanced)。当使用不同的恢复方法时，如果设置的参数合理，将会大大提高密码恢复的速度。

字符集选择卡(Range)如图 2.2.8 所示。本卡的左边为字符集多选框集合，从上到下依次为所有大写英文字母(All caps latin)、所有小写英文字母(All small latin)、所有数字(All digits)、所有特殊符号(All special symbols)、空格(Space)、所有可打印符号(All printable)。用户可根据需要选择。

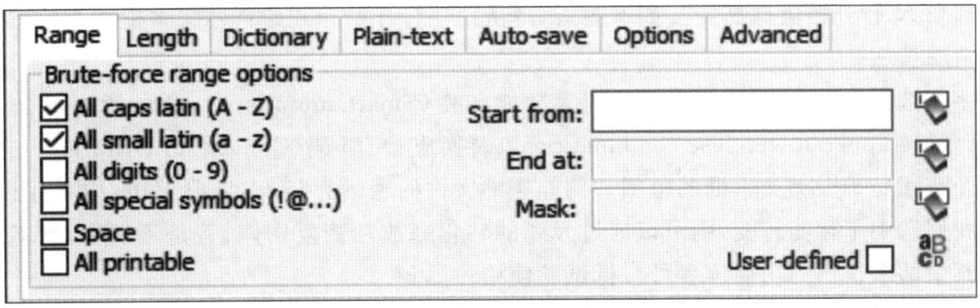

图 2.2.8　字符集选择卡

字符集选择卡的右边为字符限制框，开始框(Start from)输入从哪个字符串开始恢复；结束框(End at)输入到哪个字符串结束恢复。例如，我们恢复方式框中选择暴力法，在左边的字符集选择中选择数字集，开始框输入 1983，结束框输入 2006，则 1983、1984、…、2005、2006 这十四组数字依次被当成密码尝试打开文件。

如果我们选择恢复的类型为掩码法，则在掩码框(mask)把你知道的字符输入，不知道的字符用“?”来代替(符号“?”在这里称为通配符，改变通配符的符号可通过“高级选项卡”来完成)。例如，字符集为数字，198? 就表示用 1980、1981、…、1989 十组字符来尝试恢复。

如果字符限制框为空白，则表示所有的字母组合都要尝试，例如若是 4 位数字，则 0000,0001,…,9998,9999 作为密码尝试恢复。字符限制框右边的按钮为清除框中内容按钮。

字符选择卡的右下边为使用自己定义的字符集多选框(User-defined)，选中时会把自己定义的字符集作为密码符号。字符集可以自己定义，当单击多选框(User-defined)右边的按钮时，会出现如图 2.2.9 所示的字符集定义对话框。对话框中可输入字符集，右下角的多选框为转换成 OEM 编码。

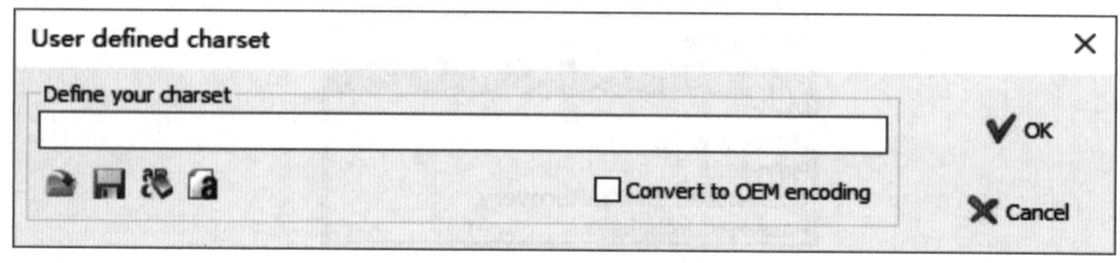

图 2.2.9 “字符集定义”对话框

当使用暴力恢复时，我们可能不知道密码的具体长度，而是一个范围，则可通过如图 2.2.10所示的密码长度设定卡(Length)中的最小长度(Minimal password length)和最大长度(Maximal password length)来限定。注意：最小长度不能大于最大长度。

字典恢复法是将所有可能成为密码的字符串放入一个文本文件，后缀名为. dic，每行一个字符串。采用字典法恢复密码时，恢复类型要选择字典方式，要通过如图 2.2.11 所示的字典选择卡(Dictionary)中的左侧文本框中输入字典文件的名称和路径，也可通过下拉菜单选择字典文件。右边的文本框是开始行号文本框(Start line ＃)，即输入数字 N 为从选中的字典第 N 行开始尝试恢复。如不输入，则从第一行开始。开始行号文本框右边的按钮是行号清除按钮。

字典选择卡中的三个多选框分别为智能转变(Smart mutations)、尝试所有组合(Try all possible upper/lower case combinations)、转换成 OEM 码(Convert to OEM encoding)。这三个按钮是扩大英文单词的范围。例如压缩文件的密码为 heed，字典 1. dic 中只有 head，如果我们选中了智能转变，则可以通过元音的转化来成功恢复密码，若是不选中，则不能恢复。其余两个按钮的功能读者可自行试验使用。

有很多时候，我们压缩加密很多个文件包，使用的都是一个密码。如果有的包已经解密，加密的包没被删除，而需要恢复密码来解开其他加密压缩包，则可采取明文对照恢复法。具体使用方法如下：

首先在加密压缩包选择框(Encrypted ZIP/RAR/ACE/ARJ-file)选中加密的压缩文件包，恢复类型选择明文对照法(Plain-text)，在如图 2.2.12 所示的明文恢复参数卡(Plain-

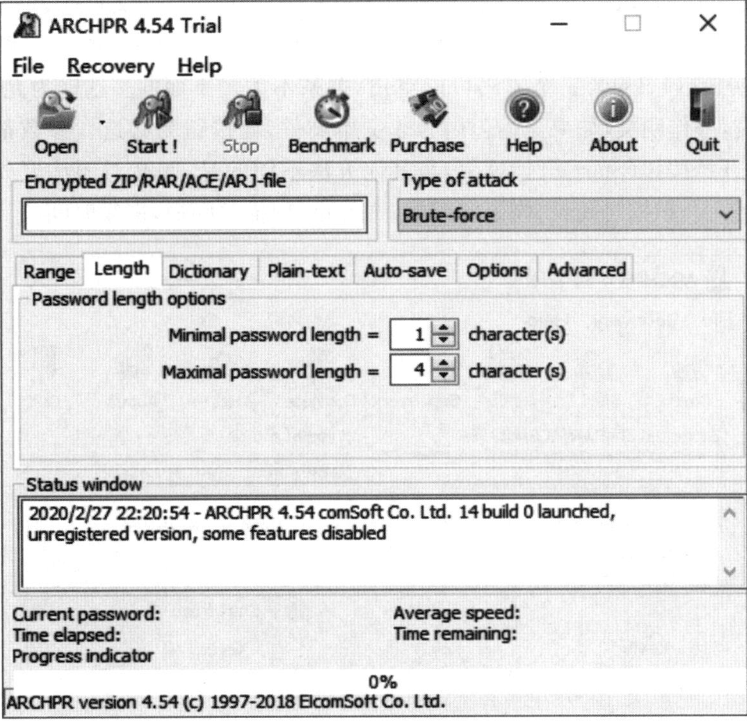

图 2.2.10　密码长度设定卡

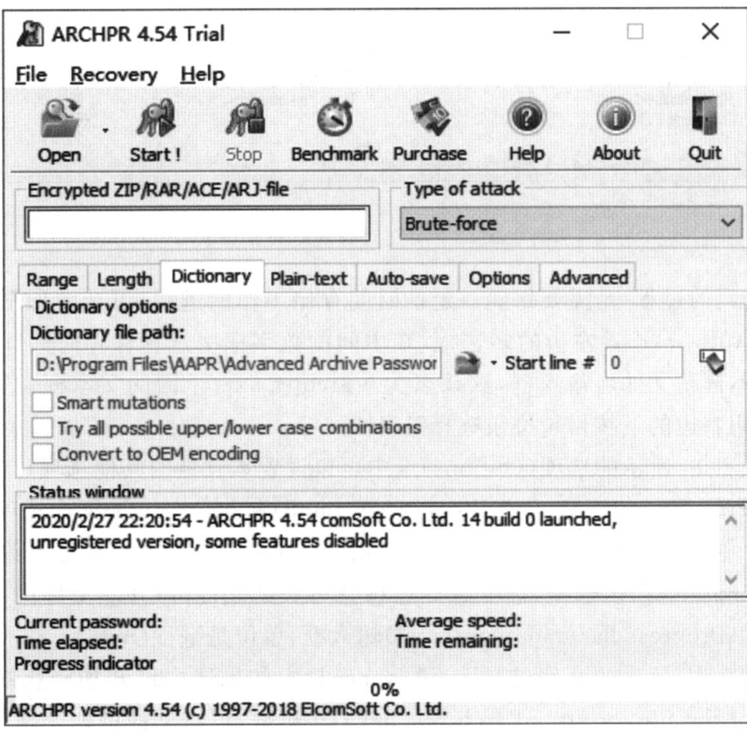

图 2.2.11　字典选择卡

text)中的明文选择框(Plain-text file path)中,输入明文压缩包的文件名和路径(两个包的内容必须一致,只是一个加密一个未加密);从何处开始(Start from)框可不填写内容,表示从头开始;key0、key1、key2 三个密码可以空白,关系不大。下面的多选框为允许使用二进制文件(非文本文件)作明文,如果压缩包内为非文本文件,此按钮为必选。参数都设定好后,单击工具栏上的开始按钮(Start)开始恢复,与其他方法不同的是,明文对照法要先扫描一遍,然后再恢复。文件大,扫描时间长,恢复时间短;文件小,扫描时间短,恢复时间长。

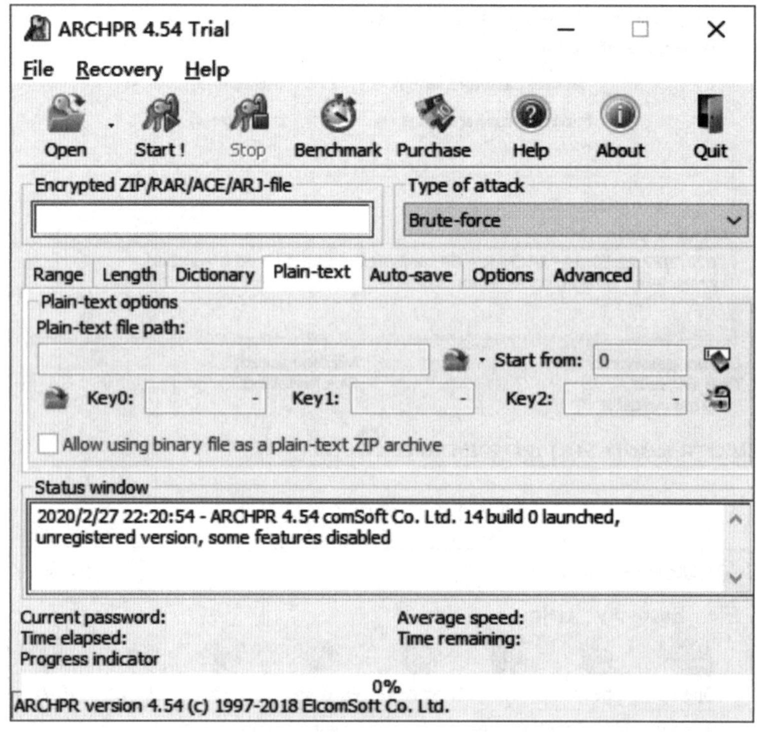

图 2.2.12 明文对照恢复法参数卡

在恢复密码的过程中,需要每隔一定的时间存储工作的进程,可选中如图 2.2.13 所示自动存储卡(Auto-save)最左边的多选框,在中间的数字框中选择保存时间间隔,单位是分钟;右边的文本框是文件名输入框,默认名为~archpr. axr;下面的文本框是文件存放路径输入框,也可用右边的下拉目录按钮选择路径。

在如图 2.2.14 所示的选项(Options)卡中可以设置本软件的其他选项。左边最上栏为优先级选项(Priority options),分为后台(Background)和前台(High)两个选项,程序默认选择后台工作。左边中间为最小化多选框(Minimize to tray),下边为日志允许写入(Enable logging to archpr4. log)多选框,选中后日志将会写入到 archpr4. log 文件中。右边为进程显示更新速度(Progress bar update interval)输入框,单位是毫秒(ms)。

在如图 2.2.15 所示的高级选项卡(Advanced)中如果选中已知加密压缩包明文(Use known start of the file for stored archives[hex])多选框,可在下面的四个文本框中输入开始的四个字符的 ASCII 值,其值为十六进制,这可以加快恢复的速度。掩码符号(Mask symbot)文本框可确定在掩码工作方式下,使用那个符号做通配符,本例中为"?"号。

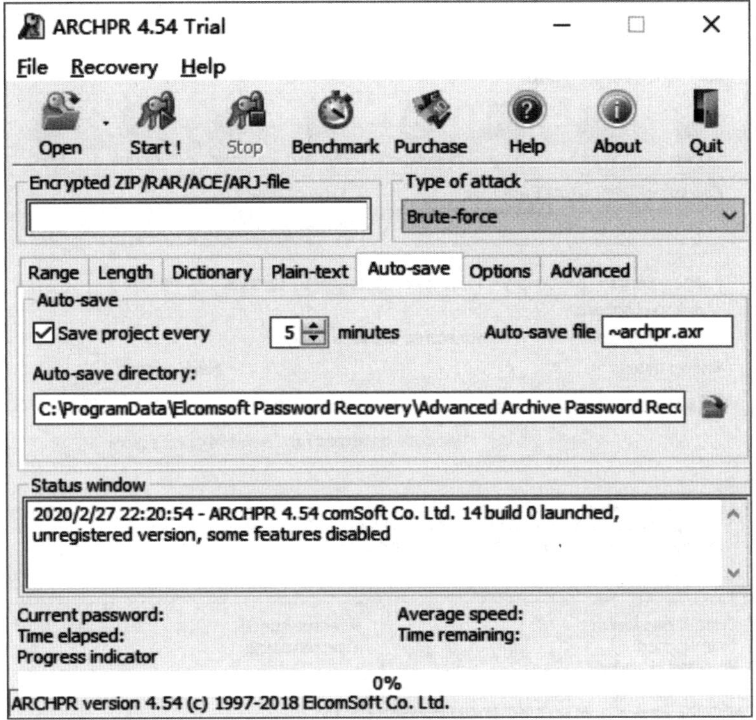

图 2.2.13　自动存储卡

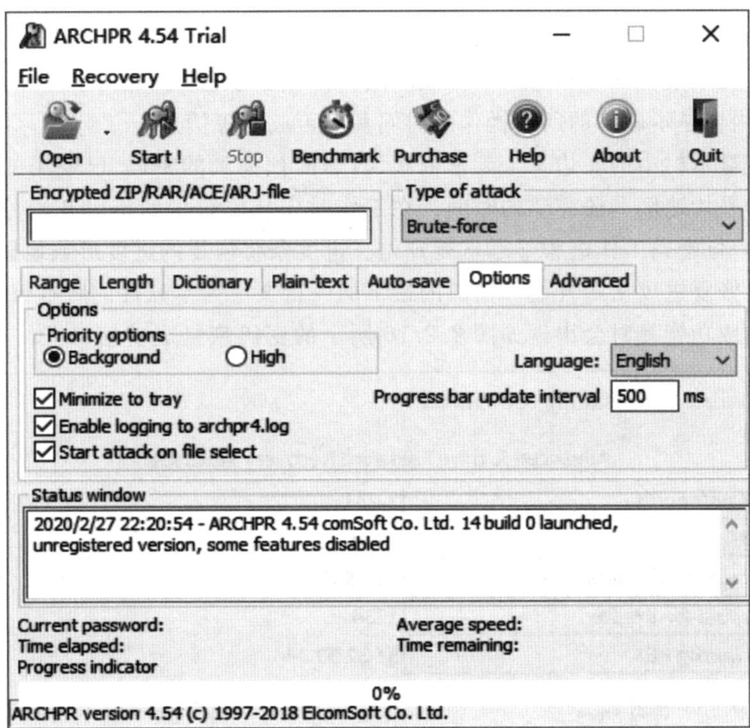

图 2.2.14　选项卡

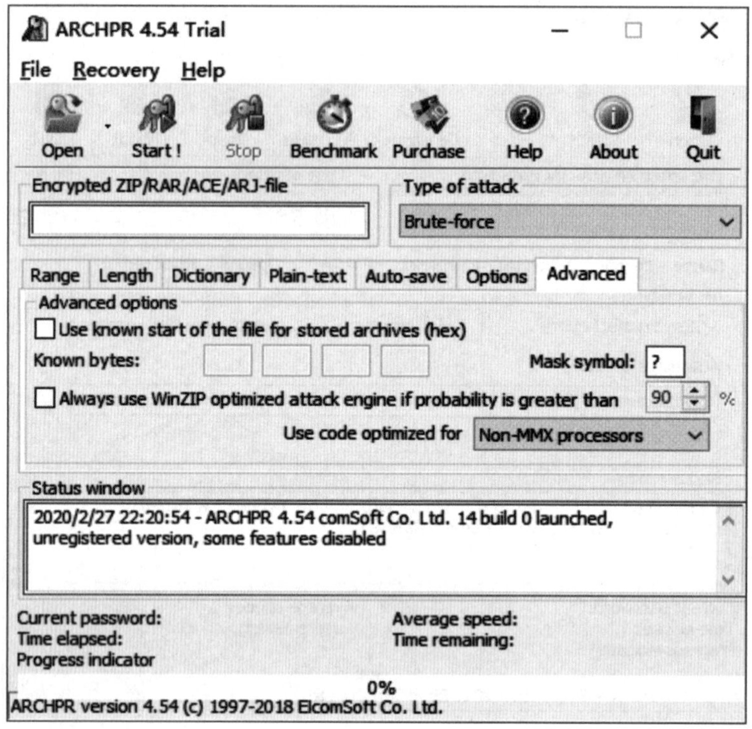

图 2.2.15　高级选项卡

高级选项卡中的中间一行为允许调整 WinZIP 工作时间多选框(Always use WinZIP optimized attack engine if probability is greater then)。状态栏(Status windows)是一个显示滑动窗口,内容是本软件的所有操作的时间和是否成功等信息。

工作进程显示栏中的左边从上到下依次为:当前扫描到的密码、已使用的时间、进程完成率。左边为平均速度和还需要的时间。在工作时先从位数少的密码开始,逐位增加到最多位,每增加一位密码工作进程显示从零开始。进度条将恢复的进度形象地显示出来,同样增加一位密码恢复进度从零开始。窗口的最下面一行文字为本软件的版本信息。

当密码被成功恢复时会出现如图 2.2.16 所示的密码恢复成功信息框。本例中提供的

Password successfully recovered !

Advanced Archive Password Recovery statistics:

Total passwords	1,231
Total time	12ms
Average speed (passwords per second)	102,583
Password for this file	1234
Password in HEX	31 32 33 34

Save...　　OK

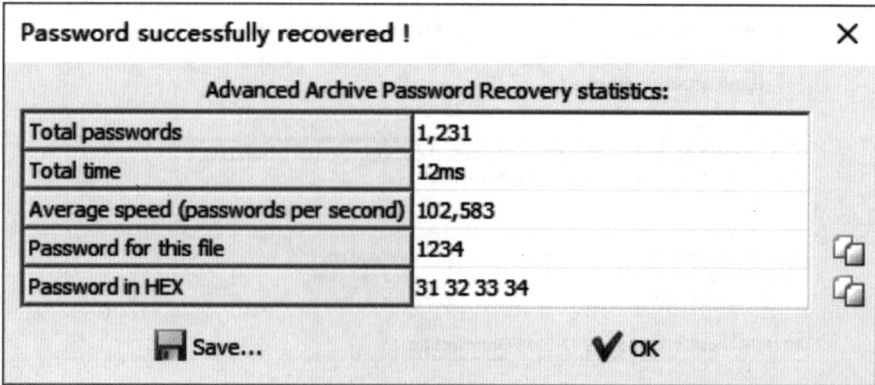

图 2.2.16　密码恢复成功信息框

5 条信息分别为：共尝试密码 1231 个；所用时间 12 毫秒；解密速度为每秒 102583 个密码；本压缩包的密码是“1234”；密码的十六进制值是“31 32 33 34”。

2.3　数据压缩简介

2.3.1　数据压缩原理

数据压缩的理论基础是信息论。从信息的角度来看，压缩就是去除掉信息中的冗余，即去除掉确定的或可推知的信息，而保留不确定的信息，也就是用一种更接近信息本质的描述来代替原有的冗余的描述，这个本质的东西就是信息量。压缩也是一种加密，因为压缩后的信息比较难看懂，主要是和原来的信息有很大的不同。压缩的主要作用就是信息量本身变小了，变小之后的数据在传输方面有很大的优势；其次就是在程序执行时，实时地对程序解压缩。

例如，一幅图像中的蓝天和白云，其中许多像素是相同的，如果逐点存储，就会浪费许多空间，这称为空间冗余。如图 2.3.1 所示，对于成千上万单调重复的蓝色像素点而言，与其一个一个定义“蓝、蓝、蓝……”长长的一串颜色，还不如告诉电脑：“从这个位置开始存储 1028 个蓝色像点”来得简洁，而且还能大大节约存储空间。

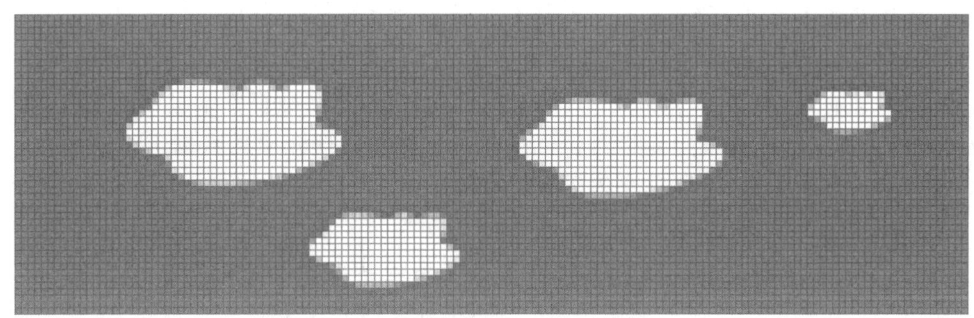

图 2.3.1　蓝天白云图像示意

数据压缩是指在不丢失有用信息的前提下，缩减数据量以减少存储空间，提高其传输、存储和处理效率，或按照一定的算法对数据进行重新组织，减少数据的冗余和存储的空间的一种技术方法。对于任何形式的通信来说，只有当信息的发送方和接受方都能够理解编码机制的时候压缩数据通信才能够工作。例如，只有当接受方知道这篇文章的某些英语缩写字符解释的时候，这篇文章才有意义。同样，只有当接受方知道编码方法的时候他才能够理解压缩数据。一些压缩算法利用了这个特性，在压缩过程中对数据进行加密，例如利用密码加密，以保证只有得到授权的一方才能正确地得到数据。

数据压缩能够实现的是因为多数现实世界的数据都有统计冗余。例如，字母“e”在英语中比字母“z”更加常用，字母“q”后面是“z”的可能性非常小。无损压缩算法通常利用了统计冗余，这样就能更加简练但仍然是完整地表示发送方的数据。如果允许一定程度的保真度损失，那么还可以实现进一步的压缩。例如，人们看图画或者电视画面的时候可能并不会注意到一些细节并不完善。同样，两个音频录音采样序列可能听起来一样，但实际上并不完全一样。有损压缩算法在带来微小差别的情况下使用较少的位数表示图像、视频或音频。

数据压缩可以帮助减少如硬盘空间与连接带宽这样的昂贵资源的消耗，所以非常重要，然而压缩需要消耗信息处理资源，这也可能是费用昂贵的。所以数据压缩机制的设计需要在压缩能力、失真度、所需计算资源以及其他需要考虑的不同因素之间进行折中。一些机制是可逆的，这样就可以恢复原始的数据，这种机制称为无损数据压缩；另外一些机制为了实现更高的压缩率允许一定程度的数据损失，这种机制称为有损数据压缩。

2.3.2 数据压缩分类

数据压缩的方式非常多，不同特点的数据有不同的数据压缩方式(也就是编码方式)，下面从几个方面对其进行分类。

1. 即时压缩和非即时压缩

比如打 IP 电话，就是将语音信号转化为数字信号，同时进行压缩，然后通过 Internet 传送出去，这个数据压缩的过程是即时进行的。即时压缩一般应用在影像、声音数据的传送中。即时压缩常用到专门的硬件设备，如压缩卡等。

非即时压缩是计算机用户经常用到的，这种压缩在需要的情况下才进行，没有即时性。例如压缩一张图片、一篇文章、一段音乐等。非即时压缩一般不需要专门的设备，直接在计算机中安装并使用相应的压缩软件就可以了。

2. 数据压缩和文件压缩

其实数据压缩包含了文件压缩，数据本来是泛指任何数字化的信息，包括计算机中用到的各种文件，但有时，数据是专指一些具有时间性的数据，这些数据常常是即时采集、即时处理或传输的。而文件压缩就是专指对将要保存在磁盘等物理介质的数据进行压缩，如一篇文章数据、一段音乐数据、一段程序编码数据等的压缩。

3. 无损压缩与有损压缩

无损压缩是利用数据的统计冗余进行压缩。数据统计冗余度的理论限制为 2∶1 到 5∶1，所以无损压缩的压缩比一般比较低。这类方法广泛应用于文本数据、程序和特殊应用场合的图像数据等需要精确存储数据的压缩。有损压缩方法利用了人类视觉、听觉对图像和声音中的某些频率成分不敏感的特性，允许压缩的过程中损失一定的信息。虽然不能完全恢复原始数据，但是所损失的部分对理解原始图像的影响较小，却换来了比较大的压缩比。有损压缩广泛应用于语音、图像和视频数据的压缩。

2.3.3 Huffman 压缩算法简介

Huffman 压缩算法可以说是无损压缩中最优秀的算法。它使用预先二进制描述来替换每个符号，长度由特殊符号出现的频率决定。其中出现次数比较多的符号需要很少的位来表示，而出现次数较少的符号则需要较多的位来表示。

Huffman 压缩算法的原理：利用数据出现的次数构造 Huffman 二叉树，并且出现次数较多的数据在树的上层，出现次数较少的数据在树的下层。于是，我们就可以从根节点到每个数据的路径来进行编码并实现压缩。

算法实例：假设有一个包含 100000 个字符的数据文件要压缩存储。各字符在该文件中的出现频度如表 2.3.1 所示。

表 2.3.1　出现频度

字符种类	出现频率/千字
a	45
b	13
c	12
d	16
e	9
f	5

在此给出常规编码方法和 Huffman 编码方法两种，便于比较。

常规编码方法：我们为每个字符赋予一个三位的编码，如表 2.3.2 所示。

表 2.3.2　常规编码方法

字符种类	编码位
a	000
b	001
c	010
d	011
e	100
f	101

此时，100000 个字符进行编码需要：

$$100000\times3=300000(\text{位})$$

这种情况下，对 100000 个字符编码需要：

$$[45\times1+(16+13+12+9)\times3+(9+5)\times4]\times1000-224000(\text{位})$$

表 2.3.3　Huffman 编码方法

字符种类	编码位
a	0
b	111
c	101
d	100
e	1101
f	1100

用上面的例子详细说明一下 Huffman 编码的过程。

首先，我们需要统计出各个字符出现的次数，接下来，根据各个字符出现的次数对它们进行排序，如表 2.3.4 所示。

表 2.3.4　接出现频率排序

字符种类	出现频率/千字
a	45
d	16
b	13
c	12
e	9
f	5

Huffman 编码的过程其实就是构造一颗二叉树的过程，那么我们将各个字符看成树中将要构造的各个节点，将字符出现的频度看成权值。

构造 Huffman 编码二叉树规则：从小到大，从底向上，依次排开，逐步构造。

首先，根据构造规则，我们将各个字符看成构造树的节点，即有节点 a、b、c、d、e、f。那么，先将节点 f 和节点 e 合并，如图 2.3.2 所示。

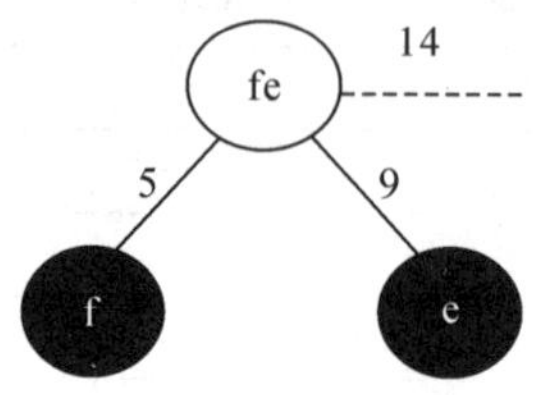

图 2.3.2　节点 f 和节点 e 合并

于是就有：

a	d	b	c	fe
45	16	13	12	14

经过排序处理得：

a	d	fe	b	c
45	16	14	13	12

第二步，将节点 b 和节点 c 也合并，如图 2.3.3 所示。

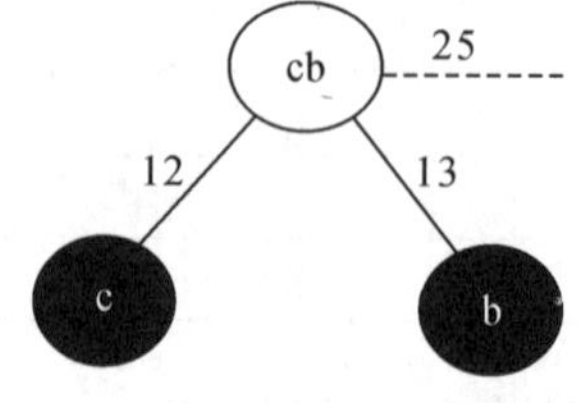

图 2.3.3　节点 b 和节点 c 合并

于是有：

a	d	fe	cb
45	16	14	25

经过排序处理得：

a	cb	d	fe
45	25	16	14

第三步，将节点 d 和节点 fe 合并，如图 2.3.4 所示。

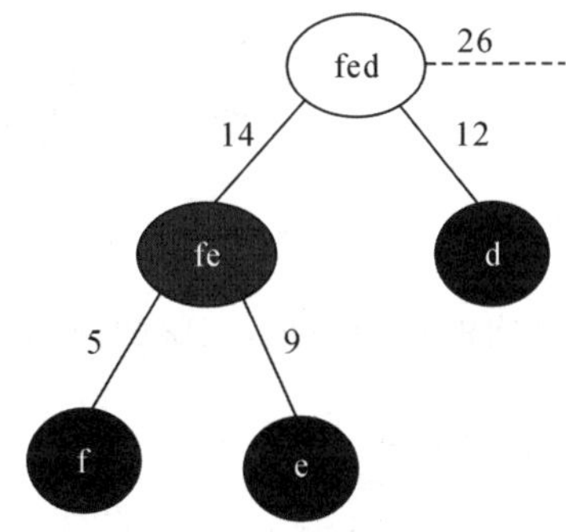

图 2.3.4　节点 d 和节点 fe 合并

于是有：

a	fed	cb
45	26	25

第四步，将节点 fed 和节点 bc 合并，如图 2.3.5 所示。
于是有：

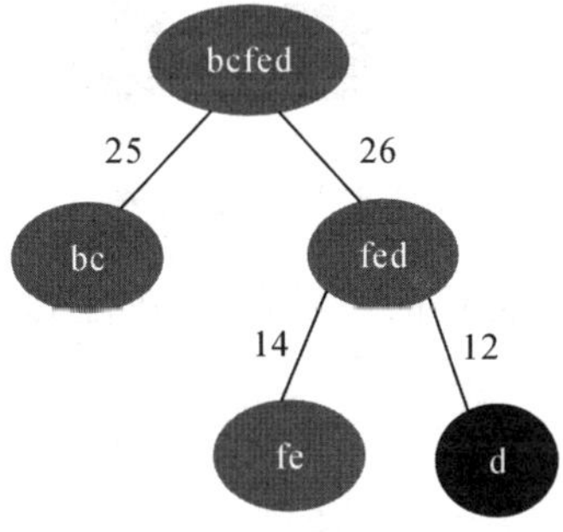

图 2.3.5　节点 fed 和节点 bc 合并

a	cbfed
45	51

最后，将节点 a 和节点 bcfed 合并，如图 2.3.6 所示。

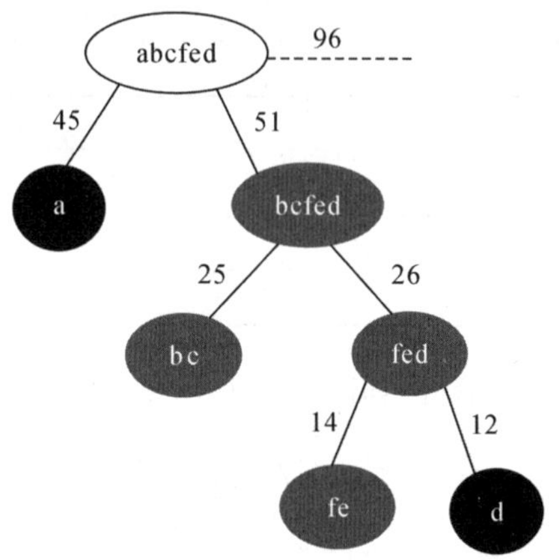

图 2.3.6　节点 a 和节点 bcfed 合并

以上步骤就是 Huffman 二叉树的构造过程，完整的树如图 2.3.7 所示。

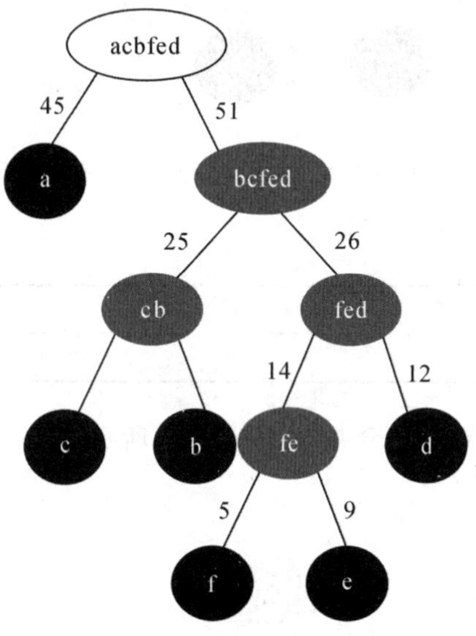

图 2.3.7　完整的树

二叉树生成后就可以编码了，编码的规则为：左 0 右 1。根据编码规则得到我们最终想要的结果，如图 2.3.8 所示。

本章小结

本章介绍了压缩/解压缩软件的加密和解密过程。本章要求掌握常用压缩软件中加密压缩包的方法；掌握 AAPR 的使用方法；掌握暴力破解中字符选择和长度选择；掌握密码恢复的方法：暴力法、掩码法、字典法等；理解数据压缩原理和 Haffman 压缩算法。

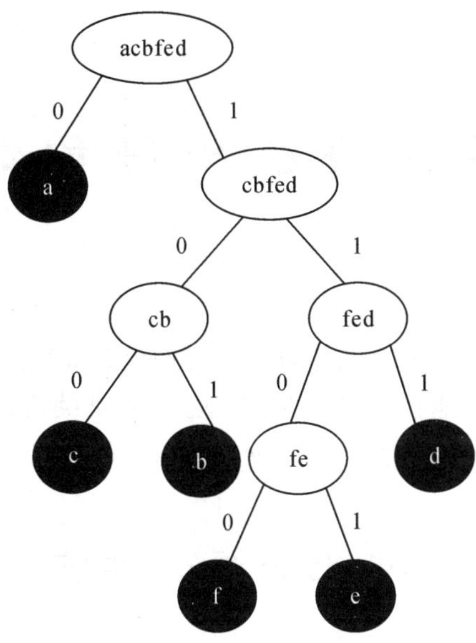

图 2.3.8

实训

1. 设置 WinZip 加密时的密码规则：密码长度≥6；密码中至少应该包含数字和大写字母。

2. 将三种不同类型的文件分别添加到 ZIP 压缩包和 RAR 压缩包，并对其中一个加密，密码自行设定。

3. 请将之前加密后的压缩包进行解密。

第3章

常用办公软件的加密与解密

随着办公自动化的日益普及，每天电脑上都会产生大量数据和文件，有些数据和文件会牵涉个人的隐私，如何有效地保护这些隐私，成为大家关心的问题。下面以 Microsoft Office 2013 软件、WPS 办公软件等为例，说明办公软件的加密与解密方法。

3.1 Windows 办公软件的加密

3.1.1 Microsoft Office Word 文档的加密

Microsoft Office Word 是微软公司开发的一个文字处理器应用程序，是 Microsoft Office的一部分，可使文档的创建、共享和阅读变得更加容易。在不特别申明的情况，本小节的操作均在 Microsoft Word 2013 的平台完成。

使用 Word 文档可以选择设置密码，设置密码的方法是：打开需要设置密码的文件，在“文件”菜单中的“信息”选项下，点击“保护文档”下的“用密码进行加密”，如图 3.1.1 所示。

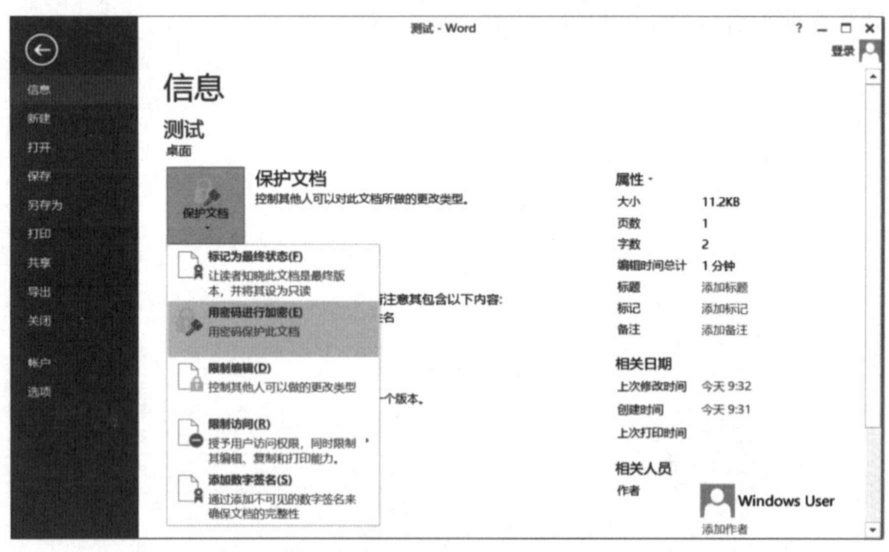

图 3.1.1 “保护文档”菜单中的“用密码进行加密”命令

在如图 3.1.2 所示加密文档对话框中输入需要设置的密码，点击“确定”后弹出如图 3.1.3

所示的确认密码对话框，再次输入密码确认。

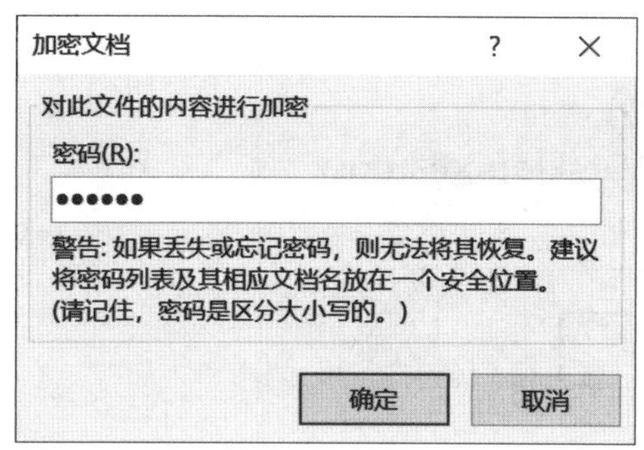

图 3.1.2 “加密文档”对话框

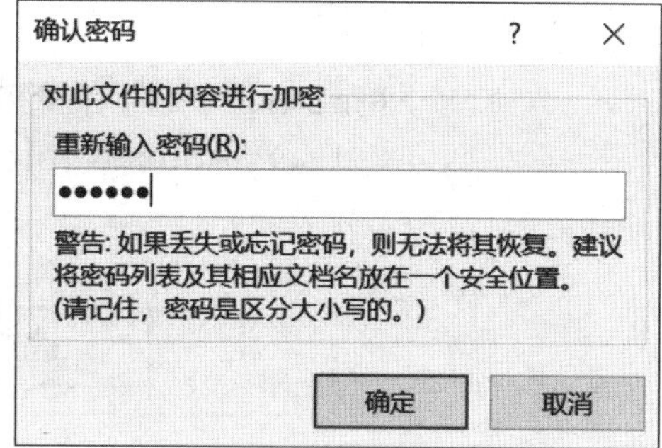

图 3.1.3 “确认密码”对话框

密码设置完成后如图 3.1.4 所示，保护文档功能说明变为“必须提供密码才能打开此文档”。此时记得点击“保存”按钮，如果关闭文档前没有进行保存，设置的密码将无效。

图 3.1.4 用密码加密文档后的信息界面

密码设置后，在打开加密的 Word 文档时，要求输入文件权限密码，如图 3.1.5 所示，如果密码输入不正确，将无法打开文档，如图 3.1.6 所示。

3.1.2 Microsoft Excel 工作簿的加密

在不特别申明的情况，以下操作均在 Microsoft Excel 2013 的平台完成。Excel 工作簿的加密方法同 Word，在“文件”菜单中的“信息”选项下，点击“保护工作簿”下的“用密码进行加密”，如图 3.1.7 所示。

在“加密文档”对话框中输入需要设置的密码并点击“确定”按钮后，弹出“确认密码”对话框，再次输入密码确认。密码设置完成后如图 3.1.8 所示，保护工作簿功能说明变为“需要密码才能打开此工作簿”。此时记得点击“保存”按钮，如果关闭工作簿前没有进行保存，

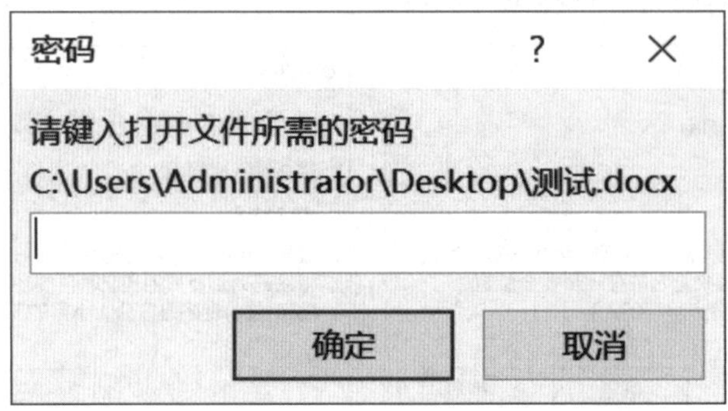

图 3.1.5　打开文档时输入密码对话框

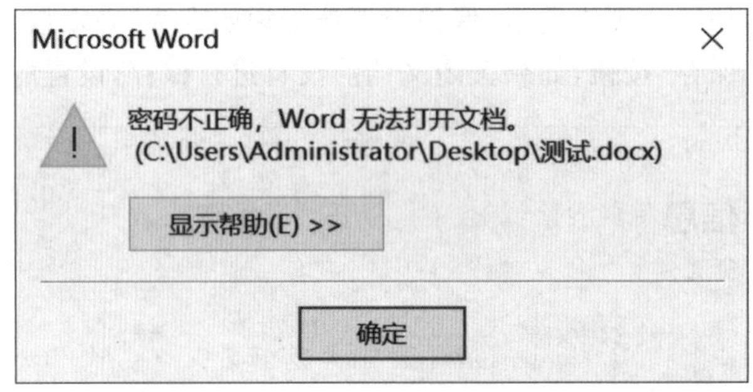

图 3.1.6　“文档密码不正确提示”对话框

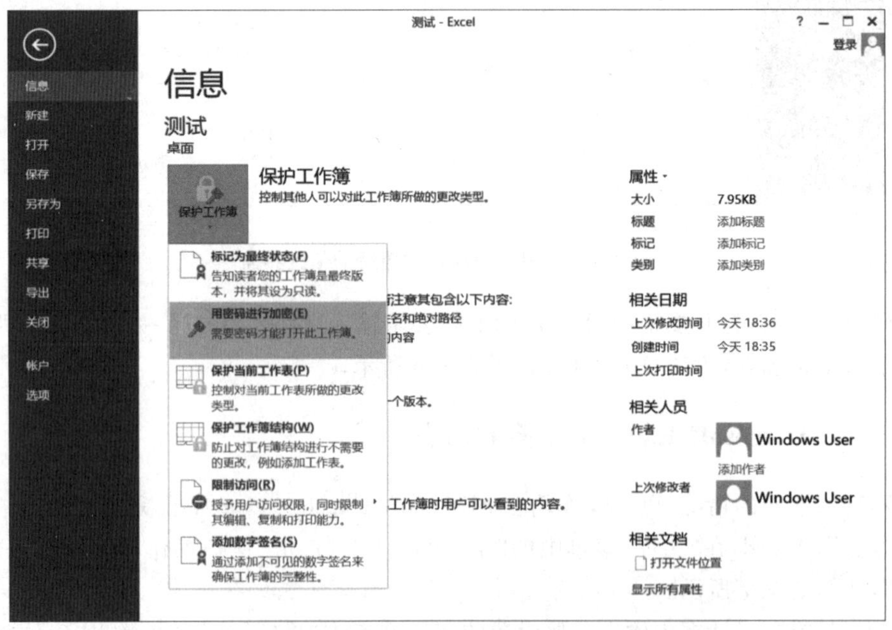

图 3.1.7　“保护工作簿”菜单中的“用密码进行加密”命令

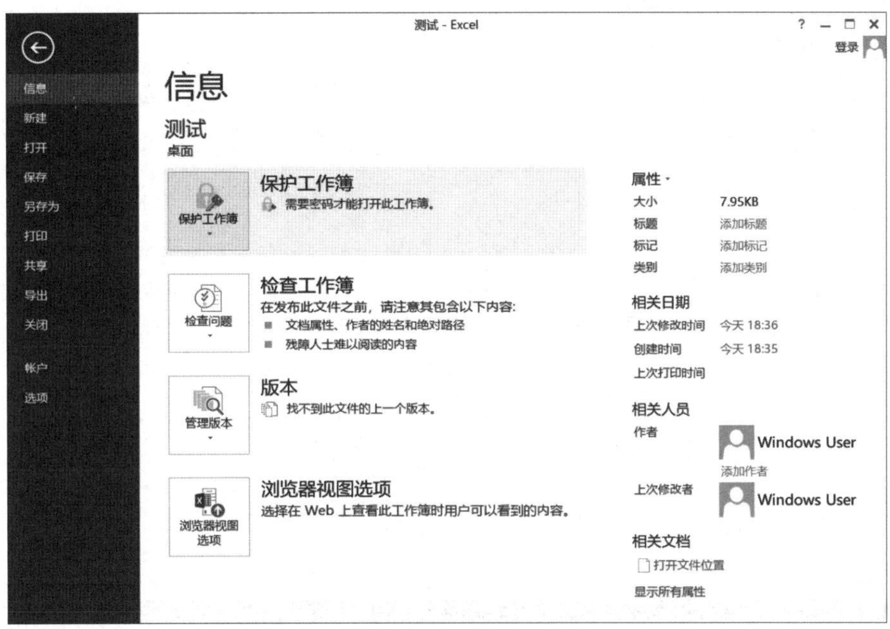

图 3.1.8　用密码加密工作簿后的信息界面

设置的密码将无效。

密码设置后，在打开加密的 Excel 工作簿时，要求输入文件权限密码，如图 3.1.9 所示，如果密码输入不正确，将无法打开工作簿，如图 3.1.10 所示。

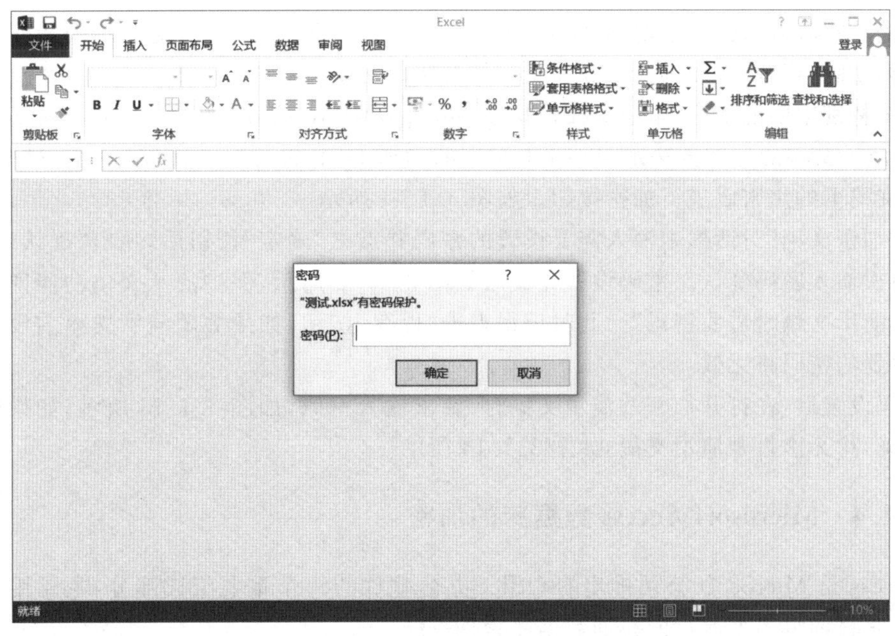

图 3.1.9　打开工作簿时“输入密码”对话框

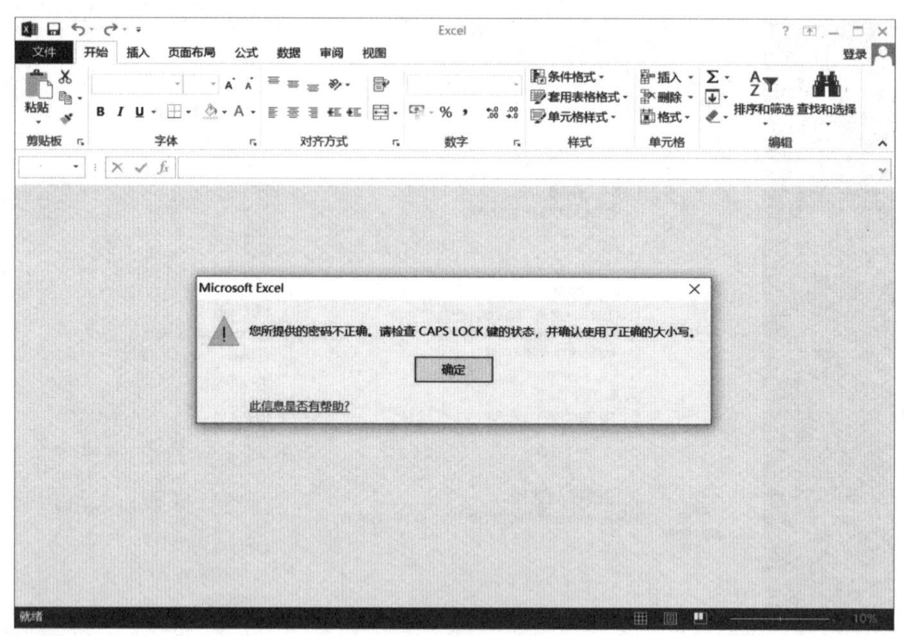

图 3.1.10 “工作簿密码不正确提示”对话框

3.1.3 Microsoft PowerPoint 演示文稿的加密

PowerPoint 是微软 Office 办公套件中的一个重要组成部分，在教学、科研、企业宣传、职业培训等场合应用广泛，人们使用它制作教学课件、研究报告、产品介绍、企业规划等各种演示文稿。随着微软公司推出新版本，PowerPoint 的功能日益强大，能够轻松制作出集文字、图形、动画、声音、视频等多种媒体于一体的演示文稿。

在不特别申明的情况，本小节操作均在 Microsoft PowerPoint 2013 的平台完成。PowerPoint 演示文稿的加密方法跟 Word 中文档的加密类同，选择“文件”菜单“信息”命令，点击演示文稿下的用密码进行加密按钮。如图 3.1.11 所示。

在“加密文档”对话框中输入需要设置的密码并点击“确定”按钮后，弹出“确认密码”对话框，再次输入密码确认。密码设置完成后如图 3.1.12 所示，保护演示文稿功能说明变为“打开此演示文稿时需要密码”。此时记得点击“保存”按钮，如果关闭演示文稿前没有进行保存，设置的密码将无效。

密码设置后，在打开加密的演示文稿时，要求输入密码，如图 3.1.13 所示，如果密码输入不正确，将无法打开演示文稿，如图 3.1.14 所示。

3.1.4 Microsoft Access 数据库的加密

Access 是 Microsoft 公司推出的 Office 办公软件的一个重要组成部分，主要用于数据库管理，是目前世界上流行的桌面数据库管理系统。

在不特别申明的情况，本小节操作均在 Microsoft Access 2013 的平台完成。Access 数据库的加密，可以先打开欲加密的数据库，通过菜单命令“文件”→“信息”→“用密码进行加密”来完成，如图 3.1.15 所示。

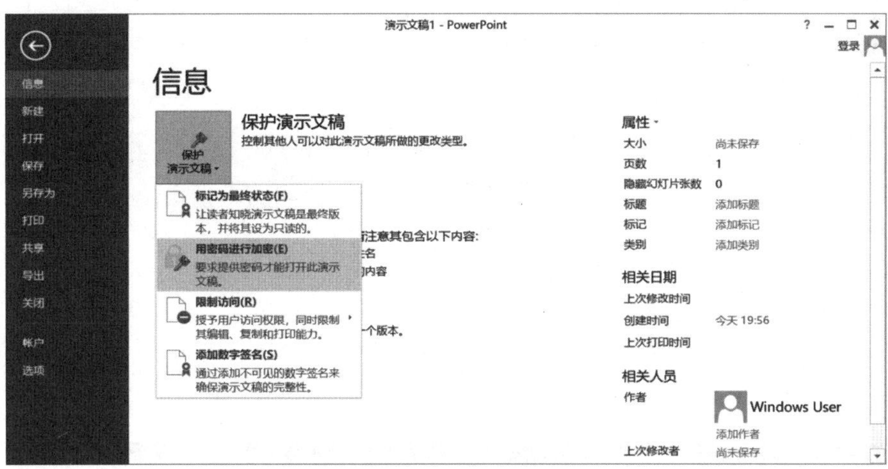

图 3.1.11　“保护演示文稿”菜单中的“用密码进行加密”命令

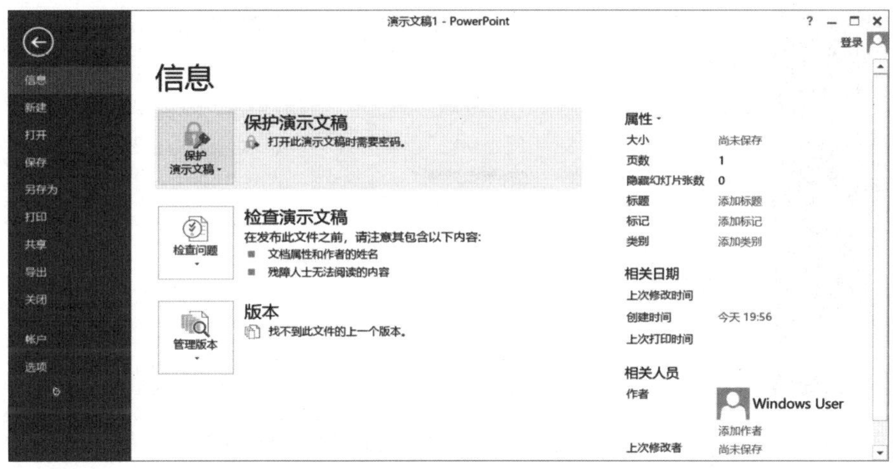

图 3.1.12　用密码加密演示文稿后信息界面

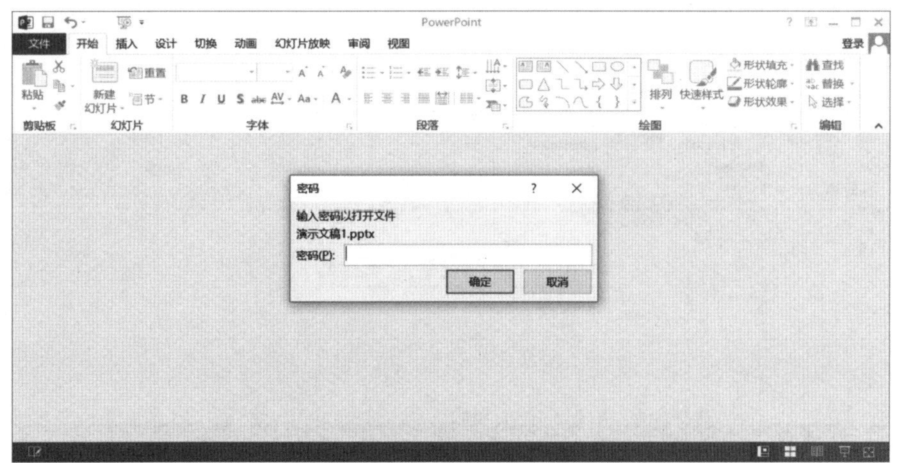

图 3.1.13　打开工作簿时“输入密码”对话框

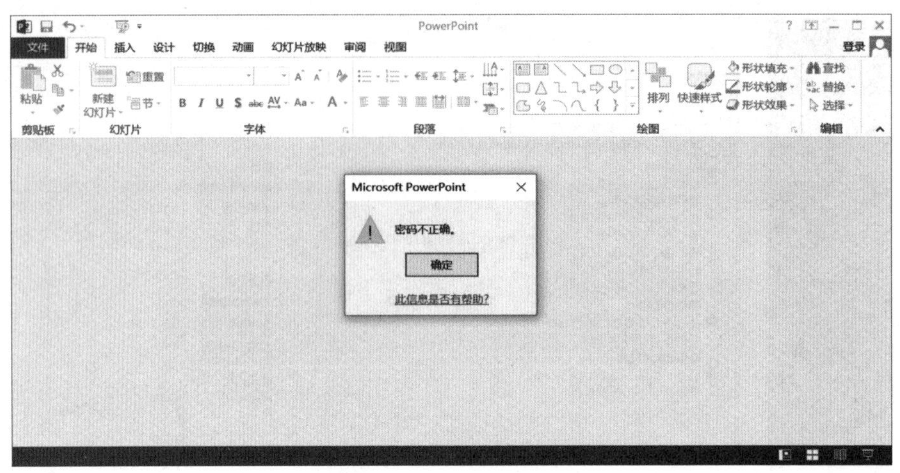

图 3.1.14　演示文稿密码不正确提示对话框

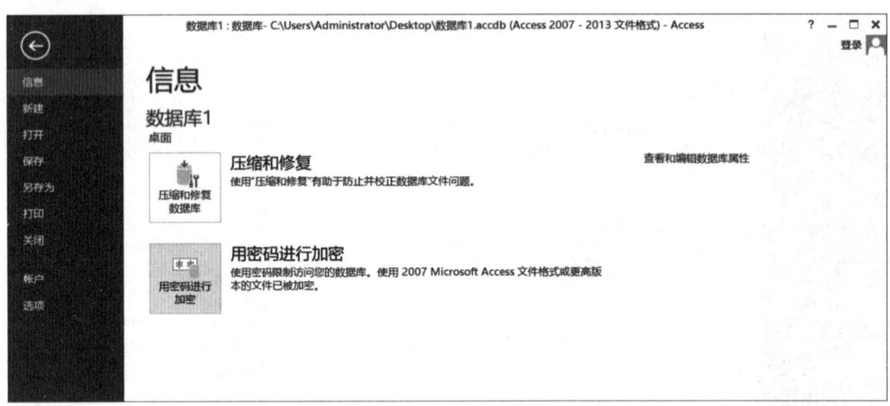

图 3.1.15　信息菜单中的"用密码进行加密"命令

如图 3.1.16 所示，弹出"设置数据库密码"对话框，此时输入要设置密码并验证，点击"确定"完成数据库密码的设置。

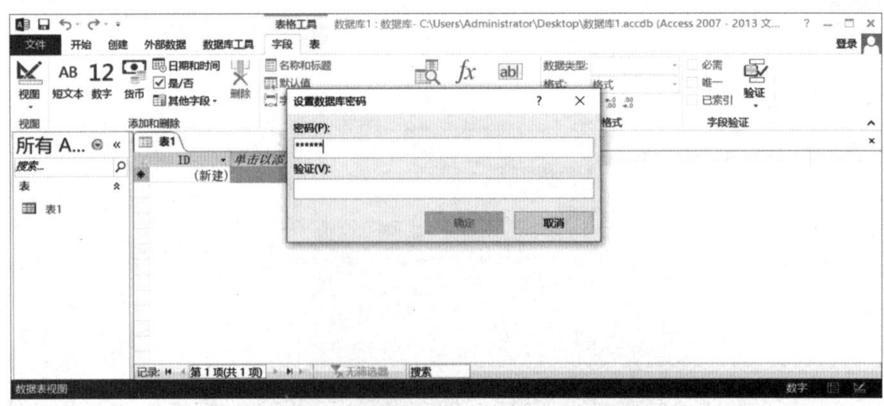

图 3.1.16　设置 ACCESS 数据库密码

设置了密码保护的数据库，在打开时会要求输入密码，如图 3.1.17 所示。

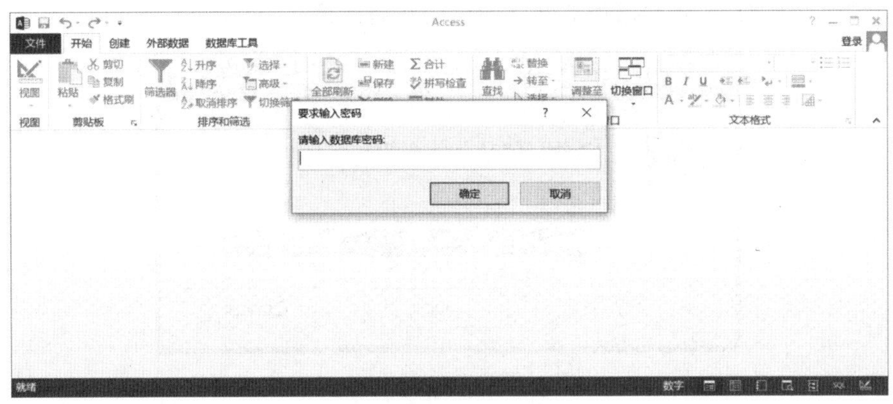

图 3.1.17 “要求输入密码”对话框

如果密码输入不正确，将无法打开 ACCESS 数据库，如图 3.1.18 所示。

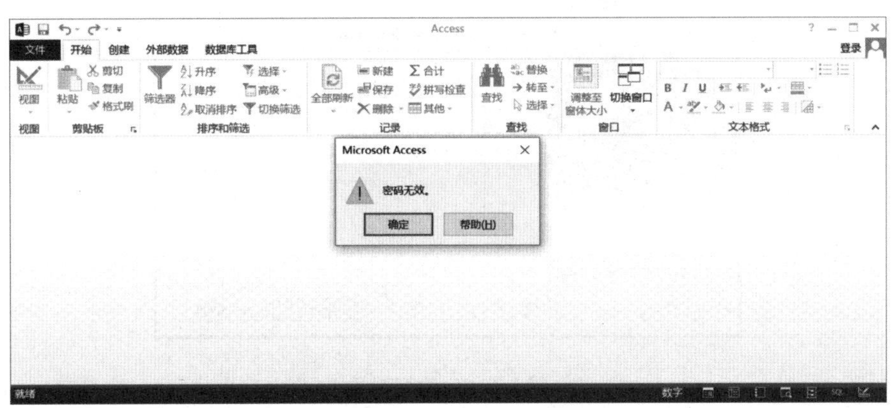

图 3.1.18 “ACCESS 数据库密码不正确提示”对话框

3.2 Windows 办公软件的解密

Microsoft Office 办公软件是人们最常用的软件之一，用密码来保证文件内容的机密性也是常用的方法，但在笔者的实践中，遇到求助恢复密码的事件是最多的，也就是说遗忘密码的事情发生非常多，以致有很多人怕忘记而不敢设密码。实际上密码忘记是可以恢复的。通常使用的是由 ElcomSoft 公司出版的 Advanced Office Password Recovery 来恢复 Microsoft Office 软件密码。本节以 Advanced Office Password Recovery 为例说明。

3.2.1 Advanced Office Password Recovery 的安装

运行 setup. exe 文件安装 Advanced Office Password Recovery，出

现如图3.2.1所示的安装语言选择提示对话框，在该对话框中，保持默认的英语，如图 3.2.1 所示，单击"OK"按钮后，将弹出如 3.2.2 所示的欢迎屏幕。

图 3.2.1　语言选择

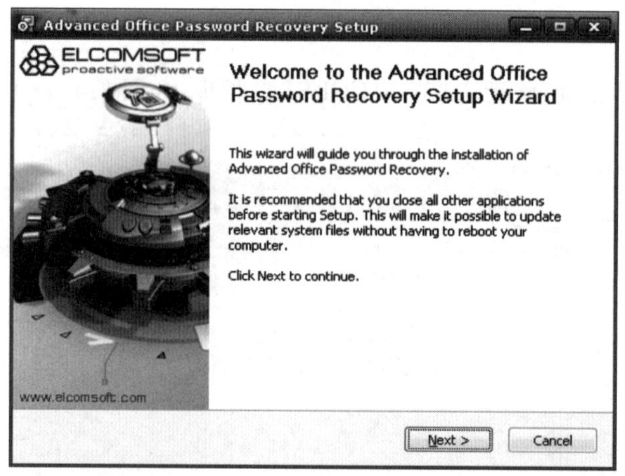

图 3.2.2　欢迎屏幕

在欢迎屏幕中单击"Next>"，将出现"License Agreement"对话框，如图 3.2.3 所示，我们可以选择"I Agree"，表示"我同意上述协议"，即可继续执行。

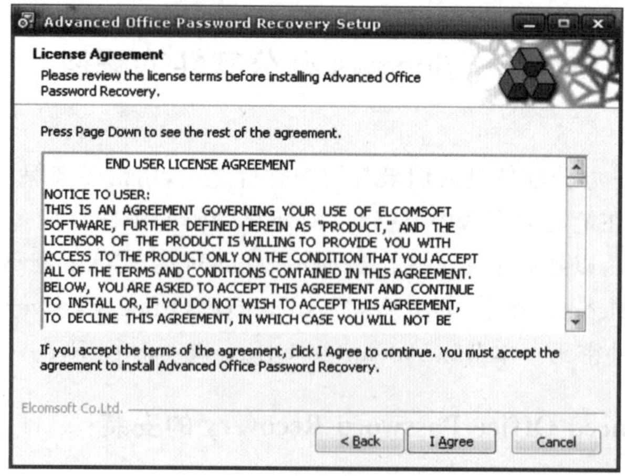

图 3.2.3　许可协议

在同意 Advanced Office Password Recovery 的协议后，将选择安装组件，如图 3.2.4 所示，组件包含三部分：程序、帮助文件、附加特征设置，其中，程序是必选组件。

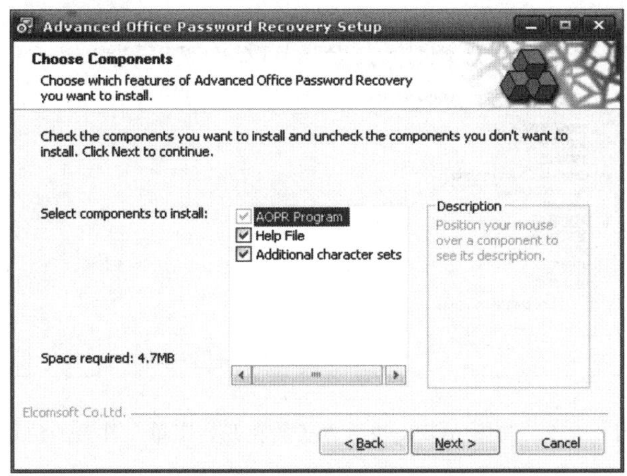

图 3.2.4　选择组件

选择组件后，单击“Next>”，选择安装路径，如图 3.2.5 所示，“安装路径选择”对话框中可以在文本框中输入安装路径，也可单击“Browse”按钮，打开树状列表框选择安装路径。选择好安装路径以后单击“Next”，弹出如图 3.2.6 所示的选择开始菜单文件夹确定对话框。

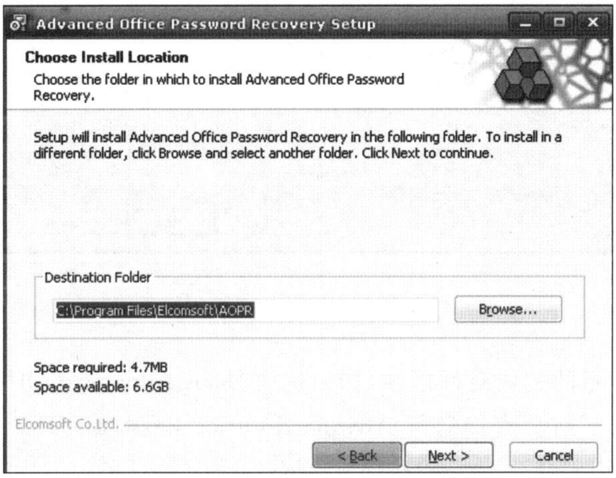

图 3.2.5　选择安装路径

在图 3.2.6 所示的对话框中可以输入该程序在开始菜单中的名称，否则采用默认名“Advanced Office Password Recovery”，也可以选择程序在开始菜单中的位置，本例采用默认名和默认路径，单击“Next”，弹出如图 3.2.7 所示的注册码输入对话框。

在图 3.2.7 所示的对话框中可以在注册码输入文本框中键入注册码，得到 AOPR 的注册版；也可不输入任何字符，得到的是试用版；如果注册码不对，则安装不能进行下去。单击“Purchase AOPR Now!”可马上在线购买注册码。单击“Install”按钮开始安装，安装完成后，出现如图 3.2.8 所示的“安装完成”的对话框。

图 3.2.6　选择 AOPR 快捷方式放在开始菜单文件夹的位置

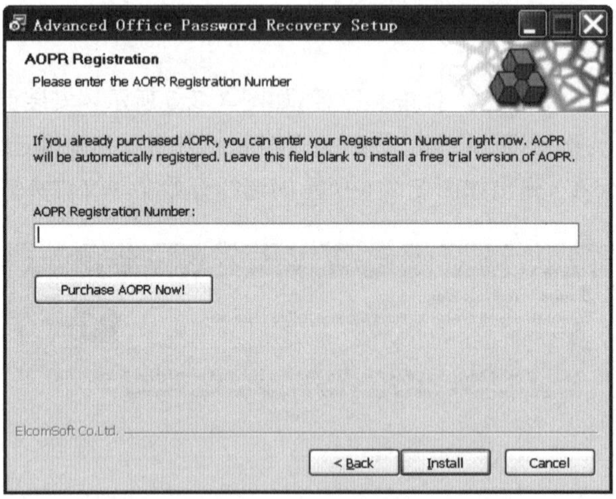

图 3.2.7　AOPR 注册

在如图 3.2.8 所示的完成对话框中，如果选中“Run Advanced Office Password Recovery”，则在单击“Finish”后会直接运行 Advanced Office Password Recovery，如图 3.2.9 所示。单击“Finish”结束安装。

3.2.2　Advanced Office Password Recovery 的使用

运行 Advanced Office Password Recovery 后，出现 Advanced Office Password Recovery（以下简称 AOPR）的工作窗口如图 3.2.9 所示。

在如图 3.2.9 所示的 AOPR 工作窗口中，菜单栏上有文件（File）、恢复（Recovery）、Internet、VBA 后门（VBA Backdoor）、语言（Language）和帮助（help）6 个菜单。

通过单击工具栏“open file...”（“打开文件”）工具按钮或者选择“文件”菜单中的“open file...”（“打开文件”）命令，选择被加密过的文件如图 3.2.10 所示，在如图 3.2.10 所示的

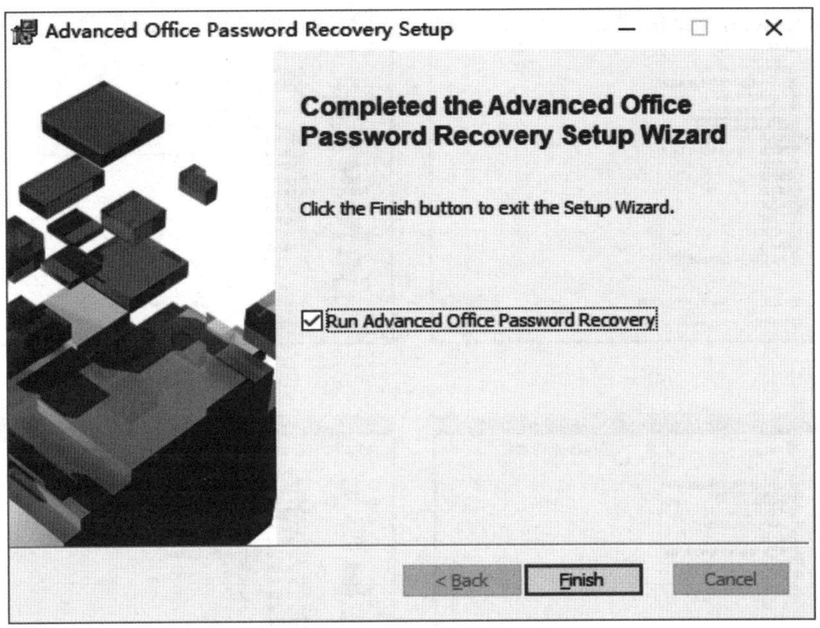

图 3.2.8　安装完成

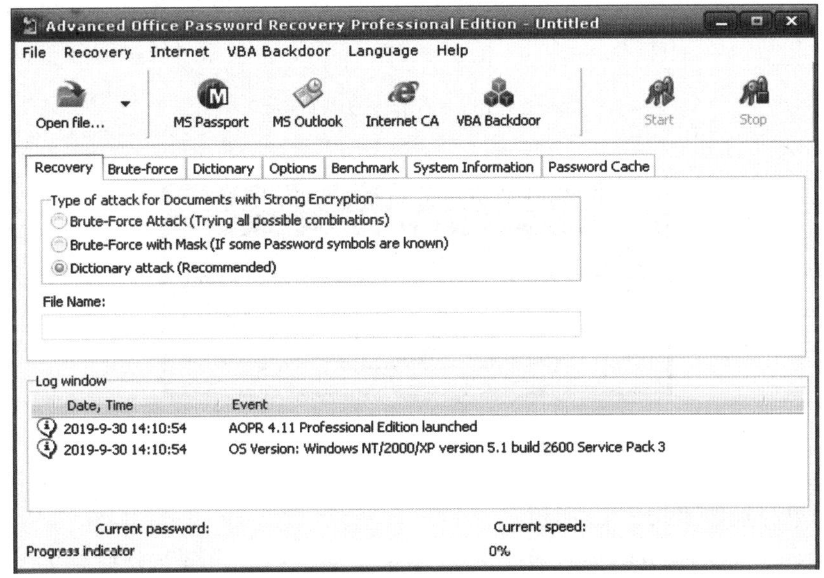

图 3.2.9　Advanced Office Password Recovery 的工作窗口

打开对话框中可以看出本软件可以恢复的文件种类很多，几乎 Office 的所有文件类型都可以使用本软件进行恢复，我们分别选择上一节加密过的四个文件，如图 3.2.11 所示。

单击图 3.2.10 所示的“打开”钮。如果第 1 章.doc 没有使用密码保护，则会弹出如图 3.2.11 所示的提示信息，若采用了密码保护，则会返回工作窗口。

如果设有密码以及各种参数设置正确，就弹出“密码恢复结果”对话框，上述加密文件的

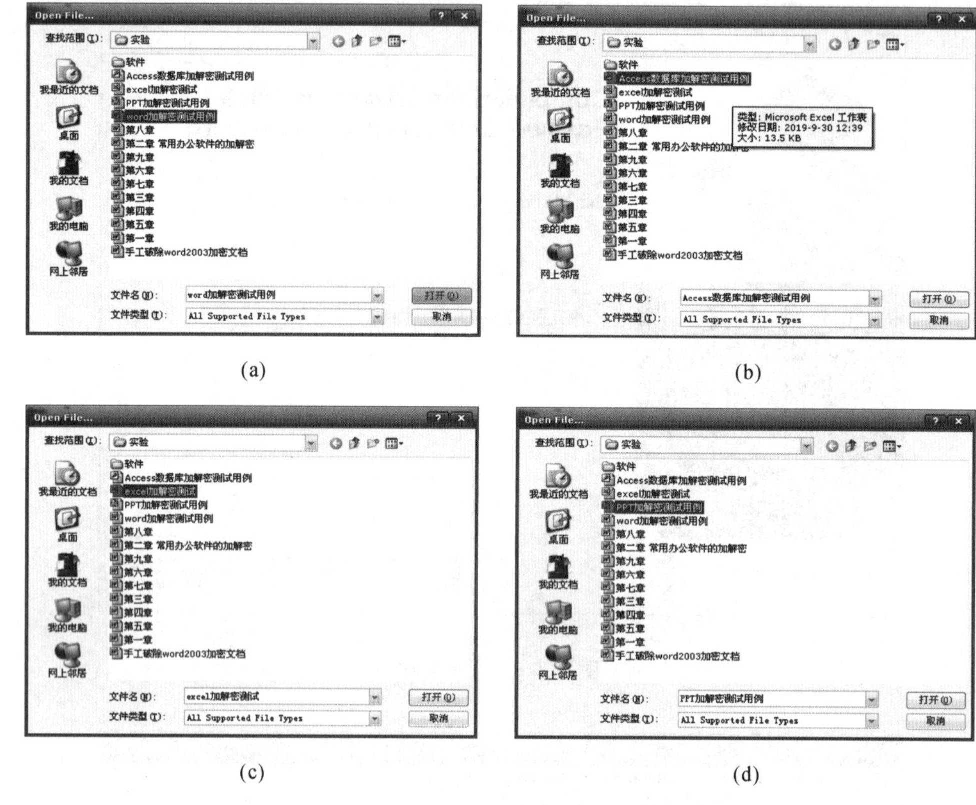

图 3.2.10 “打开文件”对话框

图 3.2.11 无密码提示信息框

密码恢复结果分别如图 3.2.12 所示。

在图 3.2.12 密码恢复结果对话框中，在输出结果栏中从上至下分别为文件打开密码、保护密码、文档保护密码和 VBA 宏密码。本例解得打开密码为“123”。图中的“Open...”是用来直接打开被恢复文件，单击该按钮可以打开新的需要恢复密码的文件。

下面的信息框是用来说明密码恢复的情况，以上信息框表示选中文件的所有密码已经恢复或者损坏。单击“OK”按钮可返回主窗口。

在图 3.2.9 所示的 AOPR 工作主窗口中，工具条下面是参数设置区，共有恢复方式选择(Recovery)、暴力方式(Brute-force)、字典方式(Dictionary)、选项(Option)、工作速度测试(Benchmark)、系统信息(System Information)和密码保存(Password Cache)7 个选项卡。

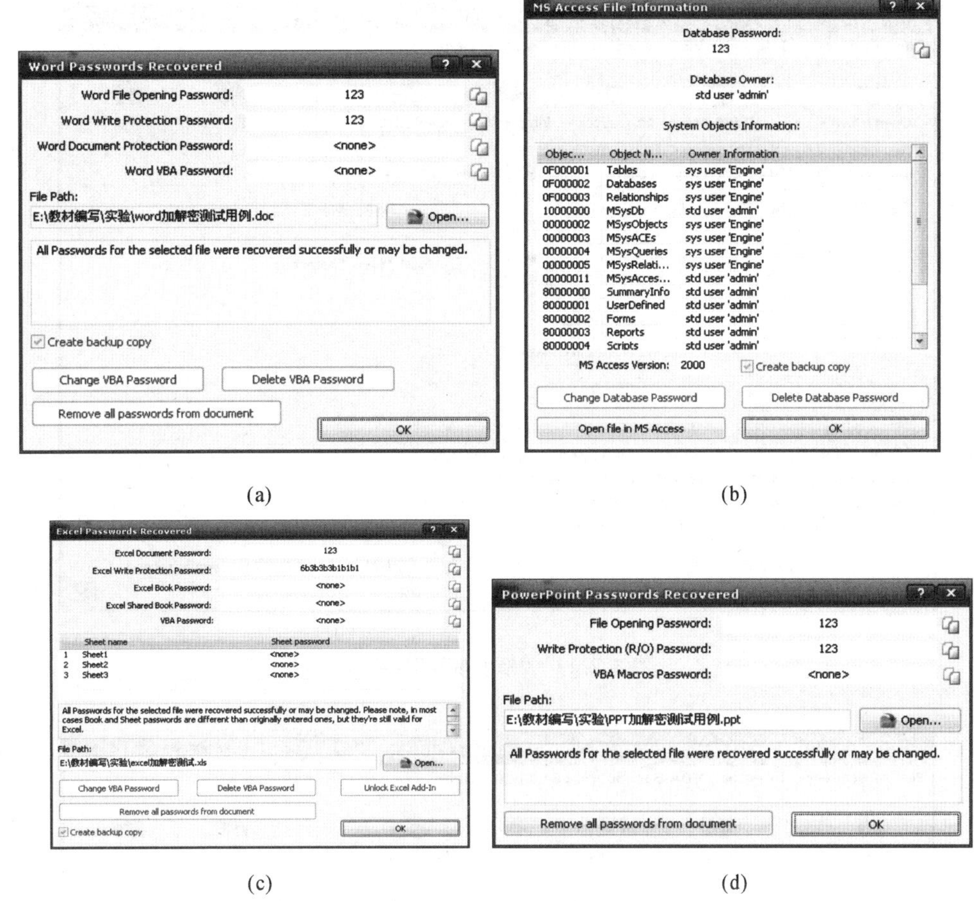

图 3.2.12 密码恢复结果对话框

在恢复方式选择卡中有暴力方式、掩码暴力方式、字典方式三种可供选择，选择某种恢复方式后要在相应的卡中设置好参数。

图 3.2.13 所示的是暴力恢复卡，当采用暴力方式和掩码暴力方式时使用本卡设置参数。左侧为密码长度设置；中间为字符集选择；右侧为起始密码设置和掩码输入，通配符为“?”。

在如图 3.2.14 所示的“字典”选项卡中，上面一行是字典文件操作：左面的框可以输入字典文件的名称和路径；中间的按钮可以打开下拉树状列表，通过这个表可以选择字典文件；右面的框可输入数字，表示从字典文件第几行开始恢复。下面一行为默认字典文件操作：左面、中间同上，右面的“Get Dictionaries”(“获取字典”)按钮，单击“Get Dictionaries”按钮，可以从 http://www.elcomsoft.com/ 网站下载字典文件。

在如图 3.2.15 所示选项卡中有三个区域，Program Priority 用来选择前后台工作；Log file 用来操作日志文件；General options 栏的左侧迎来调整自动存储间隔时间和恢复进程显示内容更换间隔时间，右侧是功能的选定，我们可全部选中。六个多选项分别为启动自动存储、最小化窗口、允许改变窗口、允许暴力恢复、允许字典恢复和允许使用保存的密码恢复。

图 3.2.13 “暴力恢复”选项卡

图 3.2.14 “字典方式”选项卡

在如图 3.2.16 所示的工作速度测试卡中主要用于测试不同 Office 文档密码恢复速度。

如图 3.2.17 所示的系统信息卡主要显示 AOPR 工作环境信息。

如图 3.2.18 所示的密码缓存卡可以用来保存已找到的密码，有保存文件的选择、密码文件内容显示、添加密码和清除保存的密码。在 AOPR 工作窗口中日志窗口（Log

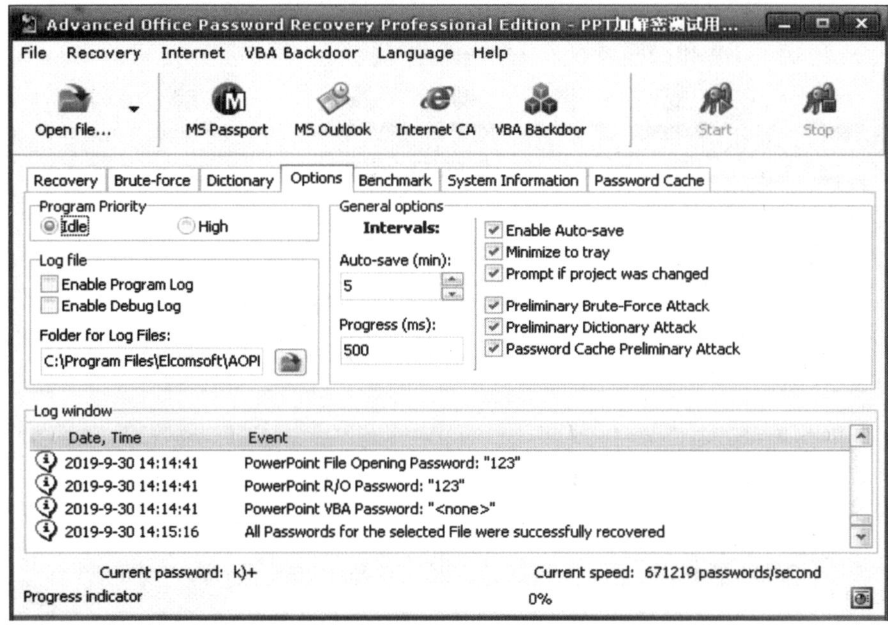

图 3.2.15　“选项”设置

图 3.2.16　工作速度测试卡

windows)显示在 AOPR 中已进行的所有操作。进程显示栏有一进程条用来显示以字母位数为单位的工作速度和进程。最下面一行是该软件的版本信息。

图 3.2.17 系统信息卡

图 3.2.18 密码缓存卡

3.2.3 Microsoft Office 文档密码的恢复

加密后的文档，如果要成功恢复密码，受以下几个条件的约束：

(1)密码的健壮性:密码设置是否安全有效,与其密码的长度、所用的字符集等因素有关;下面的章节中会介绍。

(2)机器的运算速度:如果设置的密码很复杂,健壮性很好的话,单机破解可能需要耗时很久,有可能需要采用分布式密码(DNA)破解。

受上述条件的影响,成功破解出密码可能需要很长时间的等待。而事实上,很多人是没有这么多时间和耐心来等待的。这时,可以采用更简单的方法来移除密码。

下面以Office Password Remove软件的使用来介绍Microsoft Office文档密码的移除。

先打开该软件,界面如图3.2.19所示,在该窗口选择打开文件后出现如图3.2.20所示的界面。

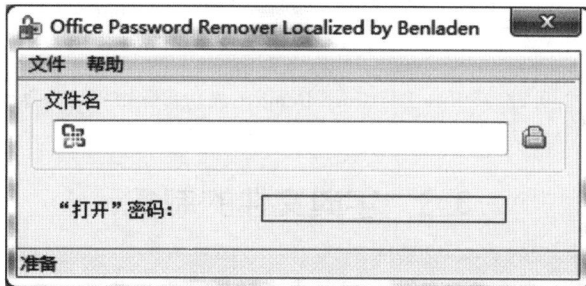

图3.2.19　Office Password Remove软件界面

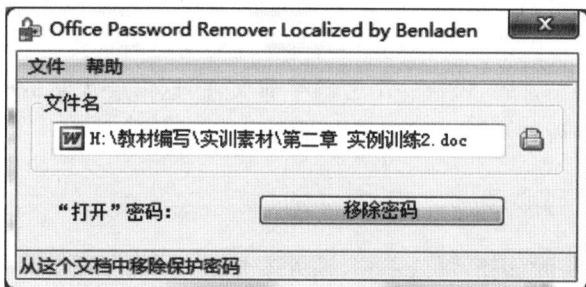

图3.2.20　Office Password Remove打开文件后界面

在图3.2.20的界面中,点击“移除密码”后,该软件将连接到Rixler软件服务器寻找解密密钥,并解密文档内容,解密后,将提示:“这个文档已经被成功解密”,如图3.2.21所示。

图3.2.21　Office Password Remove成功解密的提示框

在图 3.2.21 的“成功解密”对话框，点击“确定”后，会打开图 3.2.22 的界面，在该对话框我们可以单击“在 Word 中打开该文档”，将会看到正确的文档内容。移除密码后的文档文件名的命名方法是：原文件名＋“(DEMO)”，一般会放在与原文件相同的文件夹中。

图 3.2.22　Office Password Remove 成功移除密码后的界面

3.3　字典文件的制备

字典恢复法是恢复密码时经常使用的方法之一，该方法的成功是建立在一个好的字典基础上的。如果实际文档的密码没有被收录在所使用的密码字典文件中，则密码就不能被恢复出来。一般说来，密码字典文件的来源有三个：最多的是从网站下载的，包括恢复密码软件包中附带的字典，以英语单词字典居多；其次是使用密码字典生成软件来产生自己需要的字典；最后是自己搜集密码，做成一个密码字典文件，这需要大量的时间。若要使用密码字典生成软件产生，则需要知道一点密码心理学。

3.3.1　简单密码心理

密码就是需要保密的“码”，自己不忘，别人不知道就是密码的目的。自己不忘，是一条主线。为了不忘记，设置密码时可能用我们最熟悉的字符串，这与个人的习惯、爱好以及设置密码的水平有关。下面我们分析一下中国人设置密码的特点。

中国人使用最多的是生日密码，这与我国银行的密码系统有关。银行密码要求 6 位数字，这与 6 位的生日恰好吻合，由此养成了国人使用生日密码的习惯。在生日密码中使用最多的是年月日表达方式。

设置密码的习惯除采用生日外，还有使用自己姓名的汉语拼音作为密码。其中大多数是按中国人的习惯，姓在前名在后，很少有人将姓放在后面。

也有很多人使用常用的英文单词作密码，包括计算机常用的英语单词。这些英语单词密码使用网上下载的字典一般都能有效恢复。

还有一部分人使用电话号、身份证号码、车牌号、驾照号等与个人信息密切相关的字符串。

特殊的行业和特殊身份人群，其密码也会有特殊的特征。例如，商人的密码中含有 888，9458，168 的居多；单位一把手的密码含有 1，No1，yihao 等。

也有一些复合型的密码，一般以生日加姓名的居多。

如何正确设置密码的问题将在后面讨论。

当我们了解了某人或某些人设置密码的习惯后,就可使用一个恰当的密码字典生成工具,生成一个有针对性的密码字典来恢复密码。密码字典的有效性取决于字典是否包含了要恢复的密码。当然密码字典文件越大,其恢复密码的时间越长。下面就介绍几款密码生成器。

3.3.2　易优超级字典生成器

易优超级字典生成器是一个用来生成密码字典的专用软件,使用方法比较简单,直接运行不用安装。该软件可在 http://www.chkh.com 或 http://www.enet.org.cn 网站下载和取得技术支持。

该软件的名称为易优软件——超级字典生成器 V3.5,运行程序,其工作窗口如图 3.3.1 所示。

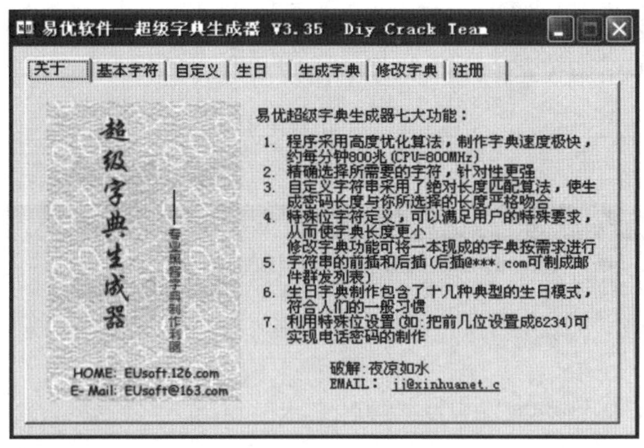

图 3.3.1　易优超级字典生成器工作窗口

在如图 3.3.1 所示的易优超级字典生成器工作窗口中,共有“关于”“基本字符”“自定义”“生日”“生成字典”“修改字典”和“注册”七个项目卡。

“关于”选项卡是对本软件的的功能加以介绍,如图 3.3.1 所示。“基本字符”选项卡是用来选择构成密码字典的基本符号如图 3.3.2 所示。

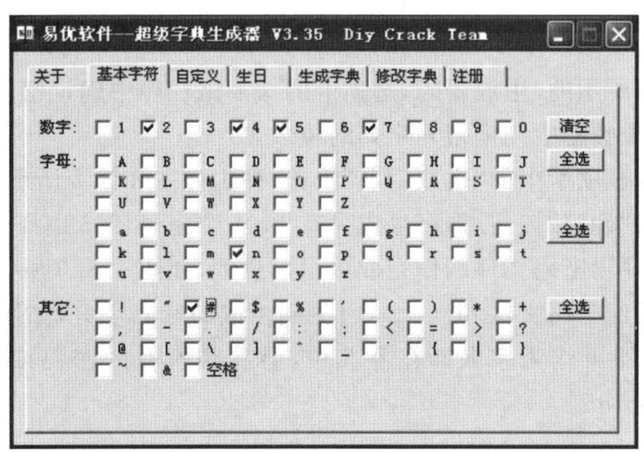

图 3.3.2　“基本字符”选项卡

我们在"基本字符"卡中选择 2、4、5、7、n、# 等 6 个字符，如图 3.3.3 所示。"自定义"卡是用来确定字典中特殊字符串，并可设定特殊位置上的字符。如图 3.3.4 所示，我们定义一个特殊的字符串"aBc"，并将位置 1 设置为符号"2"。

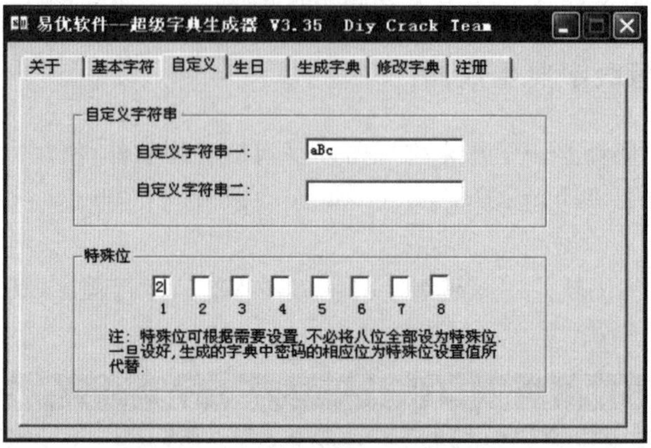

图 3.3.3　自定义选项卡

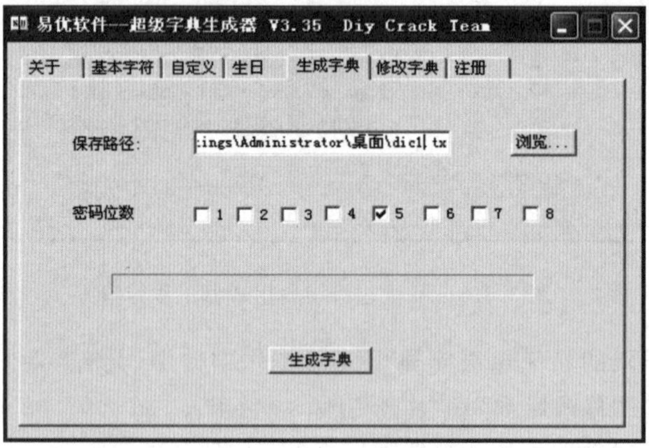

图 3.3.4　生成密码选项卡

"生日"选项卡是用来产生生日密码的，我们先用基本字符和自定义两个卡的信息生成密码。在如图 3.3.4 所示的"生成密码"选项卡的保存路径栏中确定密码文件名保存位置和密码的位数；在密码位数栏中确定密码字典的位数。

单击"生成密码"选项卡中的"生成字典"按钮，弹出如图 3.3.5 所示的"确定/取消"对话框。在对话框中单击"确定"按钮，即可生成具有 1404 个密码，9.59KB 的字典文件。

字典生成后，会弹出密码文件制作完成提示信息框，如图 3.3.6 所示。

我们打开刚生成的密码文件 dic1.txt，可见到生成的密码字典，如图 3.3.7 所示。去掉文件中的头、尾说明即可作为字典。在字典中，会看到所有的密码或以"2"开头，或包含"aBc"，且密码的长度为 5。

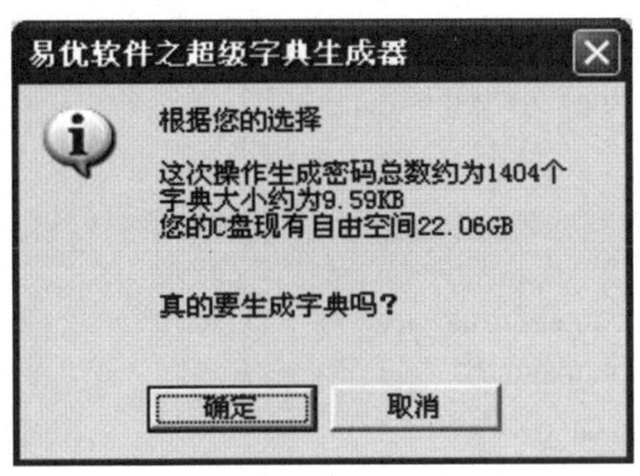

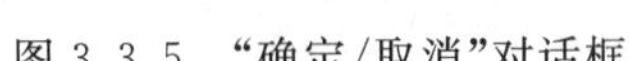
图 3.3.5　“确定/取消”对话框

图 3.3.6　字典制作完成提示

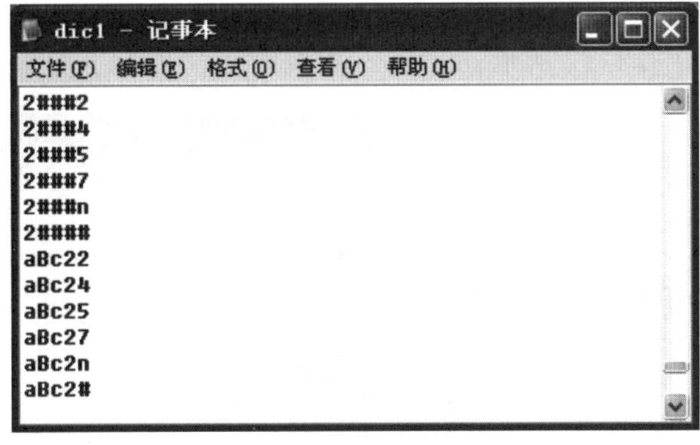

图 3.3.7　生成的密码文件

“生日”选型卡如图 3.3.8 所示。我们在“范围”栏中输入初始年月和终止年月。在“模式”栏中选择一种或多种生日的表示形式，然后通过“生成字典”生成字典 dic2. txt。打开 dic. txt 如图 3.3.9 所示。

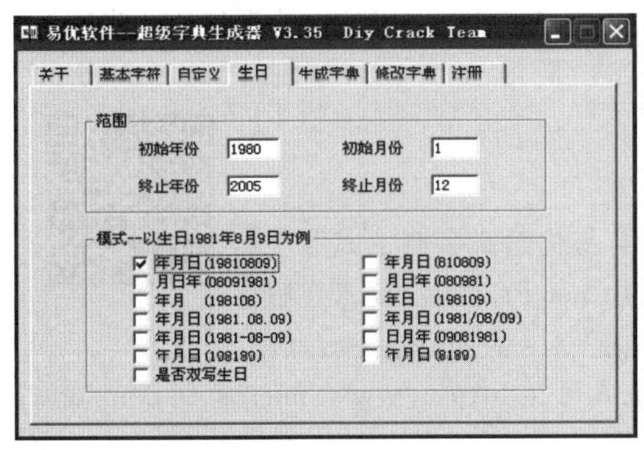

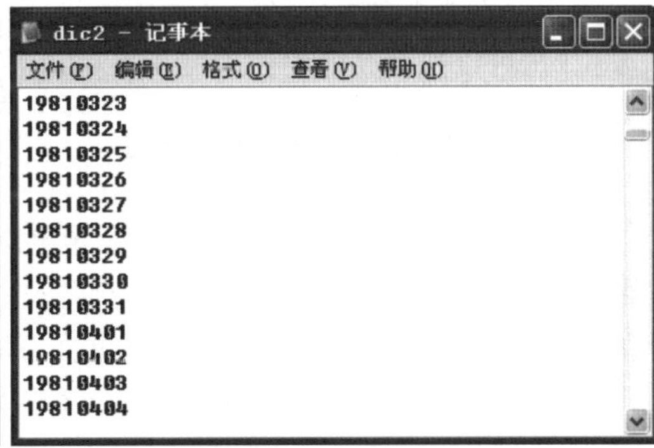

图 3.3.8　“生日”选项卡

图 3.3.9　字典文件 dic2. txt

可以发现在生日密码字典生成时，设置密码的位数是无效的。

“修改”选项卡如图 3.3.10 所示，用来在已有密码字典每个密码加前(后)缀字符串。

通过“修改”选项卡在 dic. txt 密码字典中加前缀“T”，并保存为 dic3. txt，设置如图 3.3.11所示。单击“修改字典”按钮，弹出“字典修改完成”对话框，如图 3.3.11 所示。

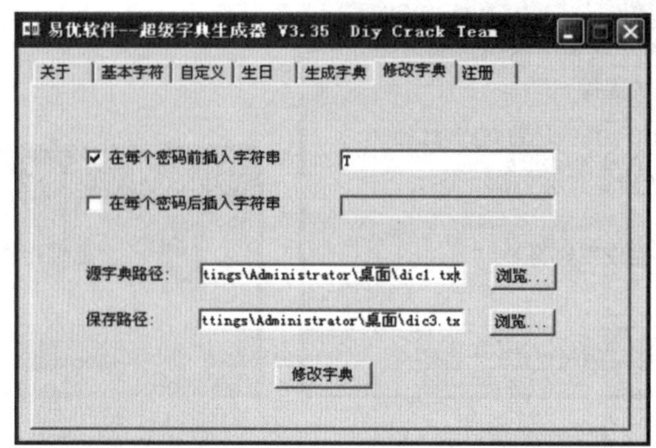

图 3.3.10 “修改”选项卡

打开 dic3. txt 如图 3.3.12 所示，dic1. txt 中的密码都加上了前缀“T”。

图 3.3.11 “字典修改完成”对话框

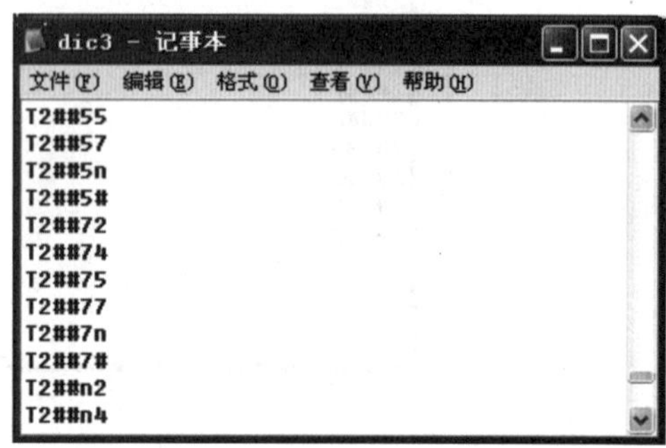

图 3.3.12 密码加前缀“T”结果

该软件还可以用一个 Key 文件生成另一个密码文件，也可以对一个密码文件进行 Key 测试，检验该文件是否是由 Key 生成的，读者可自行尝试。

该软件不能直接生成多于 8 位的密码，只能通过加前(后)缀的方法来解决。当密码大于 8 位时，可以选择其他软件来完成。

3.3.3 木头超级字典生成器

木头超级字典生成器也是一款中文软件，与易优超级字典生成器不同的是使用前要安装，并要求在安装 MicroSoft. net Framework 2.0 后才能正常运行。木头超级字典生成器可在 http://www. mutousoft. cn/soft. 1. htm 下载；MicroSoft. net Framework 2.0 可在 http://www. microsoft. com/downloads/info. aspx 下载。

木头超级密码字典生成器安装以后在桌面有快捷图标，并在“开始”→“所有程序”中列有相应的菜单项。运行该程序首先弹出一个“注册”对话框，单击“以后再说”弹出如图 3.3.13 所示的工作界面。

在工作界面中有 8 个卡，可生成 8 种不同类型的密码字典。在图 3.3.13 所示的“常规字典”卡中有“选择字符集”、“自定义字符串”和“设定密码长度范围”三个栏；我们选择数字

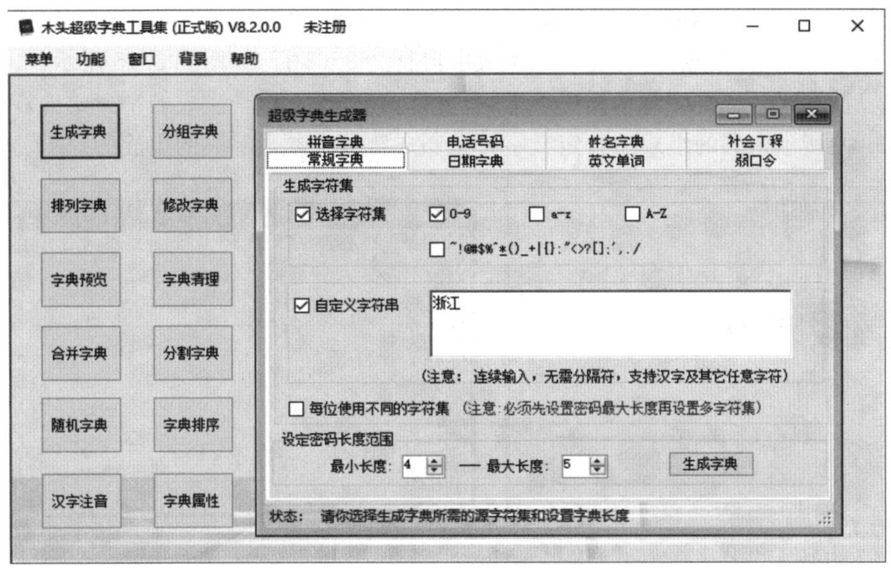

图 3.3.13　木头超级密码字典生成器工作界面

字符,在“自定义字符串”栏中输入“浙江”,密码长度设最小为4,最大为5;单击“生成字典”按钮,弹出“保存字典”对话框,如图3.3.14所示。

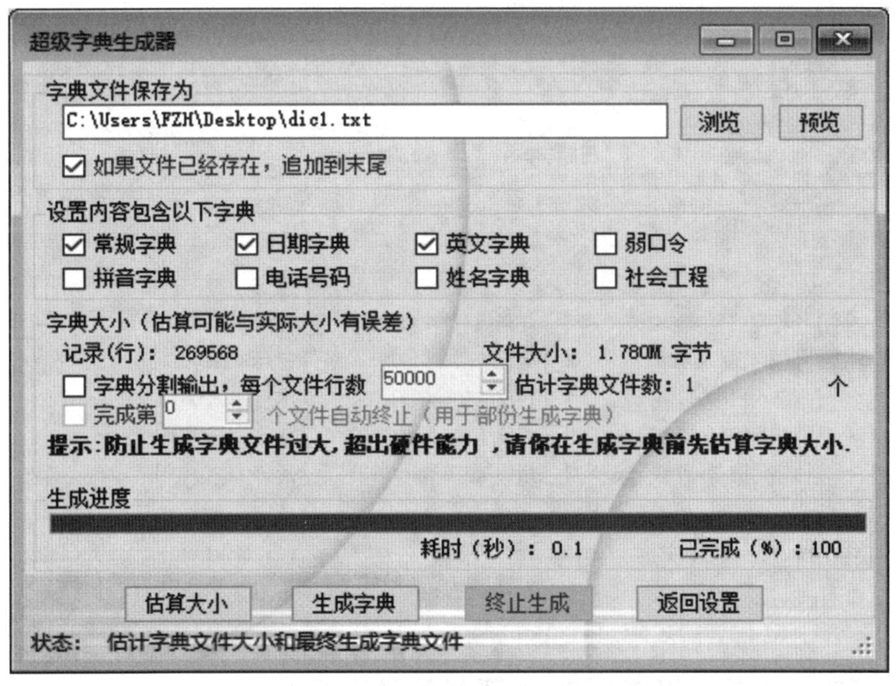

图 3.3.14　“保存字典”对话框

在“保存字典”对话框中的“字典文件保存为”栏设置保存路径和文件名,我们选择“桌面”和dic1.dic。“设置内容包含以下字典”栏可以选择多种字典,这些字典要经过相应的项目卡进行设置,这些字典衔接在一起生成一个文件。在生成字典之前单击“估算大小”按钮,可以看到该文件有 1.78MB 字节。单击“生成字典”按钮，系统开始生成字典。字典生成后，弹出“生成字典成功”消息框，并显示共生成字典行 269568 行，如图 3.3.15 所示。

生成后，在“保存字典”对话框中单击“查看字典”按钮或双击生成的字典文件，可以看到如图 3.3.16 所示密码的组成。自定义字符是当成符号来参与字典的生成的。

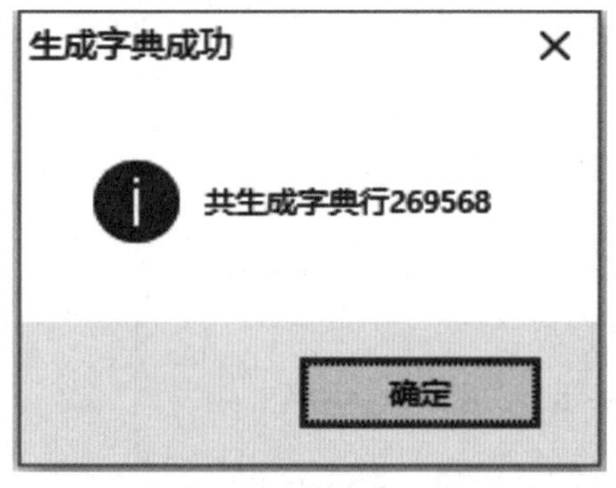

图 3.3.15 “生成字典成功”消息框

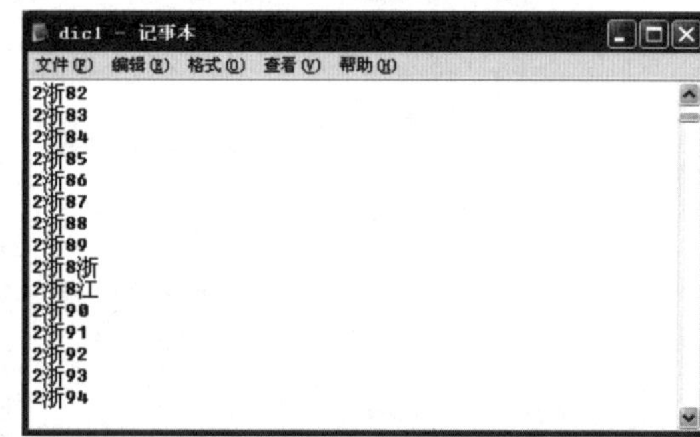

图 3.3.16 密码的组成

“日期字典”实际上就是生日字典，其“日期字典”卡上有如图 3.3.17 所示的三个项目栏。“日期选择”栏可选定生日的范围，我们选定为 1985.6.15 至 2005.6.15。“日期固定格式”栏可选定一种或多种日期的表示格式，我们选择“年月日”和“日月年”两种格式。“自定义格式”可由使用者自己定义其特殊的格式，我们不作选择。

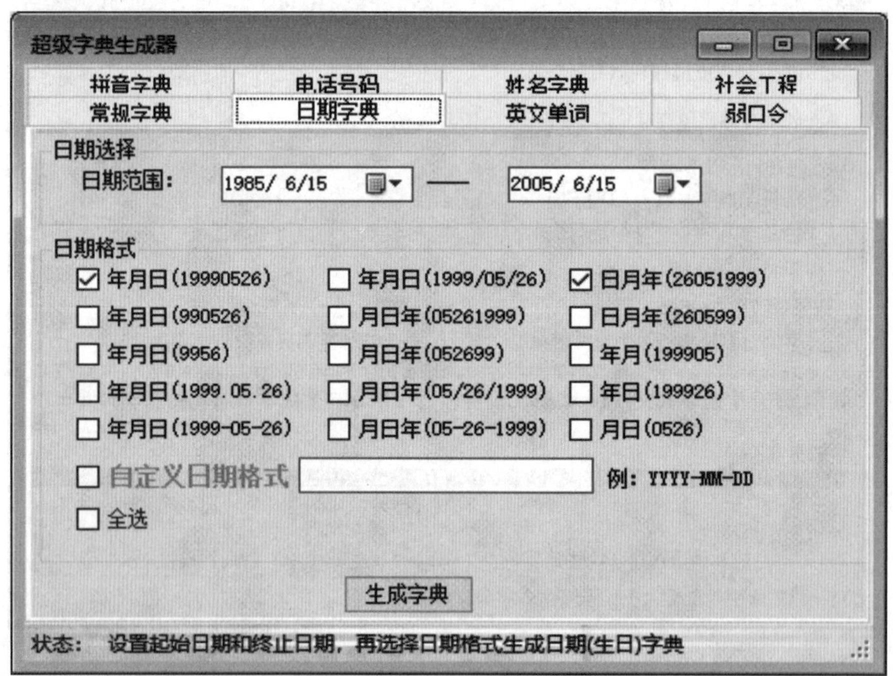

图 3.3.17 “日期字典”卡

单击“日期字典”卡中的“生成字典”后与“常规字典”生成字典的过程一样生成 dic2.dic

文件。打开文件如图 3.3.18 所示的生日密码就会被看到。

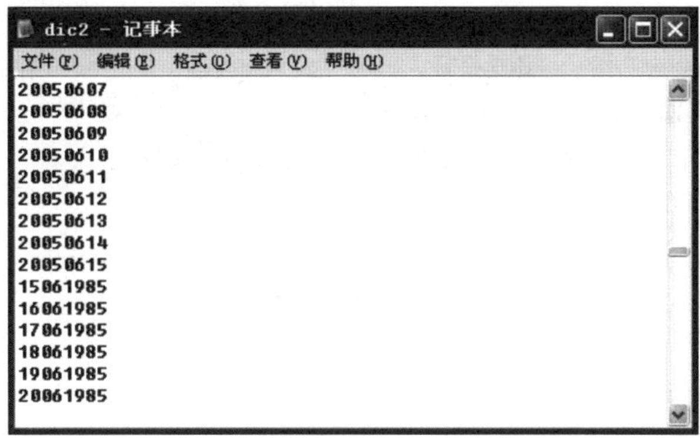

图 3.3.18 生日密码字典

“拼音字典”选项卡如图 3.3.19 所示，共有“设定汉字长度”、“拼音字母大小写”和“特殊位汉字”三个选项栏。“拼音字典”选项卡可以生成若干个汉字拼音构成的字典。这个卡未注册是不能使用的。

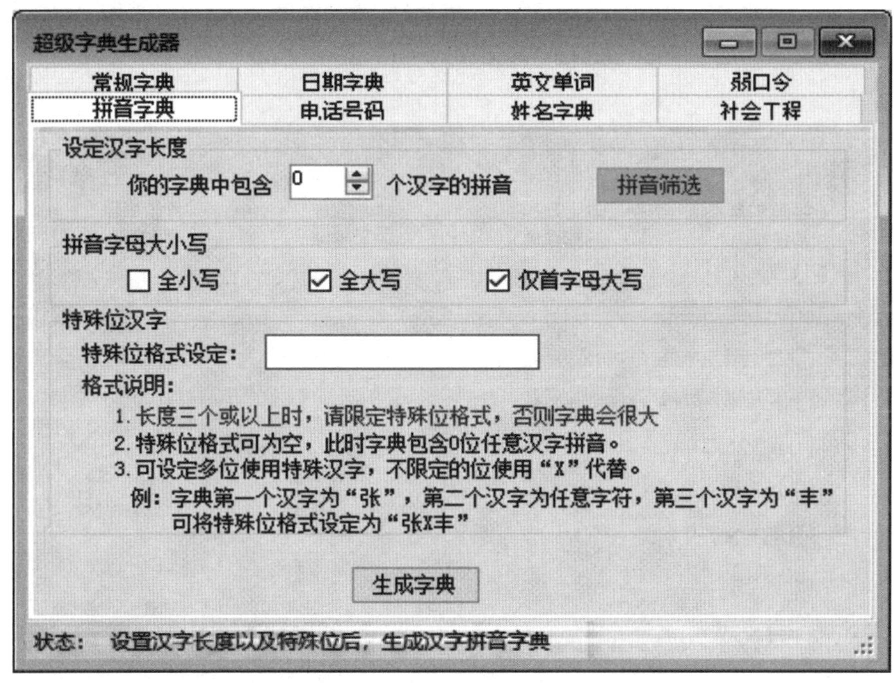

图 3.3.19 “拼音字典”选项卡

“电话号码卡”如图 3.3.20 所示，有“设定号码归属地”、“固定电话号码段”、“移动电话号码段”三个选项栏。

“英文单词”选项卡如图 3.3.21 所示，用各种英文单词库中的词汇生成字典。

“社会工程”选项卡如图 3.3.22 所示，有“本人信息收集”和“密友信息收集”两个选项栏。

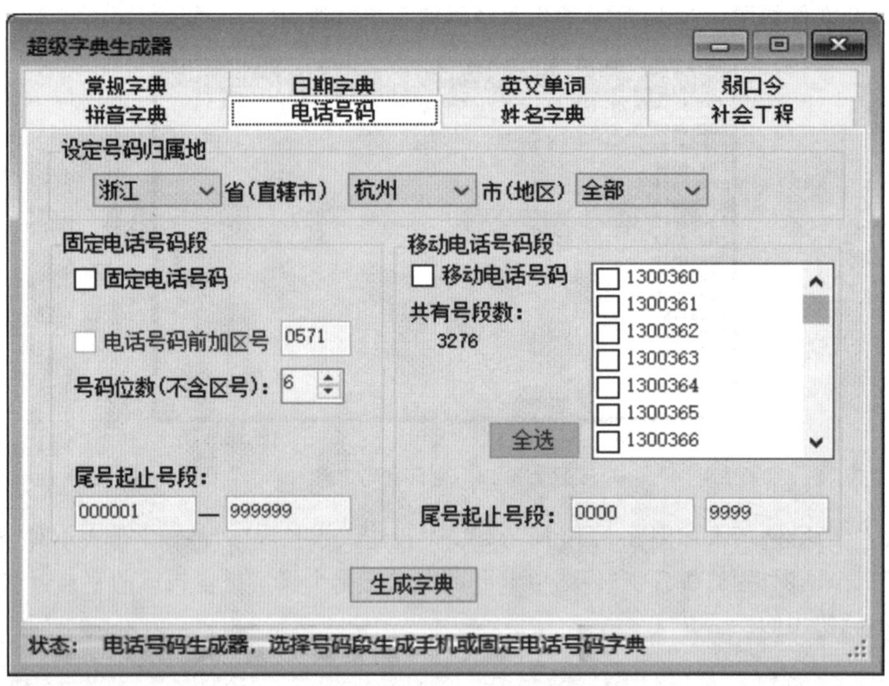

图 3.3.20 “电话号码”选项卡

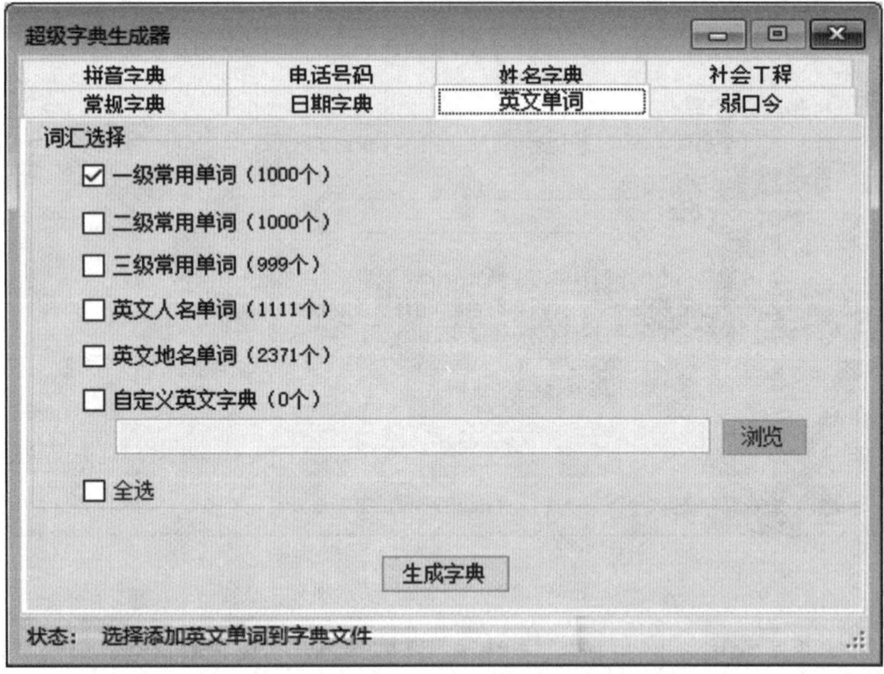

图 3.3.21 “英文单词”选项卡

“弱口令”选项卡如图 3.3.23 所示，可以将弱口令填到弱口令文件中。

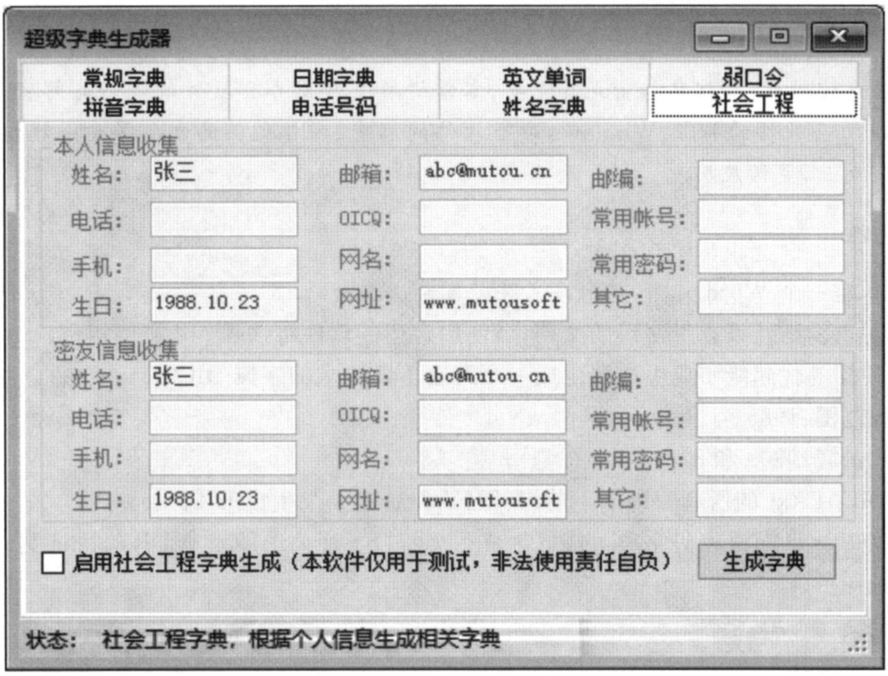

图 3.3.22 “社会工程”选项卡

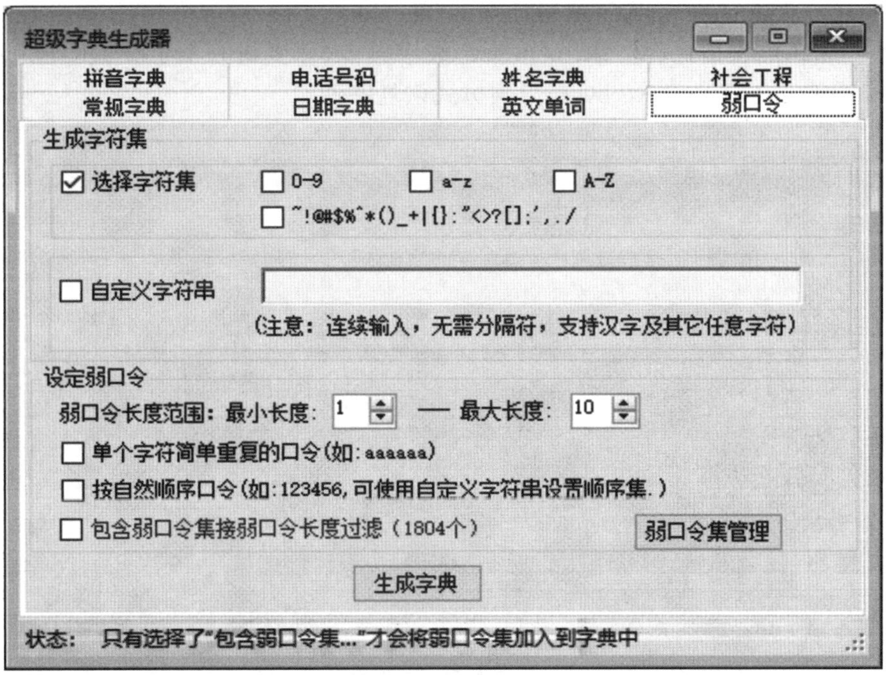

图 3.3.23 “弱口令”选项卡

本章小结

在信息化时代，对信息加密尤其重要，本章讲解了常用办公软件的加密与解密，主要有 Windows 办公软件的加密、Windows 办公软件的解密、字典文件的制备等几个模块。读者可以举一反三，灵活应用。

实训

1. 新建一个 Word 文档，并为该文件设置合适的密码。

2. 对之前已经设置了密码的文档，请使用合适的软件将该 Word 文档解密。

3. 使用易优超级字典生成器生成一个符合下面要求的字典 DIC01. txt 文件：

时间范围：1985 至 1990

格式：19810809 和 8180

给 DIC01. txt 的所有密码加上前缀：ZJJY 和后缀 xgx 生成 DIC08. txt。

4. 使用木头超级密码字典生成器生成一个符合下面要求的字典 DIC02. dic 文件：

字符：0-9

自定义字符串：浙江

密码长度：6

在 DIC02. dic 的基础上，在自定义字符串中增加一个字“杭”，生成字典 DIC03，dic。比较 DIC02. dic 和 DIC03. dic 两字典文件的大小。

5. 新建一个内容为“生成字典验证测试”的 Word 文档，用密码“名字拼音首字母”＋“生日”作为密码加密后保存。试用“木头超级字典工具”生成一个字典 DIC04. txt，并用 Advanced Office Password Recovery 字典方式恢复密码。

第4章 加密软件

前面介绍了用产生文档工具本身提供的加密模块对文档加密的方法。这是最常用的文件加密方法，当然针对这些方法相关公司和个人编写了恢复密码的工具。由于这些工具的存在，文件的机密性受到了危胁，人们又开发了大量的专门用于文件加密的软件。这些软件的密码恢复工具较少，文件的安全性有了进一步的保障。另外，还有大量的文档，如图片文件、视频文件、音频文件等，不能用产生文档的工具加密，需要有非压缩类的加密工具。本章有选择性地介绍几种较为常用且操作方便的加密工具，希望能够为大家保护个人隐私起到一些作用。

4.1 CnCrypt

软件下载地址：http://www.cncrypt.com。

4.1.1 软件介绍

CnCrypt是一款功能强大、专业实用的加密软件，能够快速加密磁盘上的所有文件，而且完美支持Windows操作系统的所有32位和64位版本。软件操作简单、免费开源，能够保证资源信息不泄露。该软件让用户可以在一个文件内部创建多样化的加密磁盘且将其配置为一个可以通过一个驱动器盘符访问的虚拟磁盘。任何存储在该虚拟磁盘上的文件可以被自动地实时加密，并且只有当使用正确的密码或密匙配置时才可以访问。软件支持多样化的加密算法，例如AES-256，Blowfish（448-bitkey），CAST5，Serpent，TripleDES和Twofish等。其他的功能还包括FAT32或NTFS格式的支持，隐藏卷，用于配置/解除配置的热键以及其他功能。

CnCrypt有个很好的功能就是可以创建“隐藏加密卷”，与之相对的就是“外层加密卷”。为什么要创建隐藏加密卷？为了避免有人迫使用户交出加密密码，发生这样的情况时，用户可以交出“外层加密卷”的密码，让对方获取到无关紧要的文件，而对方是无法获取还有另一层的“隐藏加密卷”，这才是真正存储机密文件的地方。外层加密卷与隐藏加密卷的区分：“外层加密卷”就像保险柜，用户可能被强迫说出保险柜的密码而使得重要资料遭到不测，所以只在这里放置不怎么重要的资料。“隐藏加密卷”就像保险箱里的隐藏夹层，外人不知道有这么一个夹层，只有用户才知道，所以将真正重要的文件放在这里进一步加强安全性。

CnCrypt为用户提供了真正的高强度加密功能，使用CnCrypt加密文件时，如果用户加上了一个较为复杂的密码后，以目前的计算机配置来说是几乎无法进行强行破解的。

CnCrypt 还有着外层加密卷与隐藏加密卷两种形式，用户被胁迫时可交出无关紧要的外层加密卷密码，进一步保证了保密数据的安全性。下面以 CnCrypt 1.27 为例进行介绍，软件无需安装，直接运行后界面如图 4.1.1 所示。

图 4.1.1　CnCrypt 加密软件界面

4.1.2　加密实例

(1)选择“加密卷”菜单下的“创建加密卷”功能，如图 4.1.2 所示。

图 4.1.2　CnCrypt 加密卷菜单界面

(2)软件进入加密卷创建向导,通过该向导可以创建常规加密卷或隐藏加密卷,选择右侧的“创建文件型加密卷”选项,点击“下一步”按钮。如图 4.1.3所示。

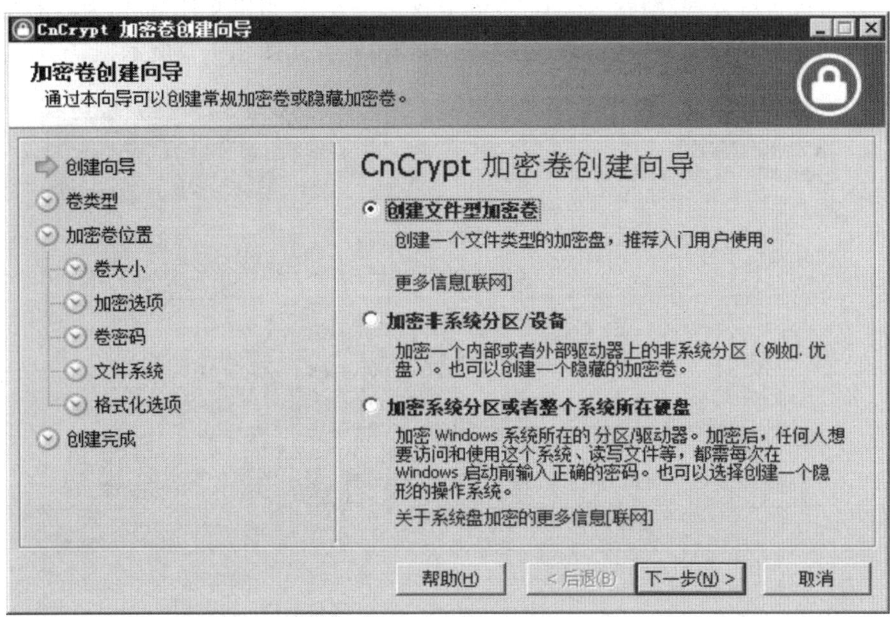

图 4.1.3　CnCrypt 加密卷创建向导

(3)接下来选择卷类型,卷类型分为两种:一种是标准 CnCrypt 加密卷,另一种是隐藏的 CnCrypt 加密卷。我们以标准 CnCrypt 加密卷为例,选择后点击“下一步”按钮。如图 4.1.4所示。

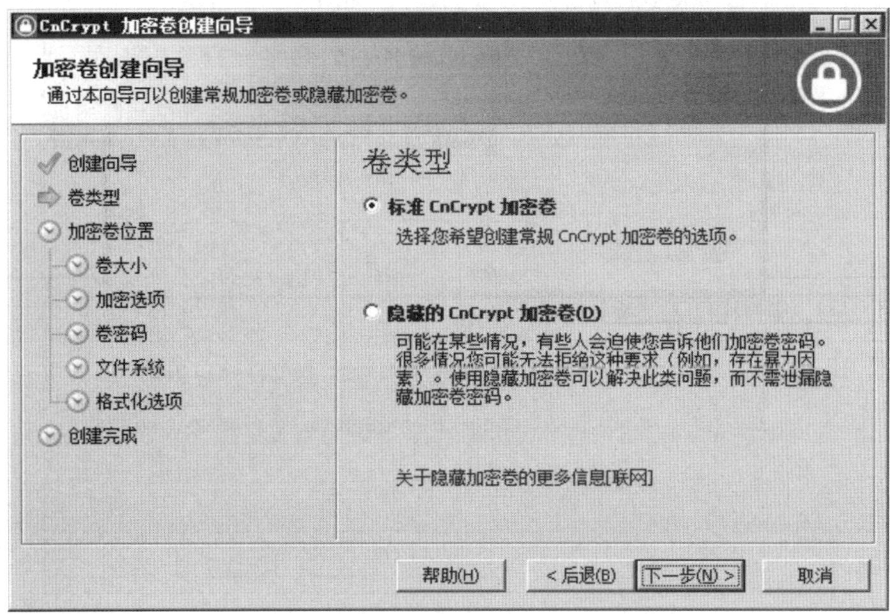

图 4.1.4　CnCrypt 加密卷创建向导中的卷类型窗口

(4)卷类型确定好后就可以指定加密卷位置,CnCrypt 加密卷可以存在于一个文件之中,这个容器文件可以存在于硬盘上,或位于 USB 闪存上等。CnCrypt 加密盘就像一个普通文件一样可以进行复制、粘贴、移动或删除等操作。点击“指定文件”按钮为容器文件选择一个文件名和它的保存位置,确定后点击“下一步”按钮。如图 4.1.5 所示。

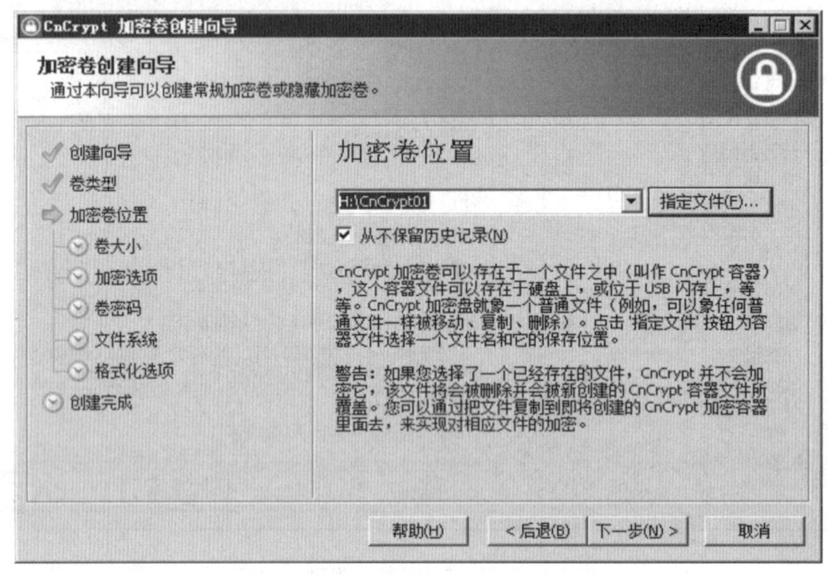

图 4.1.5　CnCrypt 加密卷创建向导中的加密卷位置窗口

(5)在指定加密卷的大小时,此处存储空间大小分为三种计量单位,分别为 KB、MB 和 GB。需要注意的是,最小的 FAT 加密卷大小为 292KB,最小的 NTFS 加密卷大小为 3792KB。指定好加密卷大小后点击“下一步”按钮。如图 4.1.6 所示。

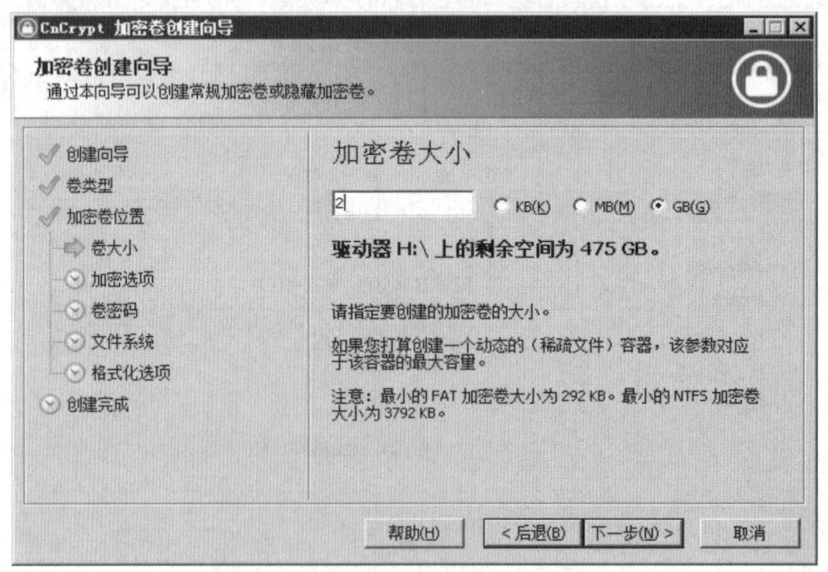

图 4.1.6　CnCrypt 加密卷创建向导中的加密卷大小窗口

(6)CnCrypt 支持的加密算法有 10 余种,并可对各种加密算法进行加密算法测试和基准测试。如图 4.1.7 所示。

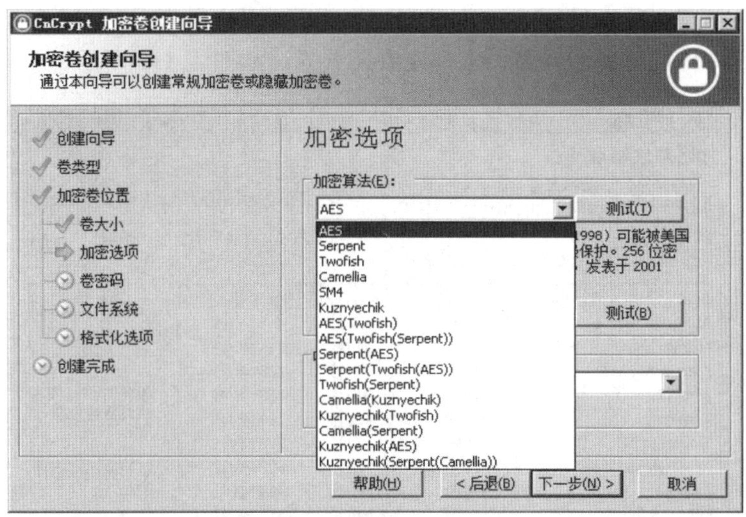

图 4.1.7　加密卷创建向导中的加密选项窗口

(7)在加密卷创建向导中的加密选项窗口点击右上侧的"测试(T)"按钮打开加密算法测试窗口,可以自行设置密钥和明文进行 AES、Serpent、Twofish 等加密算法的加密和解密测试。如图 4.1.8 所示。

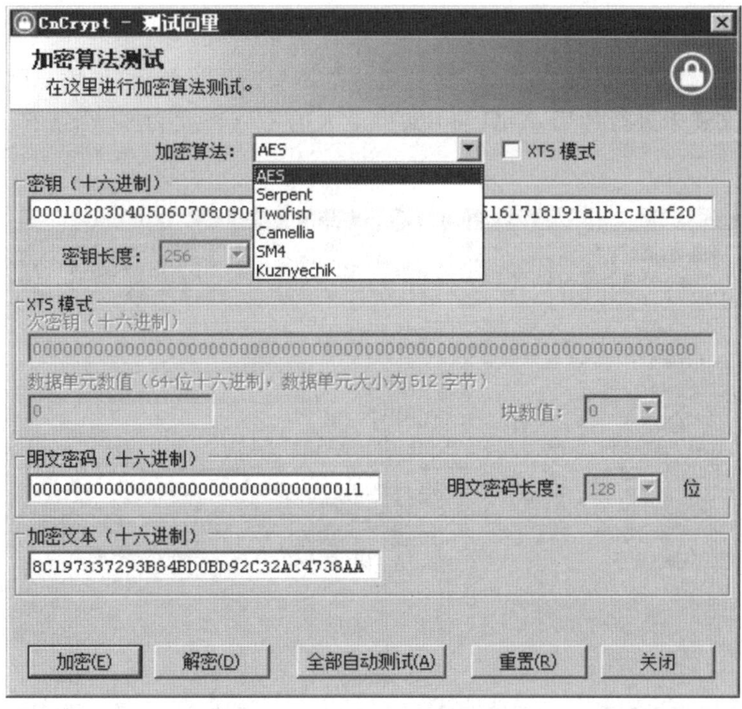

图 4.1.8　加密算法测试界面

(8)在加密卷创建向导中的加密选项窗口点击右下侧的“测试(B)”按钮打开加密算法基准测试窗口，设置好缓冲大小和排序方式后点击“基准测试”按钮，CnCrypt 将各种加密算法的加密速度、解密速度以及平均速度排列出来，以供用户参考，该速度由 CPU 和存储设备性能决定，因为不同配置的计算机上速度有所差异。如图 4.1.9 所示。

图 4.1.9 加密算法基准测试界面

(9)加密选项确定后点击“下一步”按钮进入加密卷密码设置窗口，用户可以自行设置密码或使用密钥文件来进行加密，CnCrypt 支持最大的密码长度为 64 个字符。如图 4.1.10 所示。

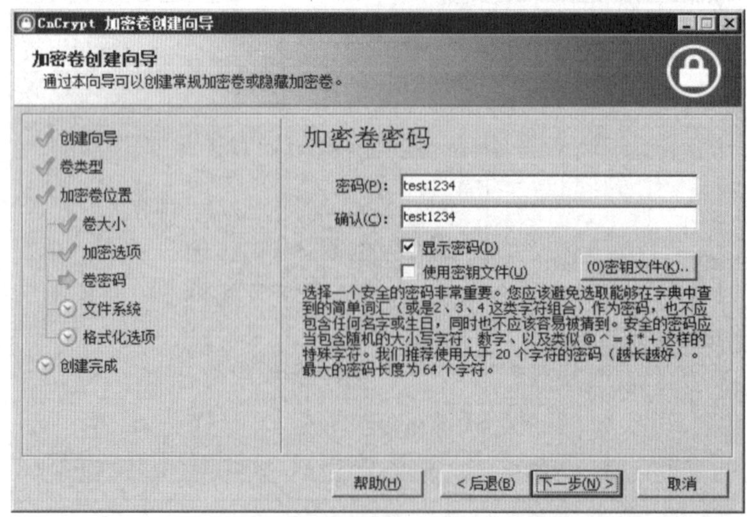

图 4.1.10 加密卷创建向导中的加密卷密码窗口

(10)加密卷密码设置好后点击“下一步”按钮进入加密卷格式化窗口,用户可设置文件系统和簇大小。如图 4.1.11 所示。

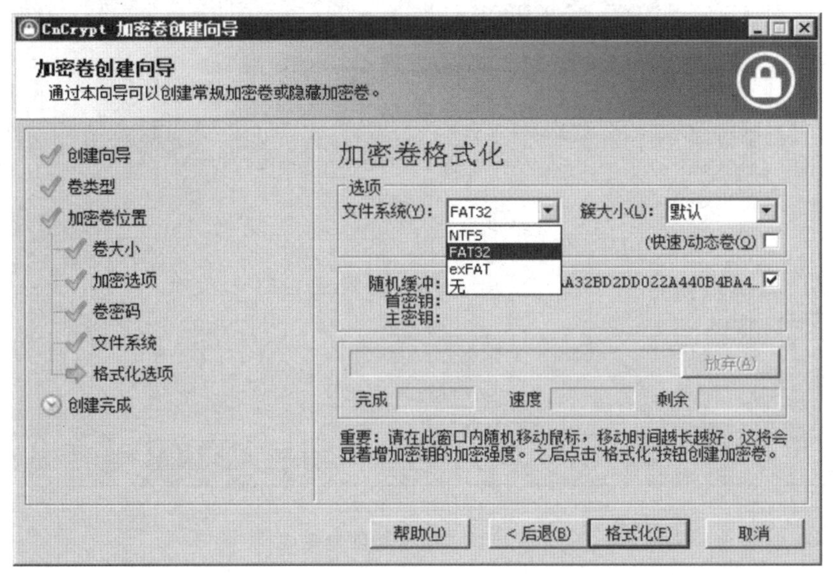

图 4.1.11　加密卷创建向导中的加密卷格式化窗口

(11)点击“格式化”按钮开始进行格式化操作,格式化完成后如图 4.1.12 所示。

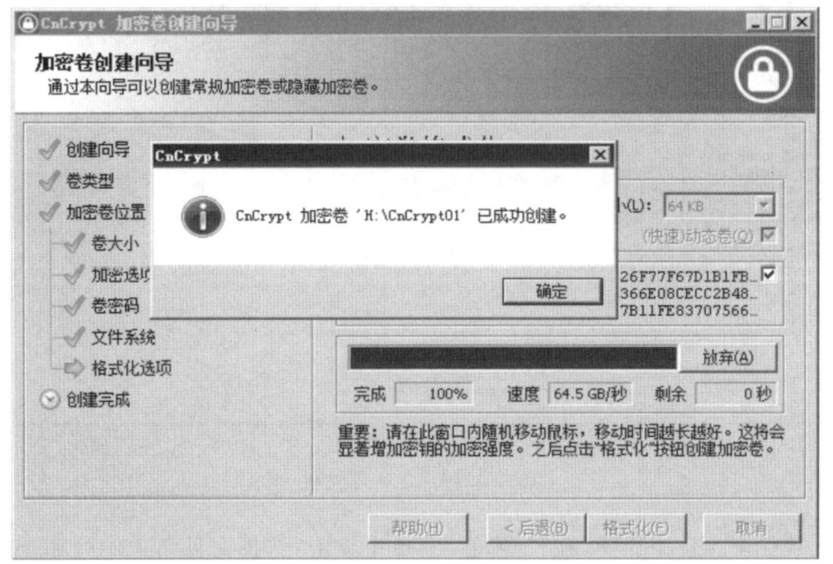

图 4.1.12　加密卷成功创建提示窗口

(12)此时,加密卷已创建完成。如图 4.1.13 所示。

(13)用户可以在先前创建的目录下查看加密卷文件。如图 4.1.14 所示。

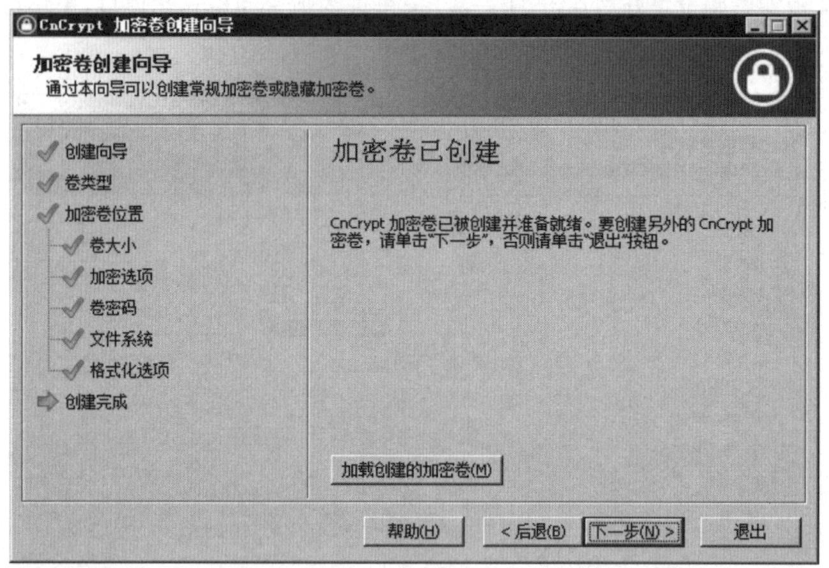

图 4.1.13 加密卷创建完成

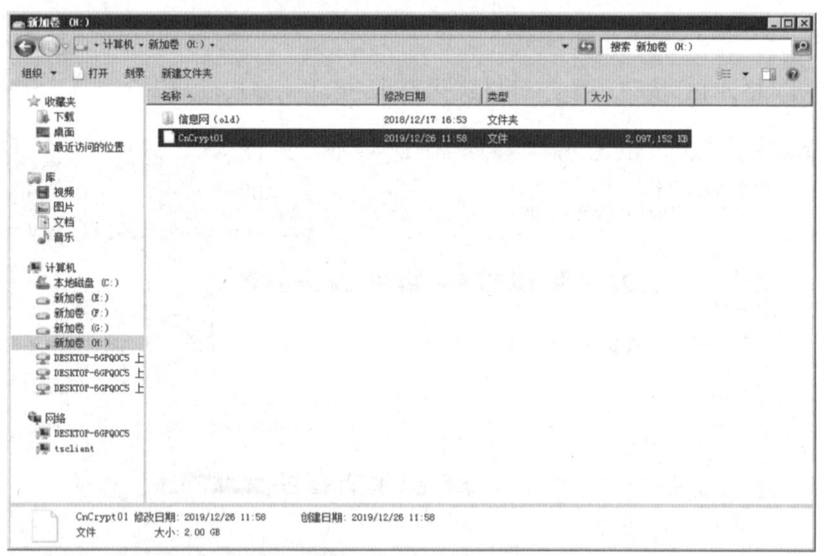

图 4.1.14 加密卷文件

(14)返回 CnCrypt 主界面，在“加密卷”菜单中点击“选择文件”，选中“CnCrypt01”加密卷文件后，点击“加载加密卷”按钮进行加载。如图 4.1.15 所示。

(15)输入之前设置的密码后点击“确定”按钮即可。如图 4.1.16 所示。

(16)加载完成后，打开桌面上的“此电脑”，可以发现在电脑中多了一个本地磁盘，该磁盘即我们的加密卷磁盘，如图 4.1.17 所示。使用方法和普通磁盘一样。

(17)CnCrypt 还包含了一些其他实用小功能，如“工具”菜单中的“磁盘痕迹擦除”、“密码生成器”和“文本加密工具”等功能，“磁盘痕迹擦除”功能能够将计算机中指定的文件进行

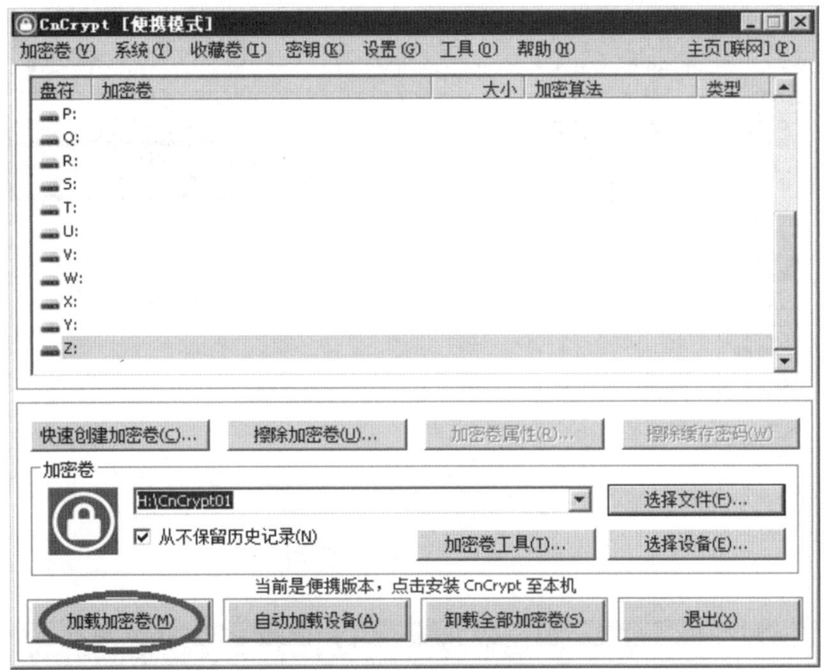

图 4.1.15　加载加密卷操作

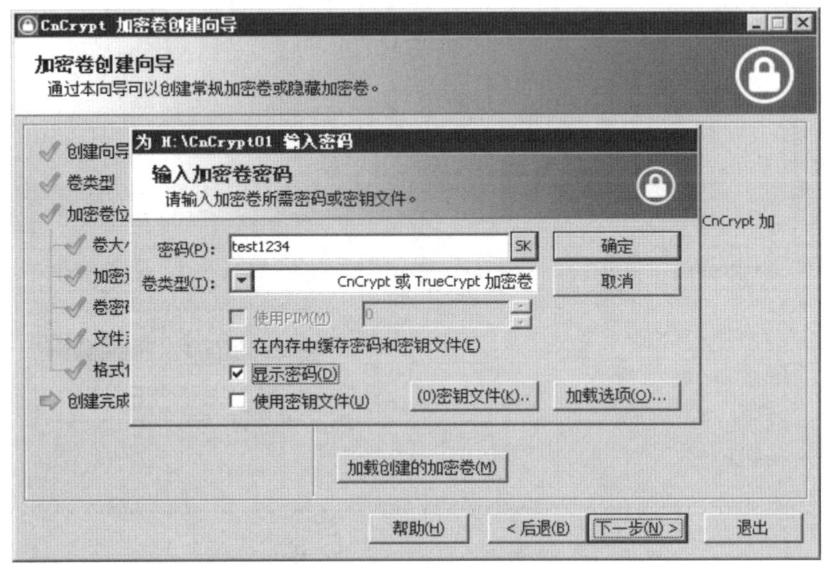

图 4.1.16　输入加密卷密码

擦除，擦除后将无法使用数据恢复软件进行恢复。如图 4.1.18 所示。

(18)"密码生成器"能够根据用户的设置选项生成随机密码。如图 4.1.19 所示。

(19)"文件加密工具"能够使用各种不同的加密算法对文本进行加密和解密。如图 4.1.20所示。

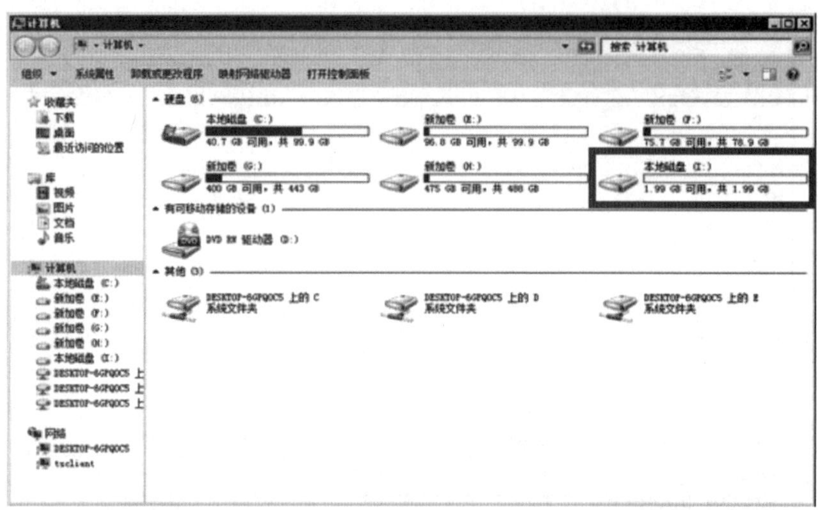

图 4.1.17　查看加密卷磁盘

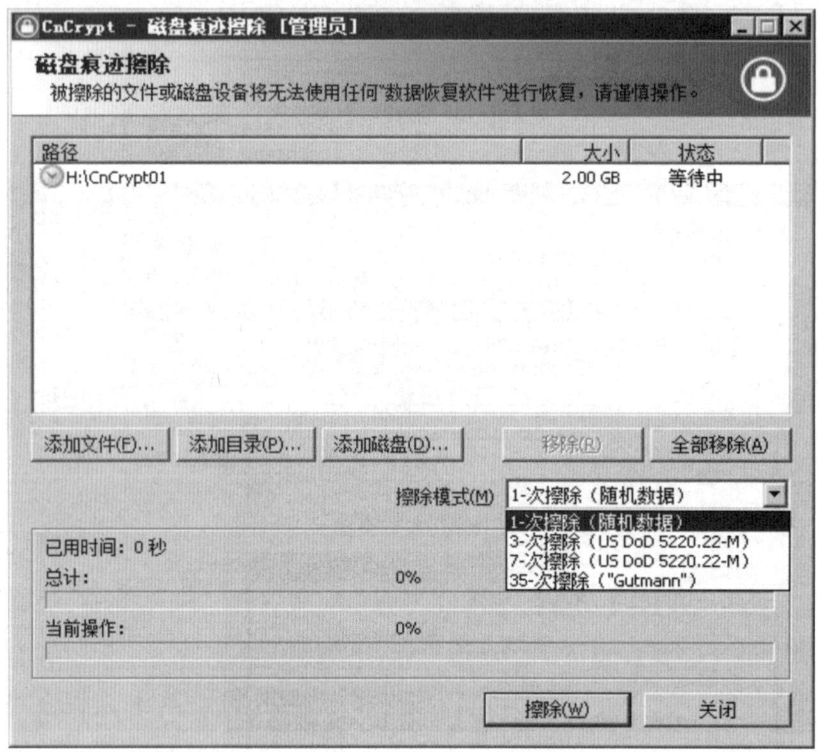

图 4.1.18　磁盘痕迹擦除窗口

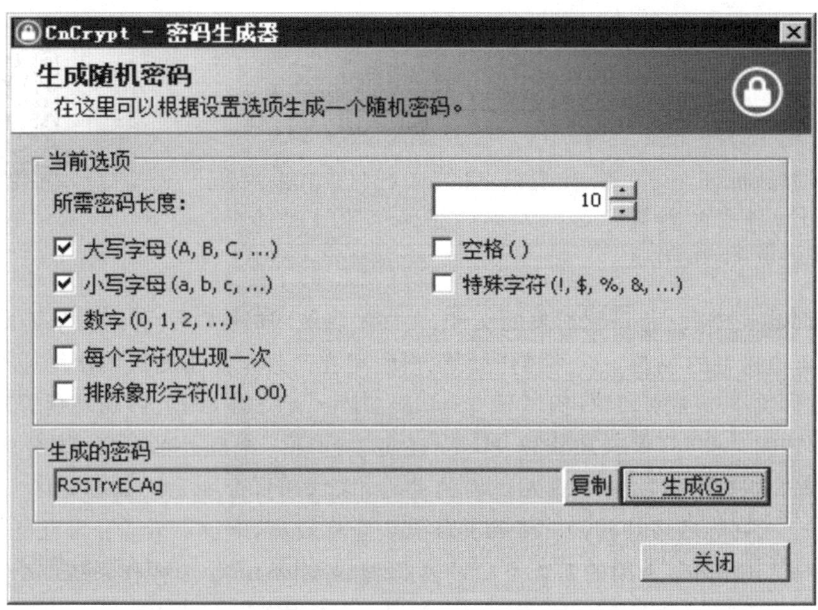

图 4.1.19　密码生成器窗口

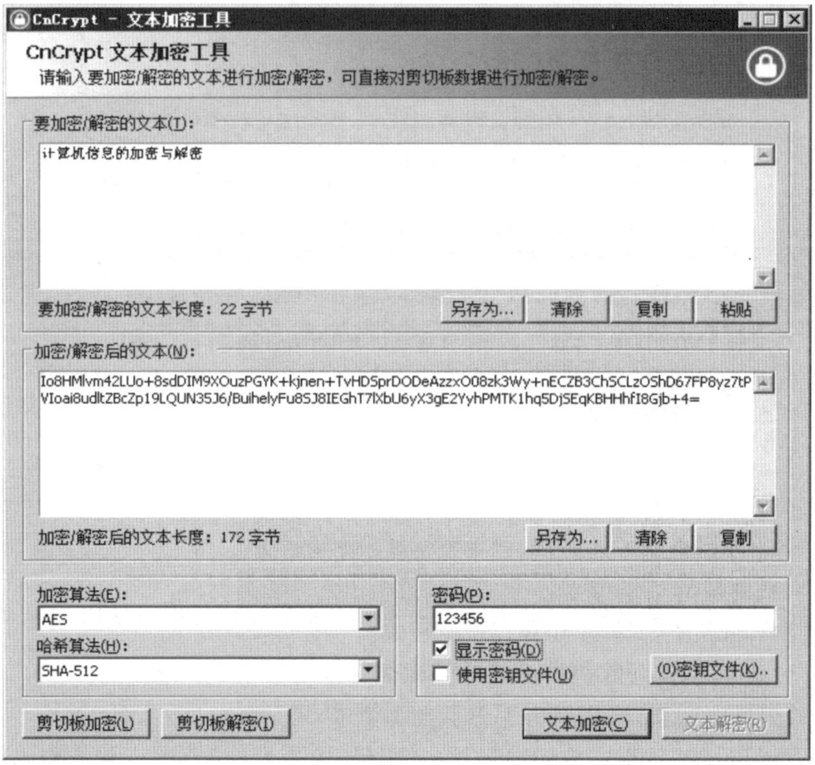

CnCrypt － 文本加密工具

CnCrypt 文本加密工具

请输入要加密/解密的文本进行加密/解密，可直接对剪切板数据进行加密/解密。

要加密/解密的文本(T)：

计算机信息的加密与解密

要加密/解密的文本长度：22 字节　另存为…　清除　复制　粘贴

加密/解密后的文本(N)：

Io8HMlvm42LUo+8sdDIM9XOuzPGYK+kjnen+TvHDSprDODeAzzxO08zk3Wy+nECZB3ChSCLzOShD67FP8yz7tP
VIoai8udltZBcZp19LQUN35J6/BuihelyFu8SJ8IEGhT7lXbU6yX3gE2YyhPMTK1hq5DjSEqKBHHhfI8Gjb+4=

加密/解密后的文本长度：172 字节　另存为…　清除　复制

加密算法(E)：AES

哈希算法(H)：SHA-512

密码(P)：123456

显示密码(D)

使用密钥文件(U)　(0)密钥文件(K)..

剪切板加密(L)　剪切板解密(I)　文本加密(C)　文本解密(R)

图 4.1.20　文本加密工具窗口

4.2 Wise Folder Hider

软件下载地址：https://wise-folder-hider.en.softonic.com。

4.2.1 软件介绍

Wise Folder Hider 是一款简单的文件、文件夹隐藏/加密工具，可以用来隐藏和保护数据，使其远离窥探者的视线。软件操作简单方便，可在文件上点击右键或使用拖拽功能直接对文件或文件夹进行加密和解密。Wise Folder Hider 支持对 U 盘、移动硬盘等外部存储设备的隐藏和加密。此外，Wise Folder Hider 还可以创建一个额外的分区，该分区可用于存储一些敏感的文档和文件，只有输入正确的密码才能访问，否则无法查看分区。通过 Wise Folder Hider 软件隐藏或加密的文件和文件夹安全性较高，能够有效防止非法访问。

Wise Folder Hider 占用的系统资源量较低，它支持 Windows 操作系统(64 位和 32 位)的各个版本。不同于 CnCrypt，Wise Folder Hider 在使用前需要先安装，运行安装程序后根据安装向导提示进行操作，如图 4.2.1 所示。

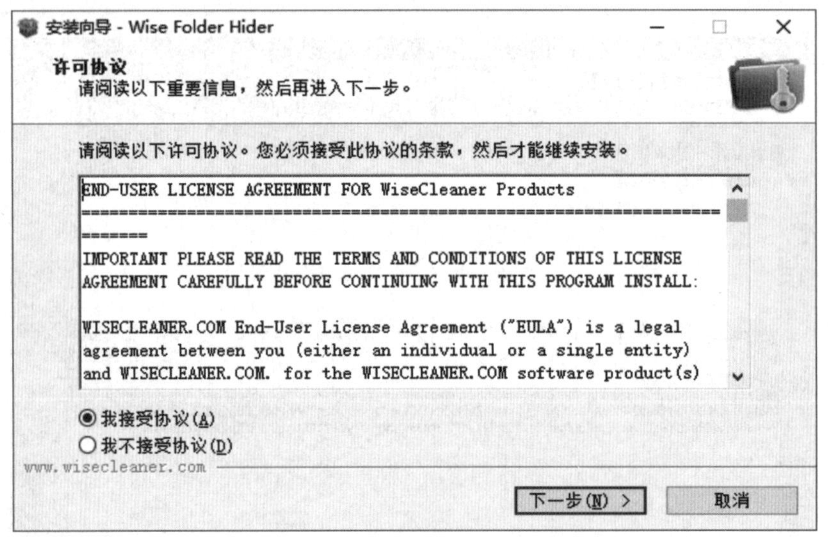

图 4.2.1 “许可协议”对话框

安装完成后需要重启计算机，如图 4.2.2 所示。重启完成后即可使用。

4.2.2 加密实例

使用 Wise Folder Hider 首先要创建登录密码，如图 4.2.3 所示。输入密码并再次确认密码后点击“确定”按钮进入主界面。

Wise Folder Hider 主界面如图 4.2.4 所示。软件主要有两大功能：隐藏文件和加密文件，其中隐藏文件功能又可分为隐藏文件、隐藏文件夹和隐藏 USB 驱动器。

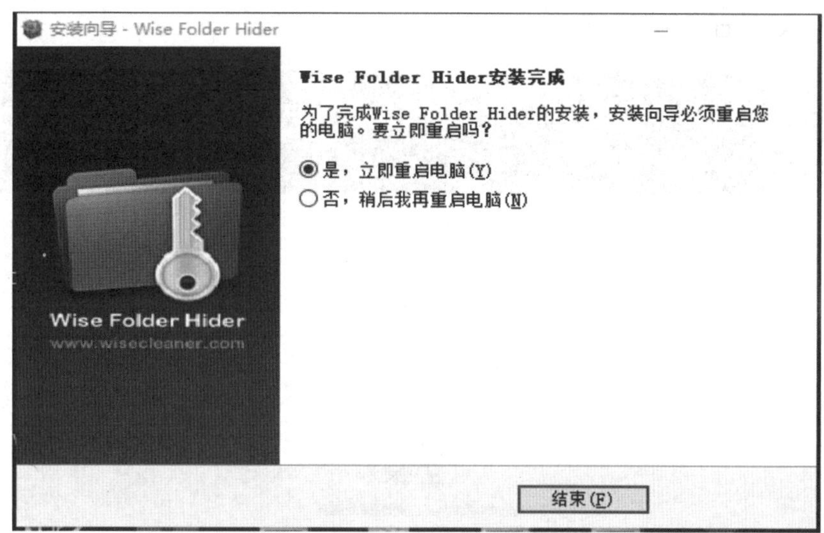

图 4.2.2 Wise Folder Hider 安装完成

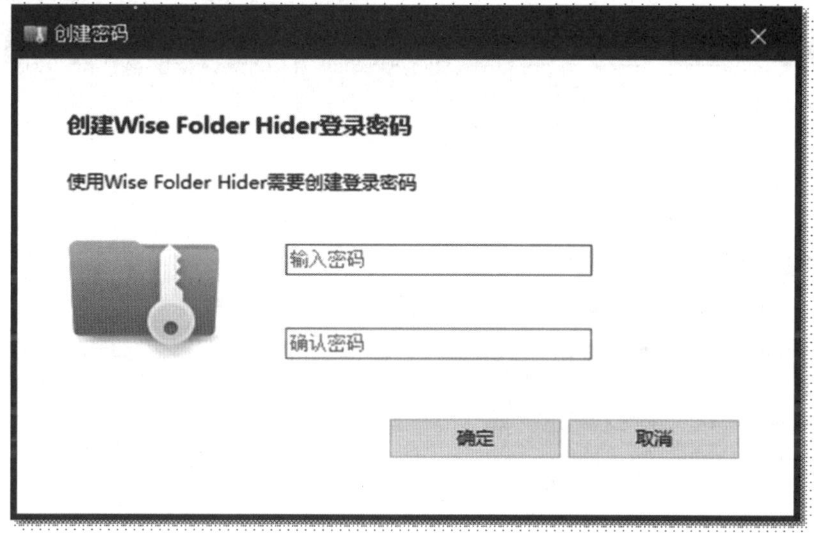

图 4.2.3 Wise Folder Hider 创建密码界面

接下来，我们在 F 盘新建一个 Microsoft Office Word 文档，如图 4.2.5 所示。

将这个“新建 Microsoft Office Word 文档. docx”文件拖动至 Wise Folder Hider 主界面后，原文件夹中的“新建 Microsoft Office Word 文档. docx”消失不见了。如图 4.2.6 所示。

若要恢复被隐藏的文件，首先选择要恢复的文件，点击右侧的操作列的下拉框，选择取消隐藏，再回到之前的路径中，我们看到之前被隐藏的文件又出现了。如图 4.2.7 所示。

隐藏文件夹的操作与隐藏文件一样，也可以将文件夹直接拖动至 Wise Folder Hider 主界面窗口，操作成功后原“新建文件夹”便消失不见了。如图 4.2.8 所示。

当访问隐藏文件或隐藏文件夹时，Wise Folder Hider 会提示用户先输入密码，如图 4.2.9所示。

图 4.2.4　Wise Folder Hider 主界面

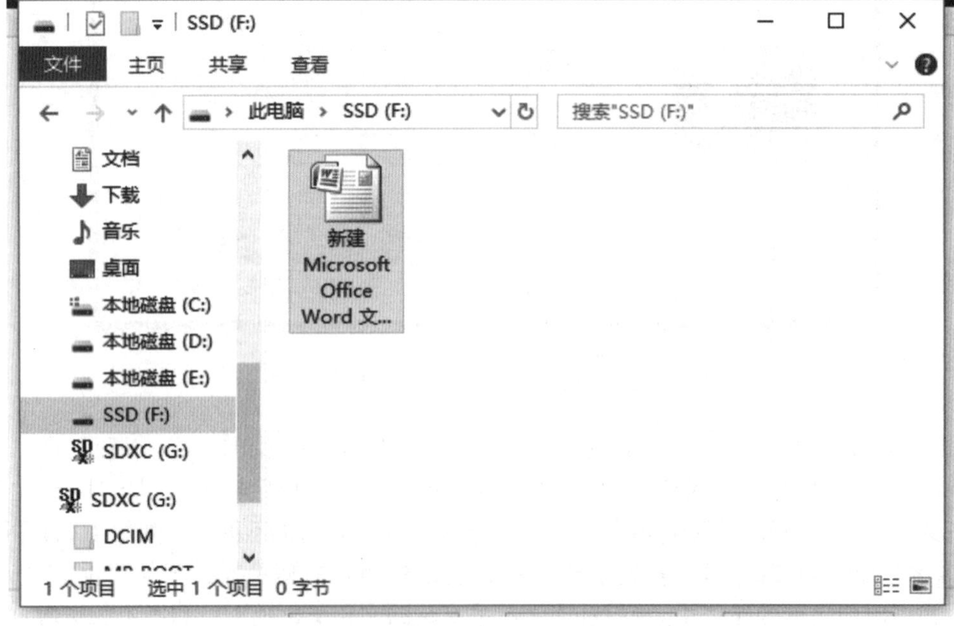

图 4.2.5　新建 Microsoft Office Word 文档

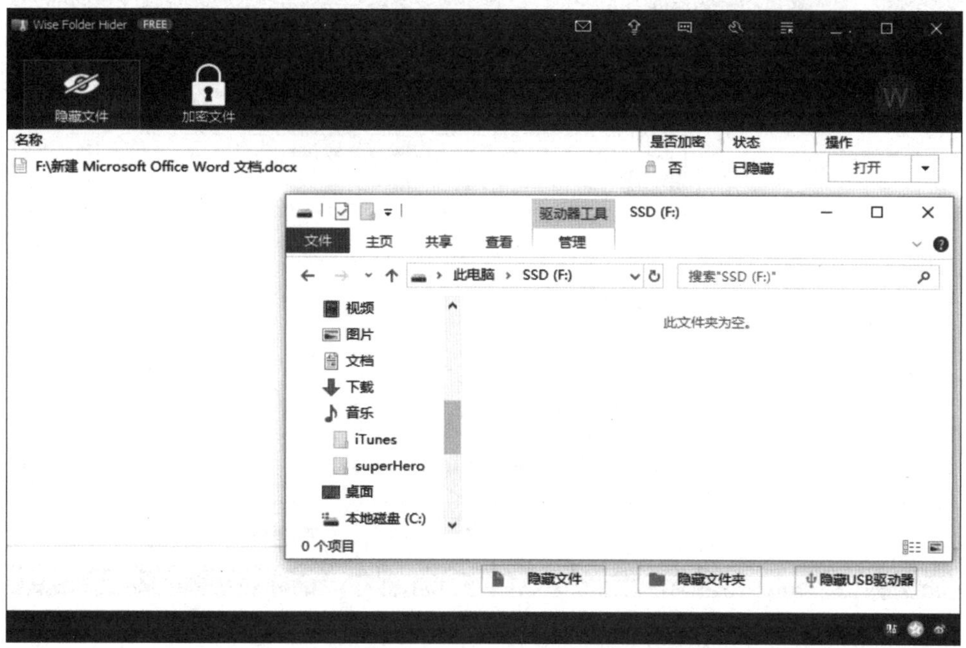

图 4.2.6　Wise Folder Hider 隐藏文件操作

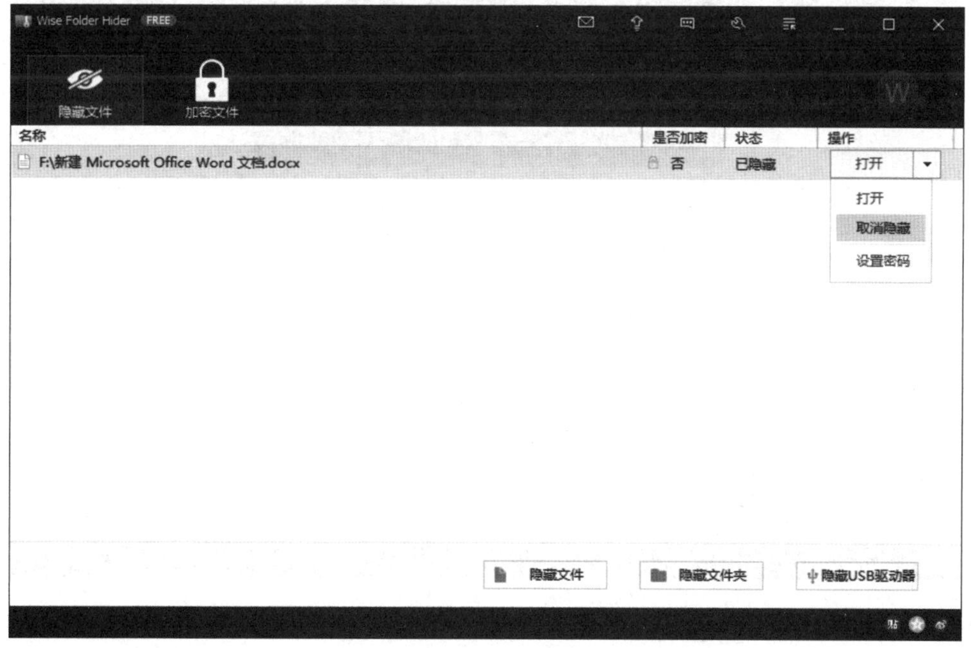

图 4.2.7　Wise Folder Hider 恢复隐藏文件操作

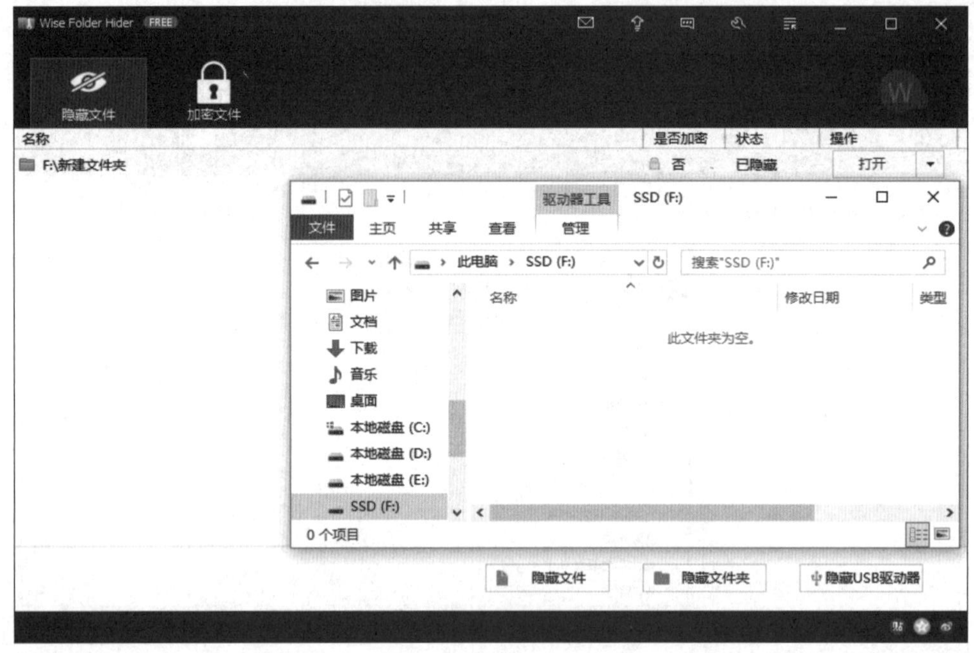

图 4.2.8 Wise Folder Hider 隐藏文件夹操作

图 4.2.9 Wise Folder Hider 输入密码界面

输入正确的密码后即可查看之前隐藏的文件或文件夹，且界面中该文件的状态显示为“当前可见”，如图 4.2.10 所示。

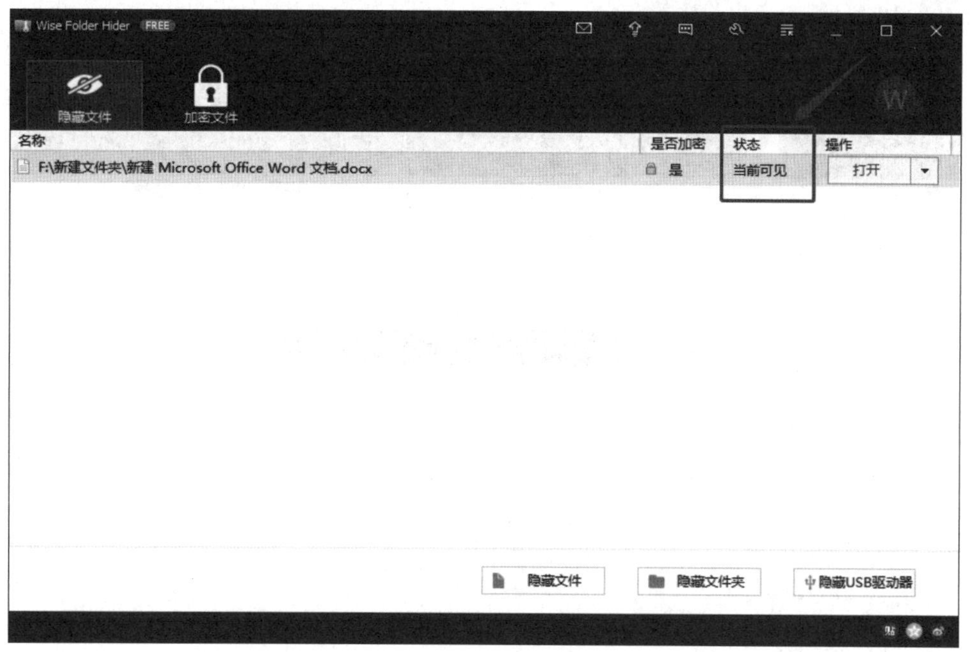

图 4.2.10　Wise Folder Hider 界面

接下来，我们以计算机中的 U 盘为例，针对 USB 驱动器进行操作，如图 4.2.11 所示。选择盘符 H，点击"隐藏 USB 驱动器"。

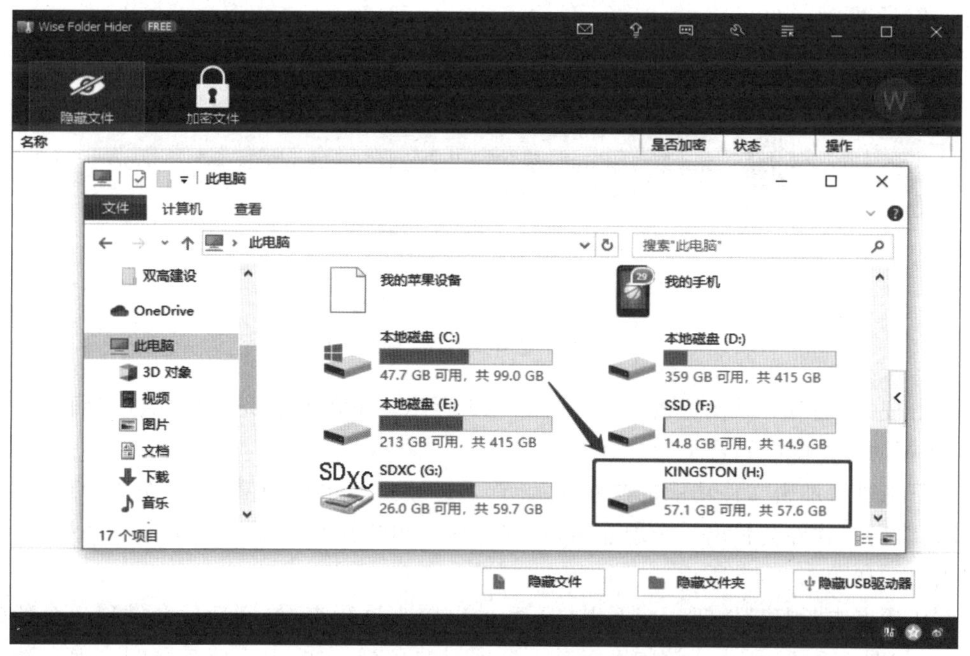

图 4.2.11　此电脑上的可用存储示例

因为此电脑上有多个外部存储，所以需要先选择 USB 驱动器，在下拉框中选择"H:\"。

如图 4.2.12 所示。

图 4.2.12　选择 USB 驱动器界面

选择完成后，Wise Folder Hider 会提示：建议你为 USB 盘的隐藏内容增加密码保护，如图 4.2.13 所示。

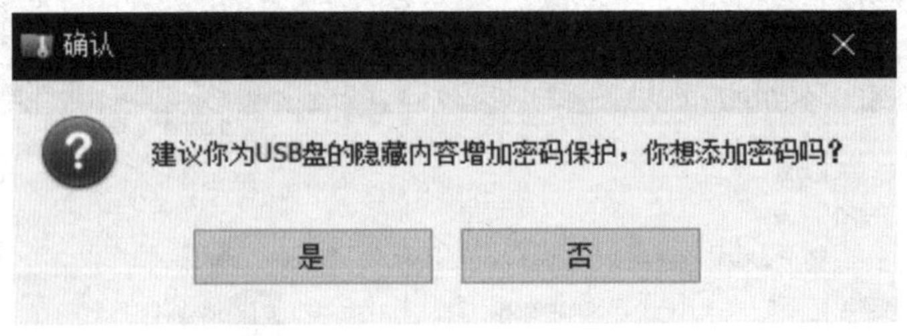

图 4.2.13　选择 USB 驱动器界面

点击按钮“是”，可以设置密码，如图 4.2.14 所示。密码设置完成后，点击“确定”按钮，该 USB 驱动器便隐藏不可见。

接下来进行加密文件功能的操作演示，首先选择左上方的“加密文件”页面，点击右下方的“新建”按钮，软件会弹出一个新建窗口，在新建窗口中用户可以自定义文件名和路径，并设置大小。如图 4.2.15 所示。

完成后点击“创建”按钮。接下来打开我的电脑来进行查看，刷新后会发现一个新的盘符(Z:)，如图 4.2.16 所示。该加密盘是一个虚拟的盘符，它的大小就是我们之前在新建窗口中设置的大小，使用方法和实际盘符一样。

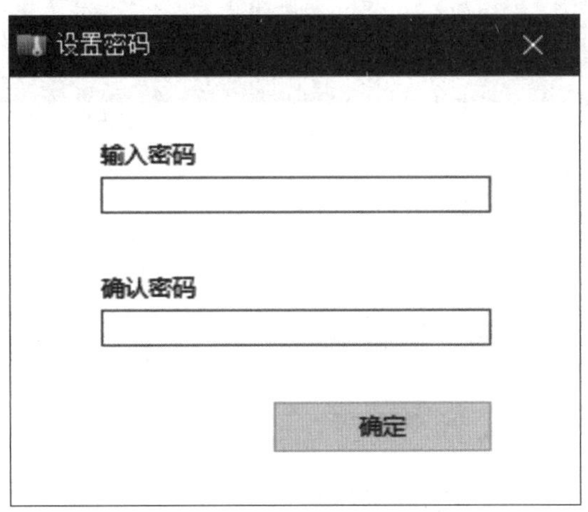

图 4.2.14 设置密码界面

图 4.2.15 加密文件创建界面

回到之前我们在新建窗口中设置的路径(D:),可以看到在该路径下多了一个文件"EncrypDisk.wfhd",该文件即虚拟盘(Z:)的实际加密文件。如图 4.2.17 所示。

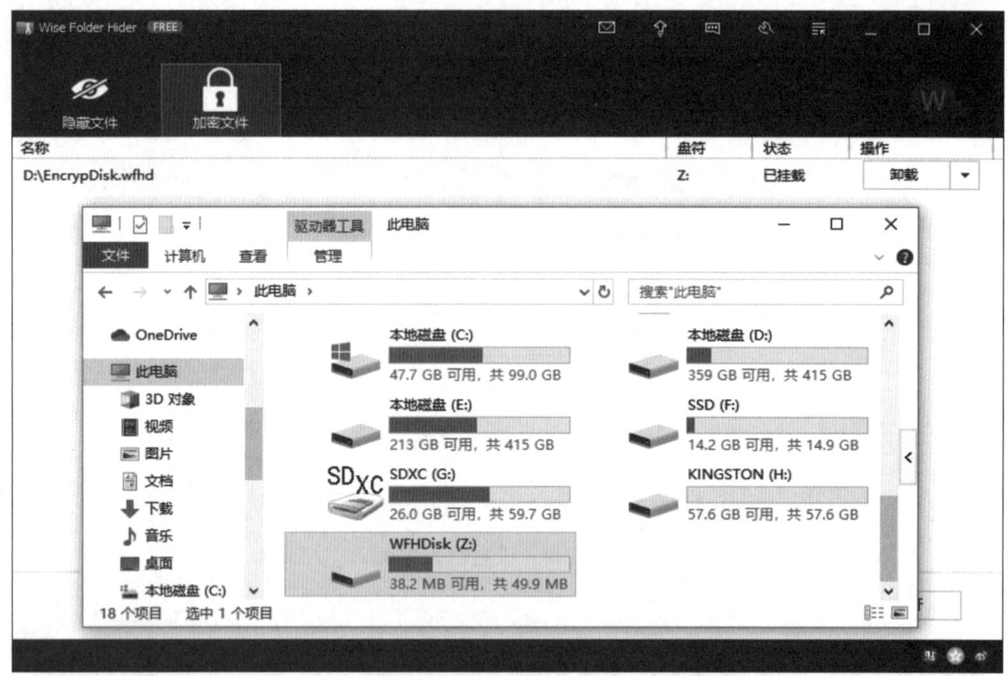

图 4.2.16　加密盘符界面图

图 4.2.17　创建的加密文件

4.3 Dekart Private Disk

软件下载地址:http://www.dekart.com。

4.3.1 软件介绍

Dekart Private Disk 是一款非常专业的加密盘软件,能够在硬盘、移动硬盘和U盘上创建加密盘,安装后可以轻松创建自己的加密盘。Dekart Private Disk 可以根据自己的需要来创建密码,包括盘符以及磁盘大小、只读盘、可移动盘等。该软件与 CnCrypt 的加密原理都是采用虚拟磁盘技术,使用虚拟文件加密的方法对磁盘上的数据进行保护。下载软件包后解压、安装(汉化版不用安装)、运行就会弹出如图 4.3.1 所示的 Decart Private Disk(以下简称 DPD)的主界面。

图 4.3.1 Decart Private Disk 的主界面

4.3.2 加密实例

从图 4.3.1 中可以看出,DPD 主界面共有磁盘、选项、恢复 3 个选项卡。下面介绍进行文件保护的操作步骤。

单击图 4.3.1 的"创建"按钮,弹出如图 4.3.2 的"新建 Private Disk"对话框。

在如图 4.3.2 的"新建 Private Disk"对话框中单击"浏览"按钮,在弹出的"文件选择"对话框中选择虚拟文件的存放位置和文件名;单击"盘符"下拉列表框,该虚拟盘的盘符,在"磁盘大小"列表中确定虚拟磁盘的容量。单击"创建",弹出如图 4.3.3 所示的"密码输入"对话框。输入密码后,单击"确定"按钮,系统弹出"正在创建"消息框。创建完成后,弹出如图 4.3.4所示的"格式化确认"对话框。

图 4.3.2 “新建 Private Disk”对话框

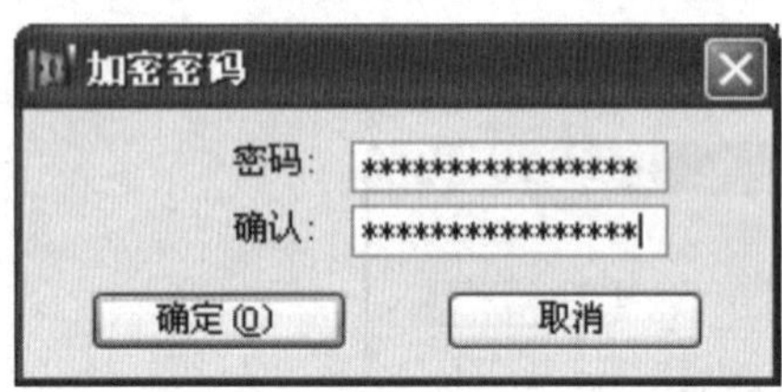

图 4.3.3 密码输入对话框

图 4.3.4 “格式化确认”对话框

单击图 4.3.4 中的“确定”按钮,弹出如图 4.3.5 所示的“格式化”对话框。在“格式化”对话框中,可以确定磁盘的容量、文件系统、分配单元大小、卷标等参数。

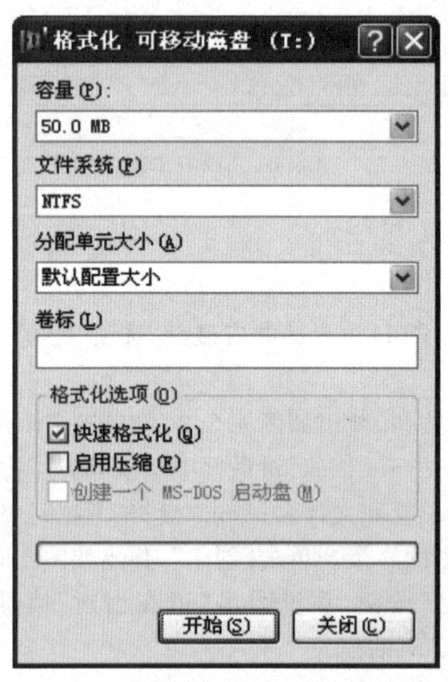

图 4.3.5 “格式化”对话框

我们采用默认参数，单击“开始”按钮，弹出如图 4.3.6 所示的“格式化警告”对话框，提示该虚拟盘的内容都将被破坏。

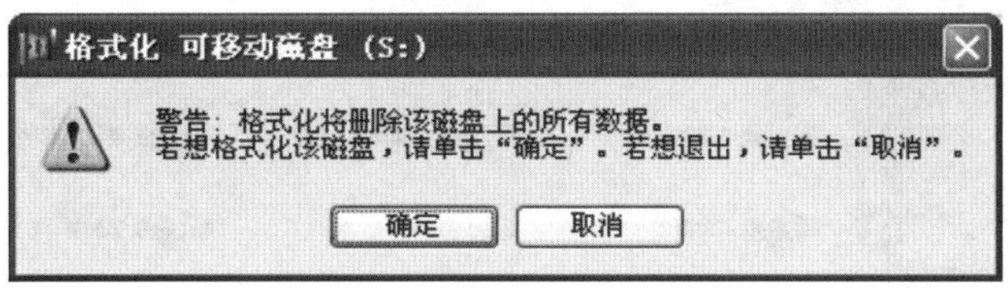

图 4.3.6 “格式化警告”对话框

单击图 4.3.6 中的“确定”按钮，开始格式化。格式化结束，单击弹出的消息框上的“确定”按钮，关闭“格式化”对话框，系统会自动连接到刚刚创建的虚拟硬盘回到如图 4.3.7 所示的 DPD 虚拟磁盘选项卡。

图 4.3.7 DPD 虚拟磁盘选项卡

在如图 4.3.7 所示的 DPD 虚拟磁盘选项卡中可以卸载虚拟磁盘，也可以备份和恢复数据。连接成功后，在资源管理器中可以发现已连接上的虚拟磁盘如图 4.3.8 所示。对这个磁盘的操作与正常的磁盘一样。

如果单击图 4.3.7 上的“断开”按钮，在资源管理器中就没有虚拟磁盘管理器的盘符，也就不能对该虚拟盘上的文件进行任何操作。当需要加载虚拟盘时，单击图 4.3.1 中的“连接”按钮，弹出如图 4.3.9 所示的“连接 Private Disk”对话框。

通过图 4.3.9 所示的“连接 Private Disk”对话框选择已建好的虚拟文件，单击“打开”按钮，弹出“密码输入”对话框，如图 4.3.10 所示。

在图 4.3.10 中的文本框中输入正确密码，单击“确定”按钮，就能成功加载虚拟磁盘。

图 4.3.8 虚拟磁盘

图 4.3.9 “连接 Private Disk”对话框

图 4.3.10 “密码输入”对话框

4.4 Pretty Good Privacy

Pretty Good Privacy 加密软件简称 PGP，是美国 Network Associate Inc. 出产的一款加密软件，可以在网站 http://pgp.com.cn 下载。PGP 已广泛应用于信息加密和数字签名。

本书采用 PGP 10.4.2 版本。

4.4.1 PGP 的安装

下载安装包解压后，双击“PGP10”会弹出如图 4.4.1 所示的“安装前准备”界面。

图 4.4.1 “安装前准备”界面

单击“OK”按钮，弹出如图 4.4.2 所示的“许可证协议”对话框，同意所有条款，弹出 PGP 版本说明对话框。

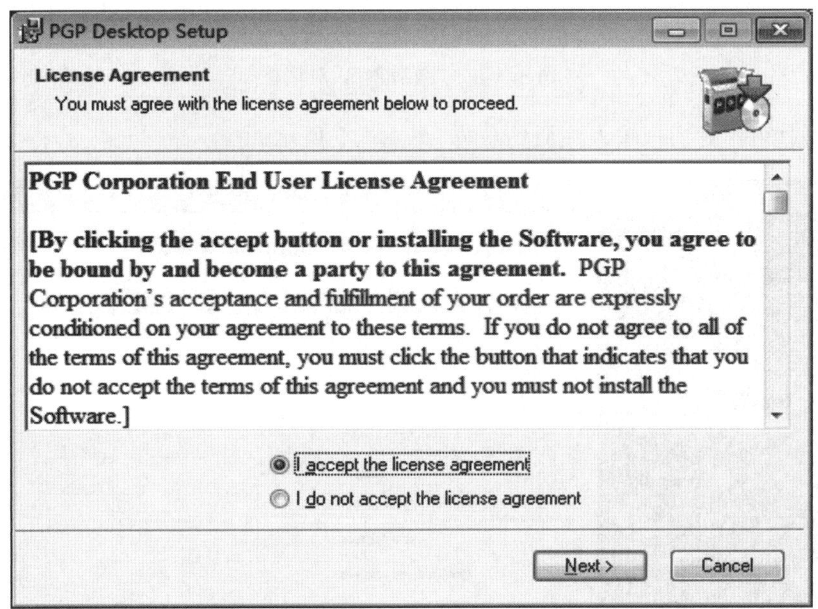

图 4.4.2 “许可证协议”对话框

单击 PGP 版本说明对话框“Next”按钮弹出如图 4.4.3 所示的“解释页面”对话框，选择“Do not display the Release Notes”。

单击如图 4.4.4 所示的“激活重启”，点击对话框中的“Yes”按钮。

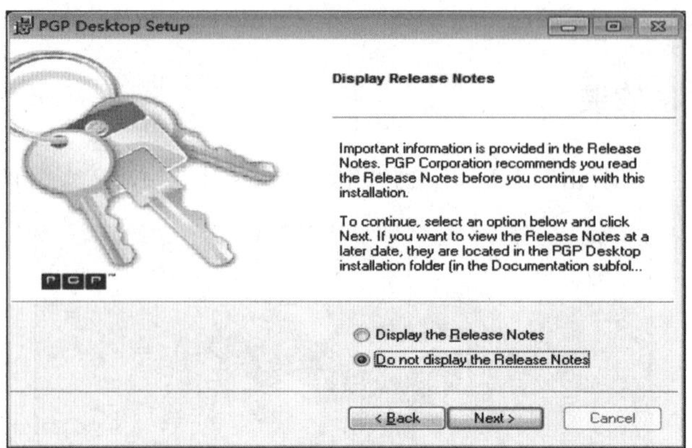

图 4.4.3 “解释页面”对话框

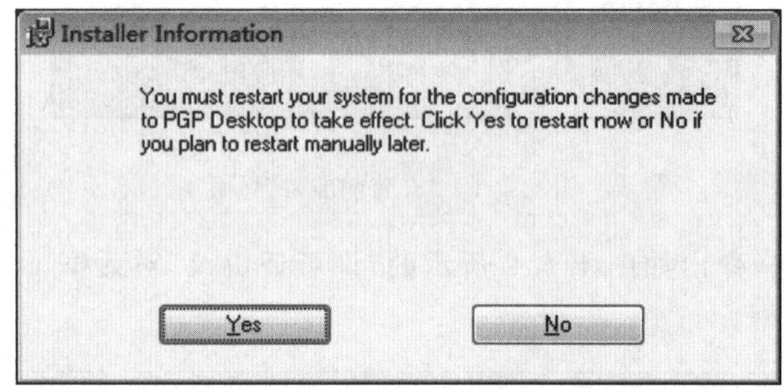

图 4.4.4 “激活重启”对话框

在“信息填写”对话框输入注册信息，如图 4.4.5 所示。

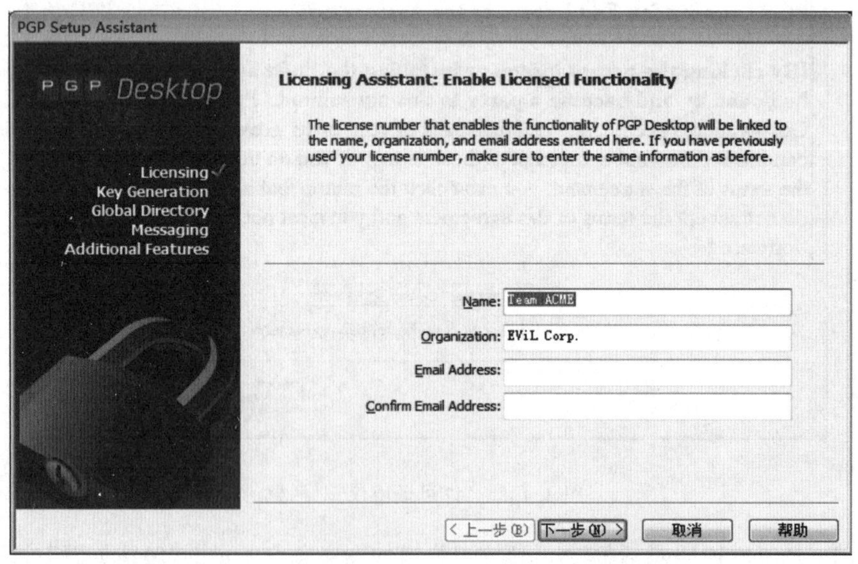

图 4.4.5 “信息填写”对话框

在“序列认证”对话框，输入序列号进行认证即可，如图 4.4.6 所示。

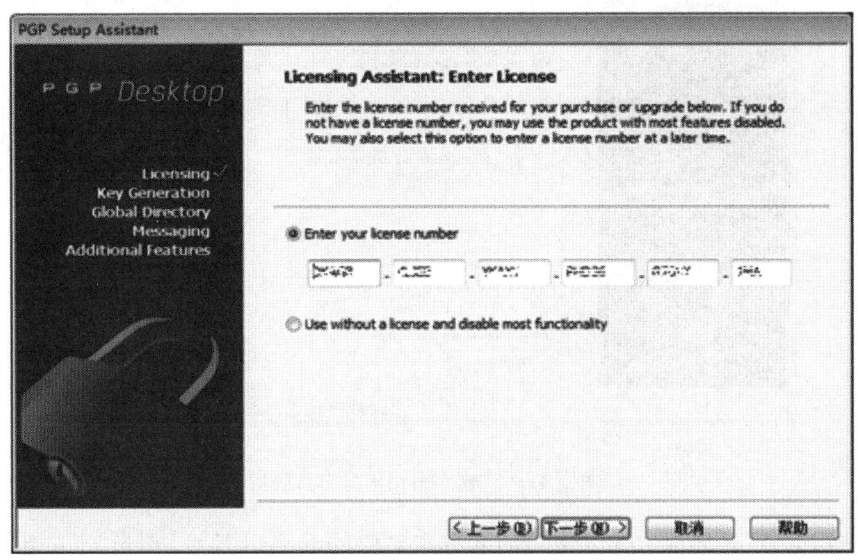

图 4.4.6 “序列号认证”对话框

4.4.2 使用 PGP 加密文件

假设有一个工作任务是乙方要将文件“测试 PGP. doc”加密发送给甲方，操作过程如下：

第一步，甲方生成密钥对。通过“开始”→“所有程序”→Symantec Encryption 选定“Symantec EncryptionDesktop”项，进入 PGP 桌面。点击“New PGP key”，弹出如图 4.4.7 所示的“PGP Key 生成”工作界面。

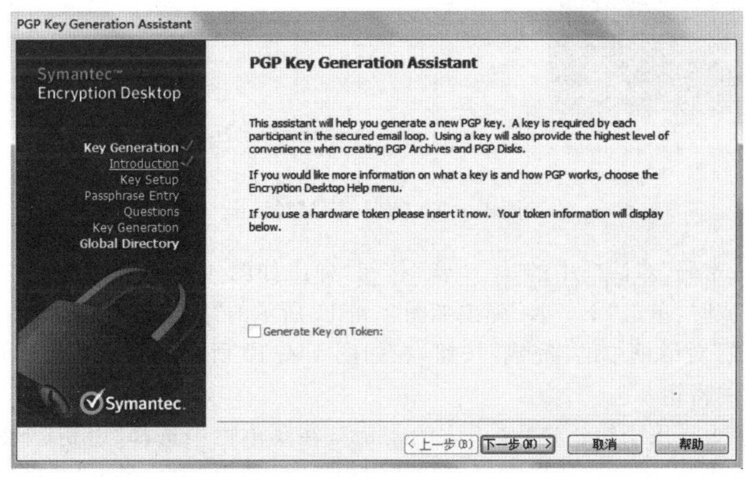

图 4.4.7 “PGP Key 生成”工作界面

在“欢迎”对话框中单击“下一步“按钮，弹出如图 4.4.8 所示的“输入密钥信息”对话框。

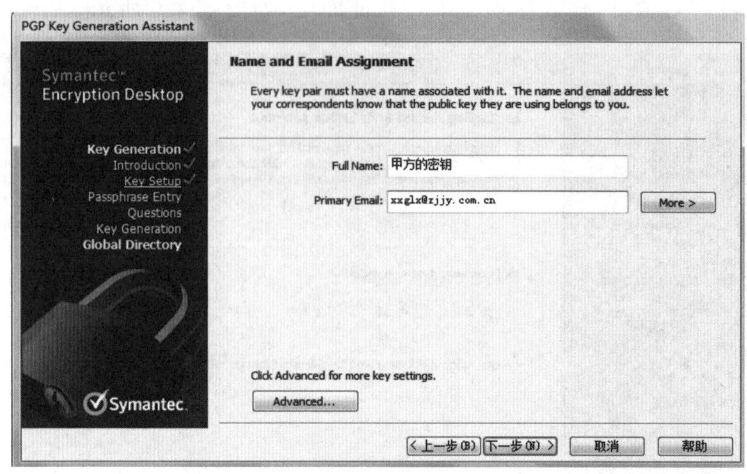

图 4.4.8 “输入密钥信息”对话框

在“密钥信息”对话框中输入密钥的名称和对应的 E-mail 地址，单击“下一步”按钮，弹出如图 4.4.9 所示的“输入密码”对话框。这里输入的密码是用来保护私钥的。在使用私钥时一定要正确输入对应的密码，私钥才能被使用。

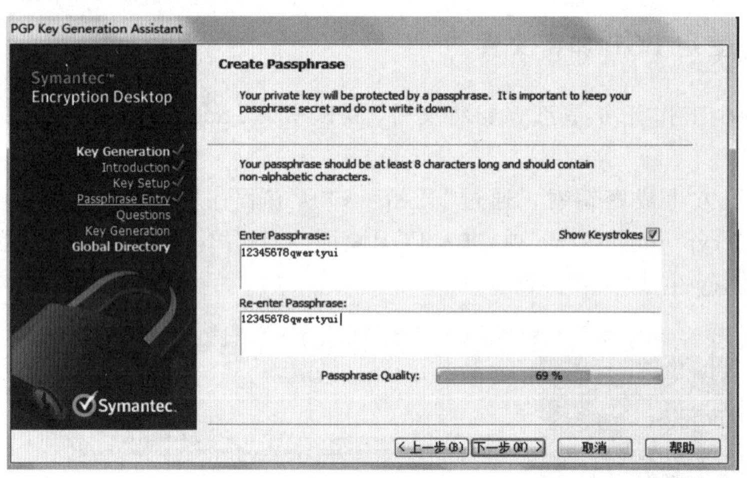

图 4.4.9 “输入密码”对话框

单击“输入密码”对话框中的“下一步”按钮，弹出如图 4.4.10 所示对话框，选择 Skip。当前状态为完成时，单击“下一步”弹出如图 4.4.11 所示的“完成”对话框。

单击“完成”对话框中的“完成”按钮，在如图 4.4.12 所示的密钥列表中可以找到名为“甲方的密钥”的密钥。

第二步，甲方导出密钥。选中“甲方的密钥”，在菜单栏中选择“密钥”下拉子菜单中的“导出”项(或右击“甲方的密钥”，在弹出的快捷中选择“导出”项)，弹出“导出文件”对话框如图 4.4.13 所示。

在“导出文件”对话框中，确定保存位置和文件名，一般不选“包含私钥”，单击“保存”按钮，就会生成一个密钥文件，用“记事本”打开文件，其内容如图 4.4.14 所示。然后将这个文

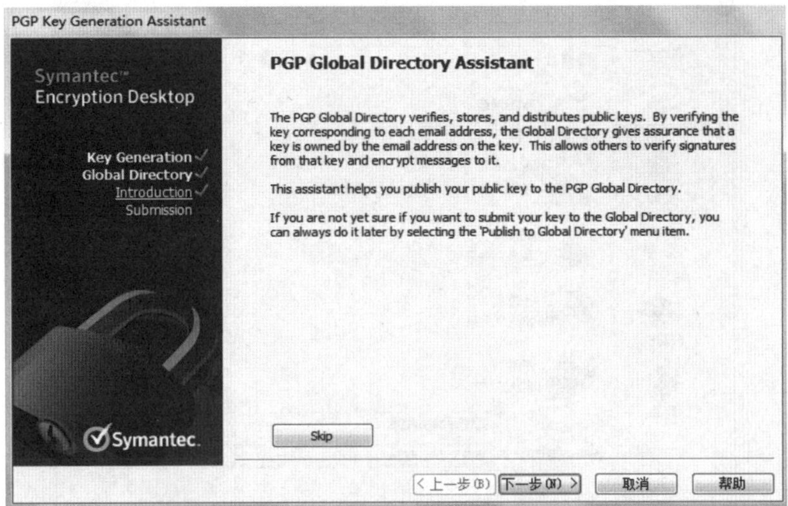

图 4.4.10　“PGP 全球目录附录”对话框

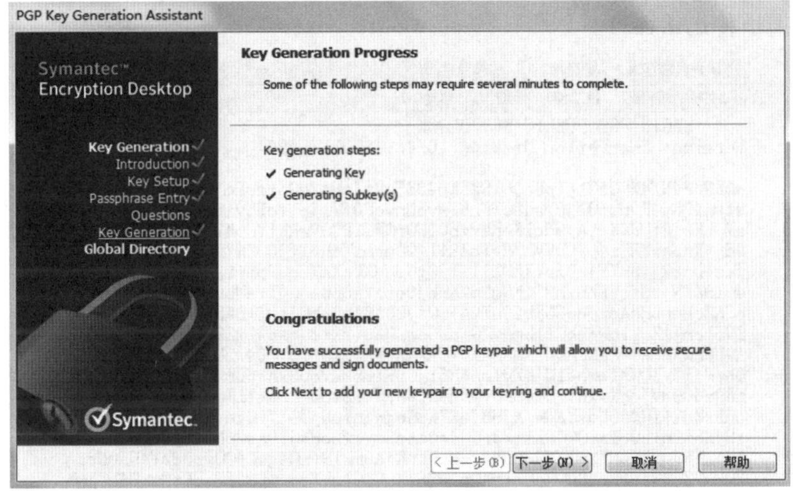

图 4.4.11　“完成”对话框

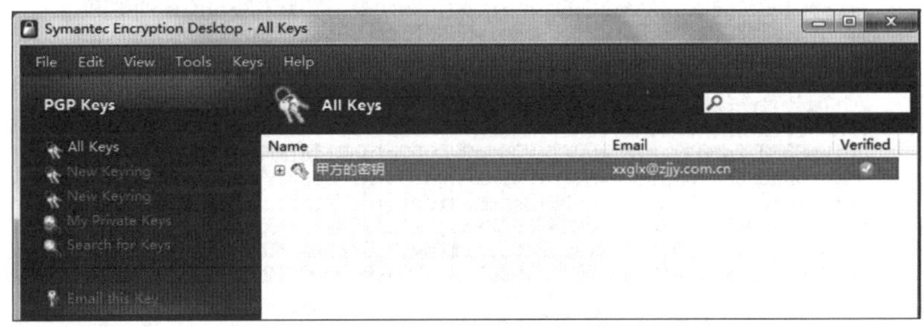

图 4.4.12　密钥列表

图 4.4.13 “导出文件”对话框

件通过公开渠道传送给乙方。

```
-----BEGIN PGP PUBLIC KEY BLOCK-----
Version: Encryption Desktop 10.4.1 (Build 490)

mQENBF4N/4MBCAC1gTpBoDblSKEK04335kVfIsHt2eGp+xoPml3rT75pDbBb3sjA
sfyn4PRv4P0UQfQ1jPls48oWFm6/wyoUnveP0f7ljeitoMEvt5AWXPziqkq7BYXA
aV0bKw+PYPPMKq1AypdclFepMxzb0Q50rQRC1DSOVrRK1YBpM7qljsffdGm3Ho71
0dj+Kn5gxMREz4p/HDVVL3HvIqZ8+T4Q0urnsTdH61fj0OFW7Lr9c0EIYLnuJgNz
fez+D+x2j4bsYFJePzrYXRNZJlTI2QgC9qdXMkXmXuqaPph+i944OoqaHr1mp2/K
4ml9ZENjeUfqV8ZBzh8YfFNn1m2Khbj0qazVABEBAAG0I+eUsuaWueeah0WvhumS
pSA8eHhnbHhAempqeS5jb20uY24+iQFyBBABAgBcBQJeDf+DMBSAAAAAACAAB3By
ZWZlcnJlZC1lbWFpbC1lbmNvZGluZ0BwZ3AuY29tcGdwbWltZQgLCQgHAwIKAQIZ
AQUbAwAAAAUWAAMCAQUeAQAAAAYVCAkKAgMACgkQFTuVQ04w2LI5XQgApMEor9Zm
0h/PjiZyKQWFfawbd1CjBXyIsc6R61jC0P1CB/Zvqu2VAg5BEnhwX+CMvtr+2pJp
KGDz609dVJqgKwgRTgBCmEkPvwZHdFlMHv5t9S1aw+LAXql1FwCVNhitfWKxc3k3
onBrZuY+iW0sDEdVYAdW/AJHBJ4X7K8WogwanYu0j3OX7iOgeyM0yhgx8AdJRaAW
sNJE5iin+L9qTm5OQGPXitX3rGG4c0aMaSsydf2oHMjTUAs2pNDmPy0ngy9u+HN/
OJp1ERvqzBYBNY2ml/N8dR3MMtpHODLnKtAemrIPvmQ4gwC4OOyr3d/T4NA0Nr3q
XQHuVZpnRfafHrkBDQReDf+DAQgAwSH7XkCYCIsLTaa/Gp962RaUPtRzrPfh0pwb
lNmtFRudHX1CG+Y7MQxUk4JTe8WmAHM3l9wi7Q+dyAlM0Fn2G7h4zKnEec/ZjVQ+
9djQO8PGHFtNOTnaM5o39J2tcb4xA8E6GNAqhRQvLNkIO9sHn5Lvbt/zmoTR66fH
KCTII3FAqcdv2talZ+LSUvwiaMmiG7ImVqdGpv2Twvss5GE6NExZWg4wtg2uaXkw
PRZiSrybkHb9L18w8Fw+KyR0Rp9ndoB9T2vJEyc1GkUGzHQ7hnzyFUavMYd0rQj6
vS43X+a8ESSHqD1Awm3sR2vLMbj2FMfhTTLk/HSKyloNyEDPkwARAQABiQJBBBgB
AgErBQJeDf+EBRsMAAAAwF0gBBkBCAAGBQJeDf+DAAoJEOMtZd4abh+nsc4H/jDP
f9Uh7dYRFYSCPxzd1CRZxZEysCdemmtvNUNKMEunbCGb8ztzzXN4wNqwexKpQoDN
mu7+PpuLNIO/0YJ+lwiBSk097BjsQiUJzFJwkuFEt9ns/jQ38f4P5HQG15AGiXqn
nILBWAGlhh/pwi1MQo+0gD60nrEc29pgtJbBAMy7udl0eY+XwSAQPHeYyZ8iG5Eu
7Ct7uZyJIpe56mdMN1Rfrx0wKyHFPw0xc/aF1BAs5/Z7WQp8mCx0Jv58zlP+YIbO
/wnBDsf4ZcDX6X9P2Q4+DwQgLv9YjZfX+MJHBLCCiB1y8ocvzwkKZ4KQ1/A+q3O7
U0thxH3FdV2nHd95sAIACgkQFTuVQ04w2LLvDQgApbM+JeYRRPGvNf643ATQymgQ
HXgOg5EXUaEFeYBkBsY7FnQUTcyUypdzPHg37Ow+X1qLEzV87Cz5UTycPN4517n3
l0X1/fPNEZFyhYbyao0kXuAuU9TDgKmBHzizxIfYRuU/iKFmoTS34WUXgVir8hPq
ycD21IxvpdT7rABnRkcPaTQN4N8iHZ2zecjKxAAAx59lg/shXypqkBhKYWEOQZsK
7/M0WBbQcvk00Co0CAo58Wlern8A60izrMTNvm3oC7k6wA5fD3OVUHy+cG60bmx6
dnBQ6ySklrjxLCFv3besu0VBLrdV09el9KtzYOjtP+vsuOPI2vUunSWoCytKKQ==
=fZY/
-----END PGP PUBLIC KEY BLOCK-----
```


图 4.4.14 密钥文件的内容

第三步，乙方将“甲方的密钥”导入自己的密钥环。乙方将甲方的“甲方的密钥”文件下载后，单击如图 4.4.15 所示的“导入”菜单项。

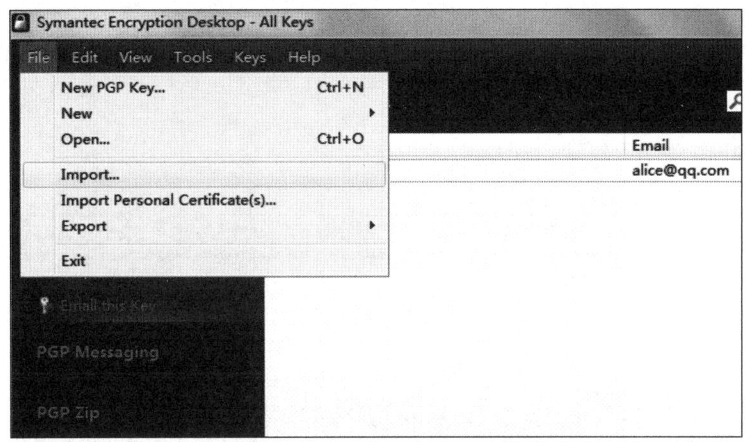

图 4.4.15　选择“导入”菜单项

在弹出如图 4.4.16 所示的“选择密钥包含文件”对话框中，通过查找范围的确定，找到“甲方的密钥”文件。单击“打开”，弹出如图 4.4.17 所示的“选择密钥”对话框。

图 4.4.16　选择“选择密钥包含文件”对话框

在如图 4.4.17 所示的“选择密钥”对话框中选择“甲方的密钥”，单击“导入”按钮，回到如图 4.4.18 所示的“Symantec Encryption Desktop”主界面。在“Symantec Encryption Desktop”主界面的密钥列表中可以找到名为“甲方的密钥”的密钥项。

第四步，乙方加密文件。右击拟加密的文件(测试 PGP. txt)，在弹出的快捷菜单中选择 PGP 加密，弹出如图 4.4.19 所示的“密钥选择”对话框。

图 4.4.20 所示的“密钥选择”对话框中左边是可供选择的密钥列表，右边是加密后文件接收人的密钥列表。两表中的密钥可通过双击互调。我们选择“甲方的密钥”，单击“确定”

图 4.4.17 “选择密钥”对话框

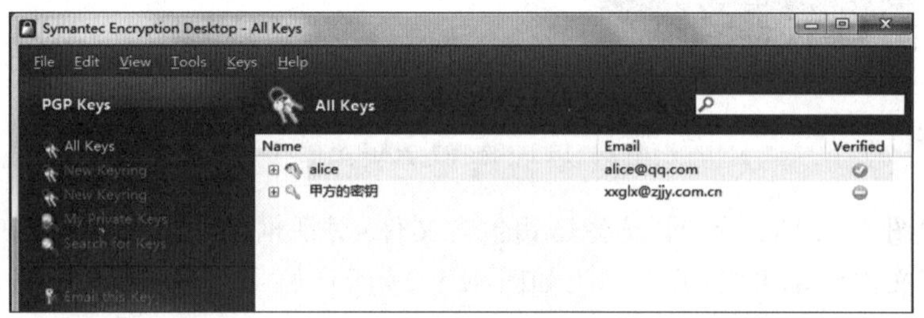

图 4.4.18 “Symantec Encryption Desktop”主界面

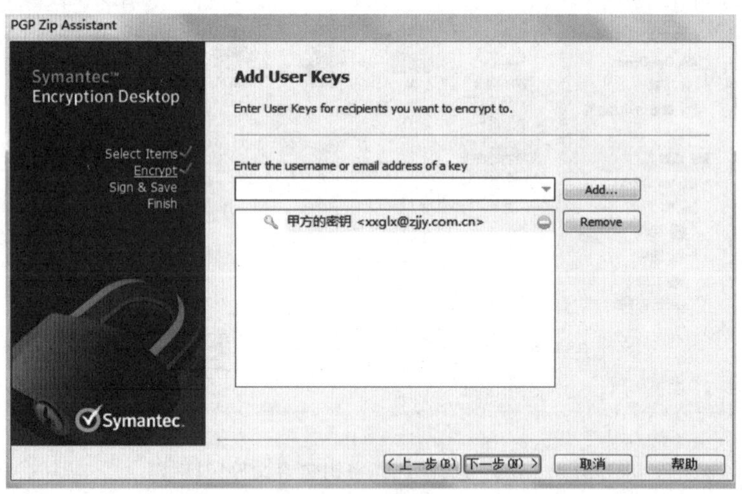

图 4.4.19 “密钥选择”对话框

按钮，加密即可完成。

加密后的文件如图 4.4.21 和 4.4.22 所示。

第五步，甲方解密文件。甲方在下载“测试 PGP”文件后，右击该文件，弹出“输入/输出文件名”对话框，选择保存路径和文件名即可。

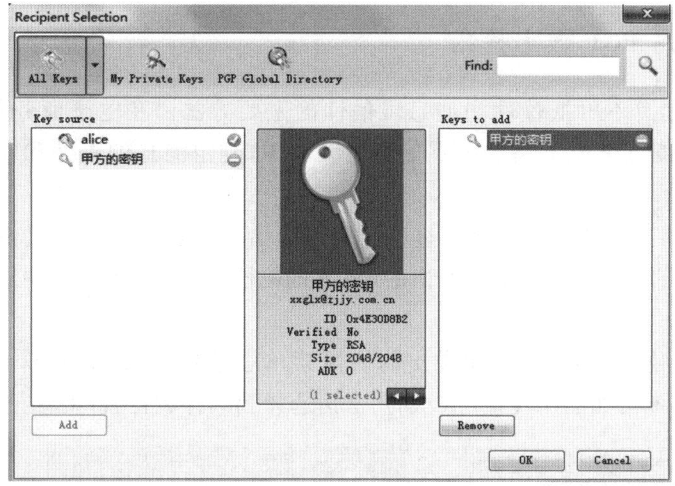

图 4.4.20　“密钥选择”对话框

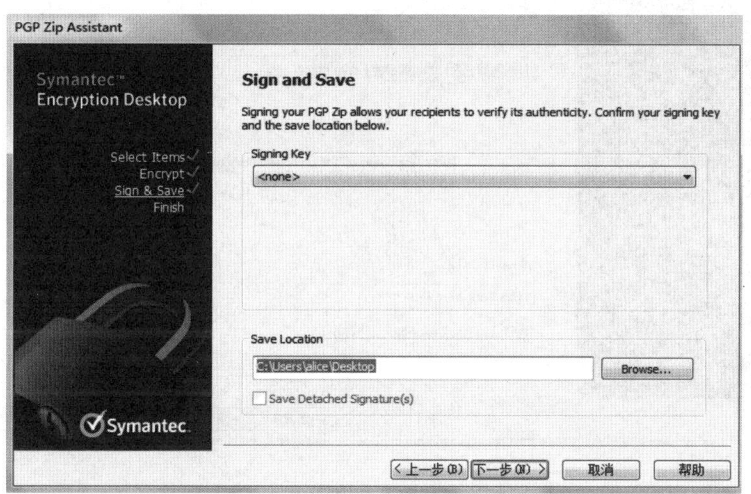

图 4.4.21　加密后的文件存放位置

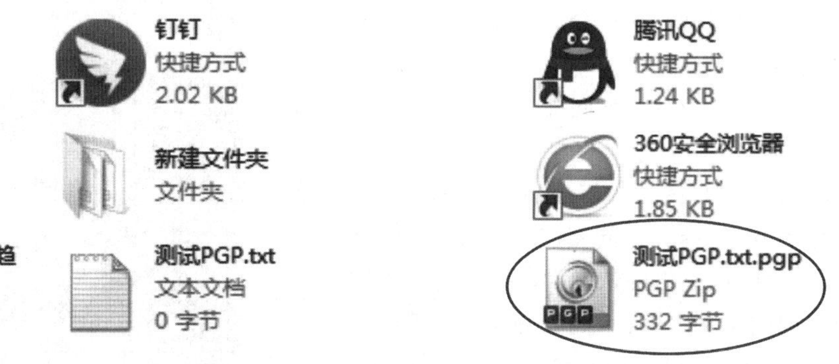

图 4.4.22　加密后的文件

4.4.3 使用 PGP 数字签名

数字签名是消息不可抵赖性和消息可信性的主要方法。在电子商务活动中所有的定单、票据都可使用数字签名来解决。在信息的大海中,判定消息的真伪和完整性,数字签名大有用武之地。

假设甲方已将自己的签名公钥通过公开渠道交给乙方。甲方有一文件 test3 通过网络等传送给乙方,为证明 test3 是甲方发出的(不可抵赖性)且在传送过程中未受到修改(完整性)。

第一步,右击待签名的文件,在弹出的快捷菜单中选择 Symantec Encryption Desktop →签名→菜单项,弹出如图 4.4.23 所示的"密钥选择"和"存放位置"对话框。

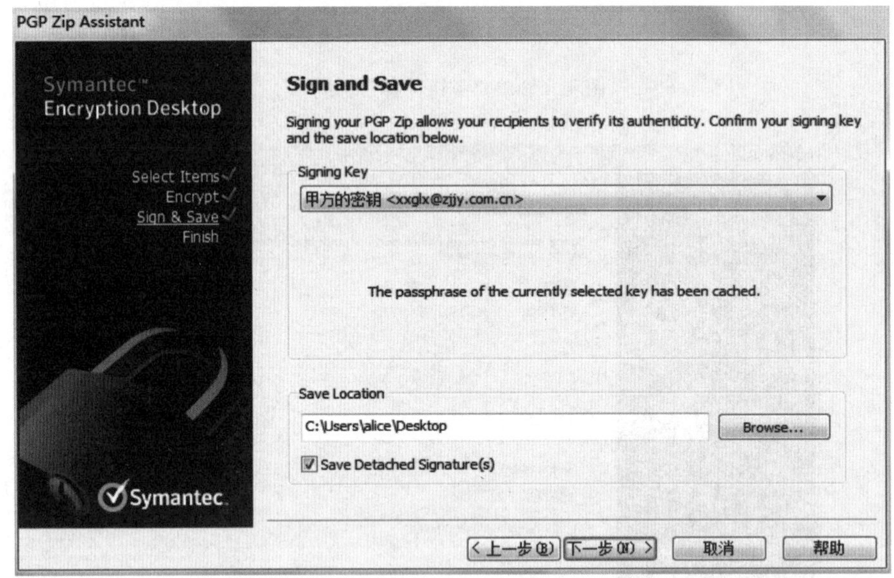

图 4.4.23 "签名密钥选择"对话框

在"签名密钥"下拉列表框内选择密钥,在文本框内输入该密钥对应的密码,选中"分离的签名"多选框,生成签名文件如图 4.4.24 所示。

第二步,甲方将 test3 连同签名文件一起传送给乙方。

第三步,乙方验证签名。将甲方的公钥导入乙方的密钥环上,将甲方的 test3 连同签名文件放在同一文件夹下,右击签名文件,在弹出的快捷菜单中选中→PGP→校验签名,弹出如图 4.4.25 所示的校验结果消息框。

如果文件有改动,则从校验结果可看出不是有效签名(Bad sibnature),如图 4.4.26 所示。

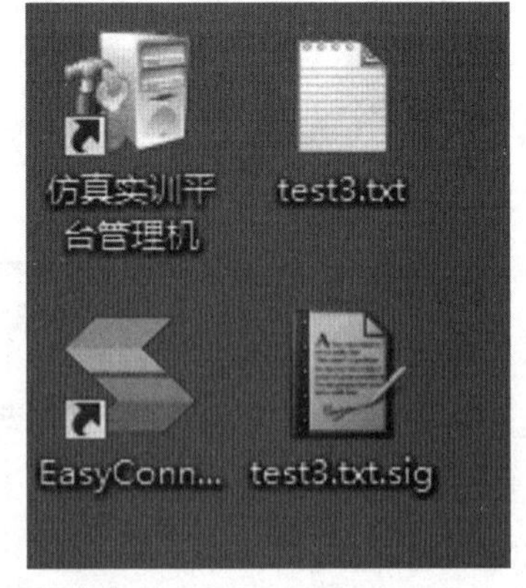

图 4.4.24 生成签名文件

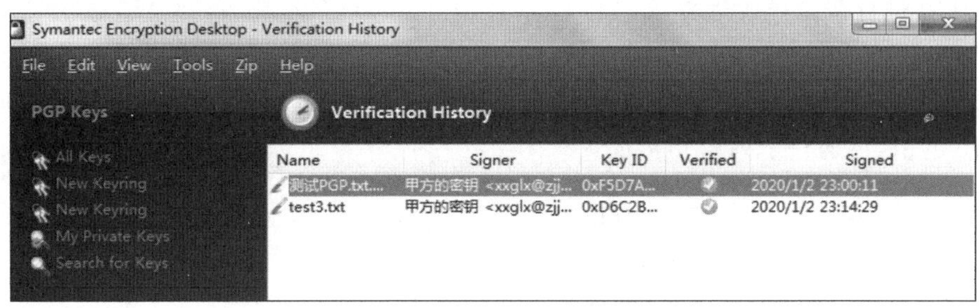

图 4.4.25 校验结果消息框

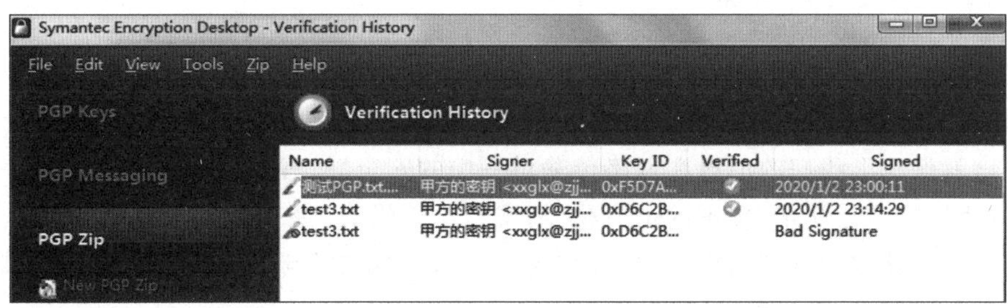

图 4.4.26 无效签名

PGP 中的签名与 MD5 数字指纹的不一样之处就在于，PGP 是将文件的 MD5 值用私钥加密后作为“签名”的。该软件还有许多功能，读者可自行探索。

4.5 使用异或运算设计一个简单的加密软件

4.5.1 异或运算介绍

异或，英文为 exclusive OR，缩写成 xor。异或(xor)是一个数学运算符。它应用于逻辑运算。异或的数学符号为“⊕”，计算机符号为“xor”。其运算法则为：如果 a、b 两个值不相同，则异或结果为 1。如果 a、b 两个值相同，则异或结果为 0。

异或也叫半加运算，其运算法则相当于不带进位的二进制加法：二进制下用 1 表示真，0 表示假，则异或的运算法则为：$0 \oplus 0=0$，$1 \oplus 0=1$，$0 \oplus 1=1$，$1 \oplus 1=0$(相同为 0，不同为 1)，这些法则与加法是相同的，只是不带进位，所以异或常被认作不进位加法。

按位异或的 3 个特点：

(1) 0 xor 0=0，0 xor 1=1；0 异或任何数=任何数。

(2) 1 xor 0=1，1 xor 1=0；1 异或任何数=任何数取反。

(3) 任何数异或自己=把自己置 0。

按位异或的几个常见用途：

(1) 使某些特定的位翻转。例如对数 10100001 的第 2 位和第 3 位翻转，则可以将该数与 00000110 进行按位异或运算。

10100001 xor 00000110 = 10100111

(2) 实现两个值的交换,而不必使用临时变量。例如交换两个整数 a=10100001,b=00000110 的值,可通过下列语句实现:

```
a = a xor b;      //a=10100111
b = b xor a;      //b=10100001
a = a xor b;      //a=00000110
```

4.5.2 异或加密原理

首先得确保通信发送方和通信接收方都存储了相同的"密钥",通信发送方将"明文"与"密钥"作一次异或运算(明文 XOR 密钥)后就可以得到一段"密文"。可以在网络上传输这段密文,这就保证了我们的消息在网络传输过程中的安全性,假如有人想通过一定手段从网络中截取我们的通信文本,拿到的也只是"密文",由于没有"密钥",此人就暂时无法读懂这段"密文";通信接收方收到通信发送方的"密文"后,将"密文"与"密钥"再次进行异或运算就可以得到通信发送方发送的"明文"。

例如,以字符串"Hello"(01001000 01100101 01101100 01101100 01101111)为明文,以字符串"12345"(00110001 00110010 00110011 00110100 00110101)为密钥,将明文与密钥进行异或运算操作:

明文:01001000 01100101 01101100 01101100 01101111
密钥:00110001 00110010 00110011 00110100 00110101
密文:01111001 01010111 01011111 01011000 01011010
解密方法与加密一样,只需将密文与密钥进行异或运算即可解密:
密文:01111001 01010111 01011111 01011000 01011010
密钥:00110001 00110010 00110011 00110100 00110101
明文:01001000 01100101 01101100 01101100 01101111

异或运算符常作为更为复杂的加密算法的组成部分。对于其本身来说,如果使用不断重复的密钥,利用频率分析就可以破解这种简单的异或密码。如果消息的内容被猜出或知道,密钥就会泄露。使用异或加密的原因主要是其易于实现,而且计算成本小。简单重复异或加密有时用于不需要特别安全的情况下来隐藏信息。

如果密钥是随机的(不重复),而且与消息长度相同,异或密码就会更为安全。当密钥流由伪随机数发生器生成时,结果就是流密码。若密钥是真正随机的,结果就是一次性密码本,这种密码在理论上是不可破解的。这些密码的任何部分中,密钥运算符在已知明文攻击下都是脆弱的,这是因为明文密文等于密钥。

4.5.3 异或加密程序设计

程序代码以 c 语言为例,实现了对文件的异或加密和解密功能,具体代码如下:

```
#include"stdio.h"
#include"stdlib.h"
#include"conio.h"
#include"string.h"
void encrypt(char * in_fname,char * password,char * out_fname)//文件加密函数
{
    FILE *fp1,*fp2;
    register char ch;
    int i,j;
    i=j=0;
    fp1=fopen(in_fname,"rb");//只方式打开文件
    if(fp1==NULL)
    {
        printf("Cannot open in_file.\n");
        exit(1);//无法打开文件则退出
    }
    fp2=fopen(out_fname,"wb");//只写方式打开文件
    if(fp2==NULL)
    {
        printf("Cannot create out_file.\n");
        exit(1);//无法建立文件则退出
    }
    while(password[++j]);//获取密码长度
    ch=fgetc(fp1);//从源文件中读取一个字符
    //开始加密
    while(!feof(fp1))
    {
        //源文件中的字符与密码中的字符异或后写入fp2
        fputc(ch^password[i>=j? i=0:i++],fp2);
        ch=fgetc(fp1);
        }
    fclose(fp1);
    fclose(fp2);
}
void main(int argc,char * argv[])
{
    char in_fname[30];
    char out_fname[30];
    char password[8];
```

```
    if(argc!=4)
    {
        printf("\nIn-fname:\n");
        gets(in_fname);//获取待加密的文件名
        printf("Password:\n");
        gets(password);//获取密码
        printf("Out-file:\n");
        gets(out_fname);//获取加密后要输出的文件名
        encrypt(in_fname,password,out_fname);
    }
    else
    {
        strcpy(in_fname,argv[1]);
        strcpy(password,argv[2]);
        strcpy(out_fname,argv[3]);
        encrypt(in_fname,password,out_fname);
    }
}
```

功能测试：

首先新建一个文本文件“test. txt”，在该文件中录入“ABCDEFG”后保存关闭；然后运行本程序进行加密，在程序中输入三个参数（按顺序分别为待加密的文件名“test. txt”，设置的密码“321”，加密后输出的文件名“test1. txt”），完成后打开查看输出的加密文件“test1. txt”，此时，文件内容已成功加密，如图 4.5.1 所示。

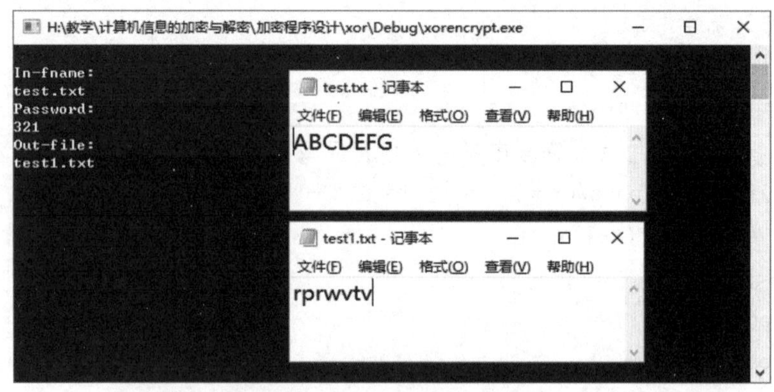

图 4.5.1 加密程序功能测试结果

如果要解密，只需将该程序再次运行，输入加密文件名“test1. txt”，设置的密码“321”，解密后输出的文件名“test2. txt”即可。完成后可对照文件“test. txt”与“test2. txt”是否一致，若文件内容完全一样则证明解密成功。

本章小结

信息的加密是分层次、采用不同的手段(工具)实现的。加密比不加密好,多种手段比单一手段好。不同密级的信息,可选择不同加密手段的组合来实现信息安全。

本章主要介绍信息加密的方法,而解密相对于加密就困难得多了,解密的有关方法将在后面章节中介绍。解密一定要有授权,一定要在法律允许的范围内进行。

实训

1. 任意选择一个图片文件,放入“加密测试”文件夹内,分别使用 CnCrypt、Wise Folder Hider、Dekart Private Disk、PGP 加密软件加密,并测试其加密速度。

2. 按照本章第四节中的代码实现对文件的加密与解密功能,并进行验证。

第5章 密码的设置与管理

本章将讨论各种用户密码的强度，并提出用户密码设置的6条原则和20种构造密码的方法。以较大篇幅对各种构造方法进行了详尽的说明，比较好地解决了用户密码的安全性和可记性的矛盾。另外，还介绍了密码管理工具的使用方法。

5.1 密码的抗破解强度

用户密码是保证信息安全的一种最常用、最重要的“锁”之一。作为用户来说，用户密码是用来保护计算机中的信息和网络上的信息之唯一选择。而现实生活中很多人还是不习惯使用密码，也有很多人不知道什么样的密码安全性高，设置密码都有哪些要求。随便地将电话号码、生日、姓名的拼音字母用作密码。岂不知此类用户密码非常容易被破解。为什么有些密码容易被破解，而有些密码不容易被破解？下面我们从密码的强度谈起。

5.1.1 密码集合与密码强度

从破解者的角度看，绝大多数密码都有一定的规律，都是脆弱的。特别是当前流行的破解用户密码软件自动化程度越来越高，宽带网也给破解带来了高速度，再加上CPU速度提高如此之快，使几年前被认为是安全的密码今天已是不堪一击了。使用AOPR在CPU为Intel Core2 Quad 2.6GHz的计算机上破解Office 2003 Word文档密码的速度可达每秒600000次(因算法差异，破解Office 2013的速度非常慢，约为每秒100次)。以这个速度，6位数的生日密码不到2秒即可破解。考虑到破解速度还可提高，为了方便讨论问题，我们以每秒速度为60万/次作为标准单位来衡量密码抗破解的强度。我们把密码的抗破解能力即强度分为秒、分、小时、日、月、年等级别。强度与密码集合势的关系如表5.1.1所示。

表5.1.1 密码抗破解强度与密码集合势的关系

密码集合的势	科学计数法	密码抗破解的强度
60～3600万	3.6×10^{7}	秒级
3600万～21.6亿	2.16×10^{9}	分钟级
21.6亿～1296亿	1.296×10^{11}	小时级
1296亿～3.1万亿	3.1×10^{12}	日级
3.1万亿～93万亿	9.3×10^{13}	月级
1116万亿	1.116×10^{15}	年级

所谓集合的势，就是集合内元素的个数。密码集合的势即密码集合内密码的个数。6位数的生日密码集合（假设按照三种方式组合："年月日"、"月日年"、"日月年"）为 $100\times12\times31\times3=111600$。

5.1.2 密码设置的原则

现实生活中，人们设置密码通常使用生日，特别是6位的生日密码。那么6位的生日密码的强度是多少能？$31\times12\times100\times3=111600$ 还不到秒级。即便是8位的生日密码，其强度为 $31\times12\times2\times1000\times3=223200$。仍然不到秒级。在 $31\times12\times2\times1000\times3$ 中间的"×2"表示"19"和"20"两种情况。

若设 w 为一个密码字符串的位数，T 为每位密码可选的符号个数，则密码总量为 $D=T^w$。从这个公式可以看出，T、w 的值越大，D 的值也就越大。由表5.1.2符号集、密码长度、密码强度对照表可以得出以下两条设置密码的规则：

规则1：密码的位数越长越好。

规则2：符号集越大越好。

表5.1.2 符号集、密码长度、密码强度对照表

符号集	密码长度	密码量	密码强度
数字	8位	$10^8=1$ 亿	分钟级
小(大)写字母	8位	$2.089\times10^{11}=209$ 亿	小时级
数字＋字母(不分大小写)	8位	2.82×10^{12}	日级
数字＋字母(分大小写)	8位	2.18×10^{14}	年级
可显字符＋空格	8位	6.63×10^{15}	5.94年
数字	16位	10^{16}	8.96年
小(大)写字母	16位	$26^{16}\approx4.36\times10^{22}$	3.9×10^7 年
数字＋字母(不分大小写)	16位	$36^{16}\approx7.96\times10^{24}$	7.13×10^9 年
数字＋字母(分大小写)	16位	$62^{16}\approx4.77\times10^{28}$	4.21×10^{13} 年
可显字符＋空格	16位	$95^{16}\approx4.4\times1031$	3.94×10^{16} 年

密码攻击者攻击大符号集、长位数的密码依然采用暴力方式显然成本太高，他们转而可能去采用猜测加暴力的方法。猜测是根据用户设密码的习惯、心理和水平对密码串中的全部或部分进行设定，而对余下的部分使用暴力方式破解。猜对的位数与破解密码的效率是指数的关系。然而，用户为了记住密码往往是用个人的有关信息来设定，比如用户的生日、姓名、电话号码、身份证号码、车牌号等，这些信息可以通过各种方式和渠道得到。如果所设置的密码中没有个人的信息，密码攻击会困难很多。由此我们得到又一条设置密码的规则：

规则3：密码距个人信息越远越好。

用户密码若要满足规则3，最常使用的方法是用一些常见的词语作密码，这也给了密码攻击使用字典方式攻击留下了机会。这里所谓的字典就是密码攻击者认为可能为密码的字符串的集合，一般是有规律的字符串。由此我们得出：

规则4:作为密码的字符串越无规律越好,即越随机越好。

一个完全随机的字符串是很难记忆的,后面我们再讲如何离散化一个有规律的字符串。

一个人可能会在不同的地方使用用户密码,如果所有的用户密码都用一个,那是一个非常不明智的选择。另外,如果你所掌握的用户密码是非常重要的密码,很可能会有人在很长一段时间内实施攻击,时间越长被破解的概率就越大。所有这些都要求用户密码在一定范围内进行变化,以主动防范对密码的攻击。当然密码的变化仍要便于记忆。由此我们得出:

规则5:密码要易于修改变化。

规则6:密码要在某种程度上能够通用。

我们提出了用户密码设置的6条规则,如何设计出满足这些要求且又不容易忘记的用户密码就是我们下面要讨论的问题。

5.2 用户密码的构造方法

这里介绍的构造实际上就是如何将一个有规律的字符串演变成一个满足前述6条中的某几条的字符串。我们首先从一个生日密码开始构造,当然其他任何字符串都可如此处理。

5.2.1 密码的简单构造方法

构造方法之一:生日重复法。生日重复法是根据设置用户密码规则1,简单地加长密码。例如某人的生日密码为831029,连续输入两遍就成了12位的密码:831029831029;当然也可以两位两位地重复输入838310102929;也可以先输入年月日,后输入月日年831029102983。一般地用户密码可以设置到16位,此时可用4位数表示年,8位生日输入两遍1983102919831929;也可6位生日输入两遍半8310298310298310或8383831010102929或8310291029832910。更多位的密码可同样处理。16位密码的安全性是6位密码的几亿倍,所以这种密码简单易记,比较安全。

构造方法之二:生日符号结合法。这是根据规则2增加字符集中的字符。这种方法实际上很简单,就是在生日重复法中输入某些数字的同时按下SHIFT键。如两遍输入中的第一遍按下SHIFT键 *#!)·(831029,又如在8383831010102929的输入中第二次重复时按下SHIFT键83*#8310!)1029·(。这种16位的密码安全性是16位数字密码的2^{16}倍。

构造方法之三:生日字母结合法。这是根据规则2进一步扩大字符集。其中的字母是某个英文词组、汉语拼音或是它们的缩写。例如,我们用“床前明月光,疑是地上霜”的拼音缩写与生日结合就为cqmyg831029ysdss;如果在输入这个字符串的后半段同时按下SHIFT键可得cqmyg8319@(YSDSS。这个字符串中有数字、小写字母、大写字母、其他符号,如果再有空格就更理想了,几乎是最安全的密码了。但这种构造方式还有一定的规律,要使破解者无规律可循,可采用后面的构造方法。

构造方法之四:生日字母穿插法。根据规则4,含有规律性的东西越少越好,即不应有连续的字母、连续的数字或连续的其他符号。例如我们可将生日和字母穿插输入,穿插的顺序可由用户的习惯和爱好确定。一位字母,一位生日可得c8q3m1y0g2y9sdss;如果我们在前半段输入的同时按下 SHIFT，上述密码就成为 C＊Q＃M!Y)g2y9sdss。穿插方式的不同，SHIFT 按下的时间、方式不同，可使用户选择不同的构造方法，也使破解者在攻击时无规律可循。

构造方法之五：信息变形法。根据规则 3，个人信息要距密码足够远，而前面的构造方法中都含有用户的生日信息，怎样才能使密码中的数字不能被认定是生日的组成部分呢？一个彻底解决问题的方法就是采用随机的数字，如某汽车的牌号，某个不熟悉的单位或个人的电话号、文字上用一句大家都不熟悉的话等方法。但这样会给记忆带来负担，一旦忘记了可能无从想起，会造成损失。另一个方法为信息变形法，就是用某种变换方法，将生日和词语变得看起来是随机的，效果也非常好。例如，可对 6 位生日的三组数进行处理，使每组数都大于 12，就会使破解者从生日角度破解不了。在 831029 中将 10 乘 3 得 803029 就不是生日数字了，但可以由生日推演出来。再如不用汉字拼音作密码，而是用汉字的五笔字型。使用 xtaywgij 代替"张剑"的拼音，也会将个人的信息变形，从而满足规则 3 的要求。

构造方法之六：动静结合法。根据规则 6，密码要易于变化，在前面所构造的密码基础上让密码的大多数符号保持不变，而是设置几个变化位。例如，cqmyg831029ysdss 密码需要一个月一换，则可将第一个字母用 a，b，c，…，k，l 按月变换。又例如，数字图书馆和 QQ 各需要一个密码，则可将前后两头的字母分别用 s，t 和 l，t 代替：sqmyg831029ysdst，lqmyg831029ysdst。这种密码同样也满足规则六。

5.2.2 变换类密码构造方法

构造方法之七：左右对称变换法。根据规则 3，个人信息要距密码足够远；根据规则 4，密码字符串越随机越好。我们可以把右手敲击的键，用左手对应的键代替，左手敲击的键用对应的右手键代替。实际上就是键盘上的键进行左右对称变换，如图 5.2.1 所示。

图 5.2.1 键盘左右对称变换

例如，cqmyg831029ysdss 经过左右对称变换就成为：,pvth380192tlkll。

构造方法之八：上下对称变换法。与左右对称类似，利用键盘上有四排键的特点，在四排键的中间，用一条横线作对称变换线作对称变换，如图 5.2.2 所示。

例如，cqmyg831029ysdss 经过上下对称变换就成为：3a7ht，cz/x. hweww。

图 5.2.2　键盘上下变换

构造方法之九：中心对称变换法。综合左右对称变换和上下变换两种方法，即密码字符既做左右变换又做上下变换，就形成了中心对称变换，如图 5.2.3 所示。

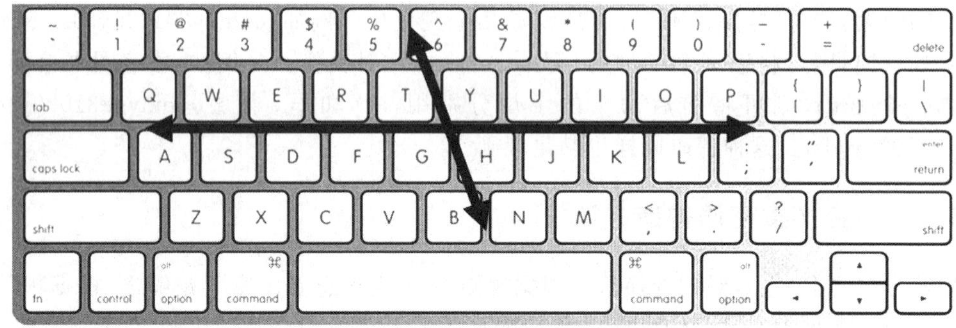

图 5.2.3　键盘中心对称变换

例如，cqmyg831029ysdss 经过中心对称变换就成为：8;4gyc,/z. xgoioo。

以上三种变换在小键盘上也可实现。

5.2.3　键盘换位密码构造方法

我们知道，在密码发展史上有一种称为“凯撒(Caesar)密码”的密码占有很重要的位置，它的编码方法是将字符排成一行，任意字符 α 用其右边的第 n 个字符 β 代替，记为 $\beta=K_n(\alpha)$，α 称为明文，β 称为密文。解密时，任意密文 β 用其左边的第 n 个字符还原。我们将键盘看成是四行十列的表，对密码进行横向、纵向变换，得到了三种密码产生方法。

构造方法之十：键盘纵向换位密码。这是一种比较高级的构造方法，它和后面介绍的三种方法都能将一个有规律的字符串离散成随机字符串。如图 5.2.4 所示。

键盘上的任意字符 α 用同列的下数第 m 个字符 β 代替($1\leqslant m\leqslant 3$)；　$\beta=K_{zm}(\alpha)$称为纵向换位密码。

例如，密码 *cqmy* 当 $m=1$ 时就成为：*3a7h*。

构造方法之十一：键盘横向换位密码。键盘上的任意字符 α 用同行右边的第 n 个字符 β 代替，$1\leqslant n\leqslant 9$；$\beta=K_{hn}(\alpha)$称为横向换位密码。如图 5.2.5 所示。

例如，密码 cqmy 当 $n=4$ 时就成为：mtzp。

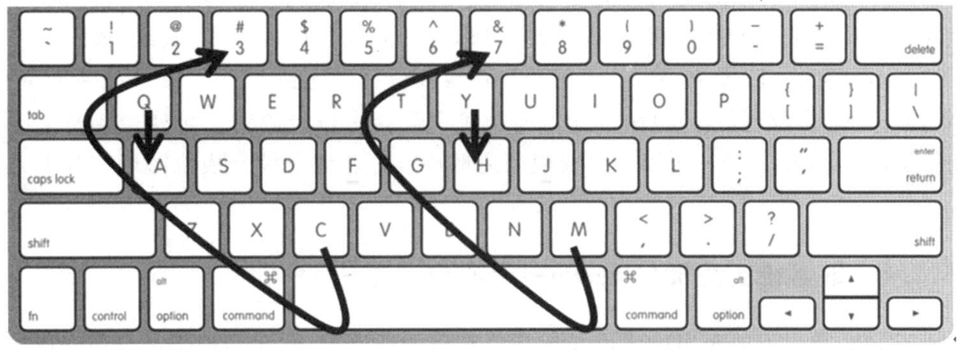

图 5.2.4　键盘纵向换位密码

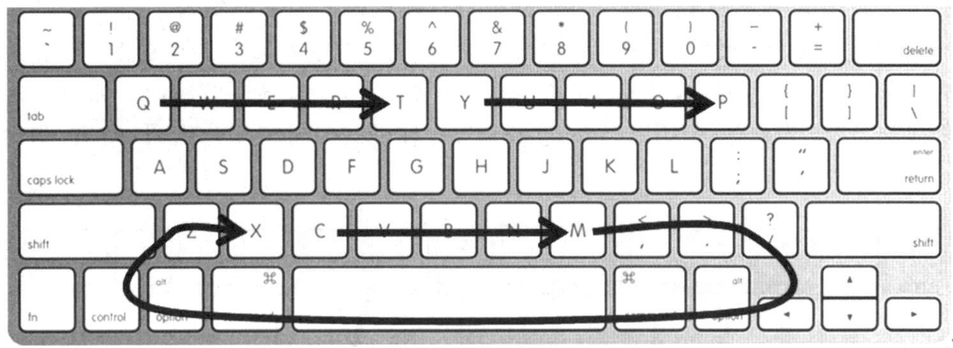

图 5.2.5　键盘横向换位密码

构造方法之十二:键盘综合换位密码:$\beta=K_{m,n}(u)$。键盘上的字符 α 先用同列的下数第 m 个字符 v 代替;再用右边第 n 个字符 β 代替,称为密码 $\beta=K_{m,n}(\alpha)$ 称为综合换位密码。如图 5.2.6 所示。

例如,cqmy 当 $m=n=1$ 时就成为 4s8j。

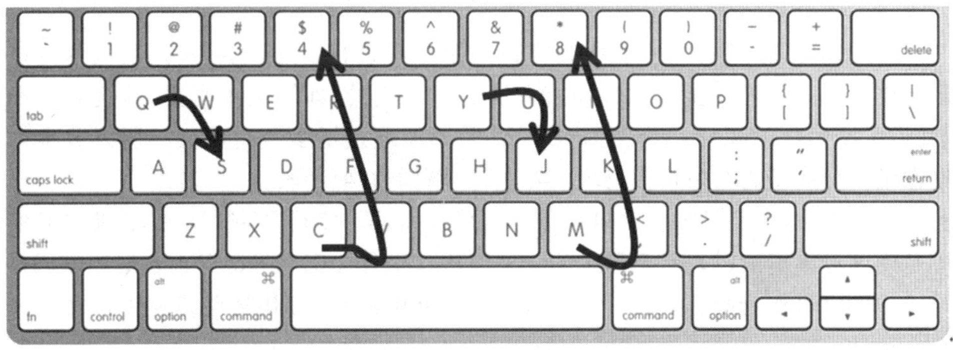

图 5.2.6　键盘综合换位密码

键盘纵向换位密码、键盘横向换位密码和键盘综合换位密码统称为键盘换位密码。很明显,这三种方法像凯撒密码那样可以还原明文的。

当 m,n 按某种规律变化也可满足规则五、六。如果我们将 cqmyg831029ysdss 称为母码,而将一次横向或纵向换位得到的换位密码称为一阶换位码,经过两次纵、横不同换位得到的换位密码称为二阶换位码。一个母码经一次换位可以得到 3+9=12 个一阶换位密码,二次纵横不同的换位可得 3×9=27 个二阶换位密码。一位母码的二阶换位码是某字符的概率是相等的,都为 1/40。所以二阶变换的离散性最好。键盘综合换位密码实际上是二阶变换。

5.2.4 键盘维吉尼亚(Vigenere)密码构造方法

众所周知,维吉尼亚密码的强度要比换位密码的强度要高,我们把键盘当作变形的维吉尼亚方阵,就会产生五种用户密码的构造方法:数字列加密字母、字母加密字母、字母加密数字、数字加密数字和数字行加密字母。

构造方法之十三:数字列加密字母键盘维吉尼亚密码。数字列加密字母键盘维吉尼亚密码实际上是用数字串离散(加密)字母串的一种方法。数字列加密字母键盘维吉尼亚密码是在大键盘区以数字为列标,以字母所在的行为行标,其交点即为用户密码。如图 5.2.7 所示。例如,831029 为列标(密钥),cqmygysdss 为行标(明文)可得用户密码(密文)为:,ezpsokda。

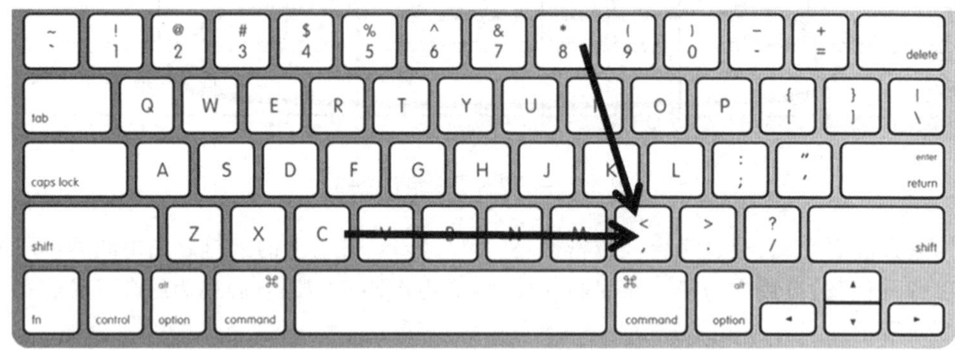

图 5.2.7 数字列加密字母键盘维吉尼亚密码

其中的列标可以反复使用,即用 801129 对字母串进行加密,加密所用的键盘可以看作是变形的维吉尼亚方阵。显然这种加密方法是不可逆的,即知道了密文,密钥确定不了明文;如知道了密码,ezpsokda;,密钥为 801129 是不能通过键盘查得明文。所以数字列加密字母键盘维吉尼亚密码是防止密码攻击者获得母码的有效手段。

构造方法之十四:字母加密字母键盘维吉尼亚密码。字母加密字母键盘维吉尼亚密码实际上是用字母串离散(加密)字母串的一种方法。字母加密字母键盘维吉尼亚密码是以一个字母串中的字母作为列标,另一个字母串的字母作为行标,其交点即为用户密码。如图 5.2.8 所示。

例如,以 cqmygysdss 为列标,以 jtwmydtsgx 为行标,可得用户密码为:dqunthwdsx。

这里可以将列字母串看成是密钥(对应的行字母串就为明文),也可以将列字母串看成是明文(对应的行字母串就为密钥)。当然行、列标互换所得的密码是不一样的。如以 jt-

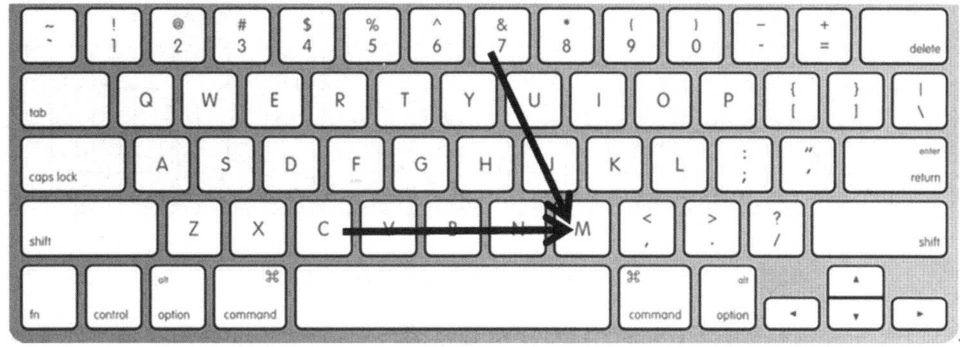

图 5.2.8 字母加密字母键盘维吉尼亚密码

wmy dtsgx 为列标，以 cqmyg ysdss 为行标，其用户密码为：mtxuhegsgs。与构造方法十三一样，本构造方法也是不可逆的。

构造方法之十五：字母加密数字键盘维吉尼亚密码。字母加密数字键盘维吉尼亚密码是利用键盘的字母区离散(加密)右侧小键盘中的数字的一种方法。以字母串中的字母为行标，以数字串在小键盘区的数字为列标，行、列的交点即为用户密码。字母串可以反复使用。如图 5.2.9 所示。

例如，以 cqmygy sdss 为行标，以 831029 831029 为列标，可得用户密码为：291759564429。

图 5.2.9 字母加密数字键盘维吉尼亚密码

数字"0"可以归于三列中的任何一列，前面将其归为"1"列。如果将其归为"2"列则可得用户密码为：291859564529。

构造方法之十六：数字加密数字键盘维吉尼亚密码。数字加密数字键盘维吉尼亚密码是将在小键盘区一个数字串中的数字作为列标，另一个数字串的数字作为行标，其交点即为用户密码。在这构造方法中，数字"0"的处理值得注意。首先"0"不能像构造方法之十二那样归于哪一列。假设数字"0"归于"1"列，那么 0 行 2 列是没有数字对应的。其次可以让"0"归于任何一列，这时 0 行 1(或 2 或 3)列对应的数字都是"0"。这种处理的结果是用户密码中"0"出现的概率很大。最后可以将"0"与某数字看成是同一个数字，例如与"5"同键。这种处理的结果是用户密码中"0"不出现。如图 5.2.10 所示。

以 19831029 为行标，以 51671872 为列标，"0"归于所有列，则可得用户密码为：27911018；若取"0""5"同键则可得用户密码为：27911518。

我们把小键盘区的"0"与某数字同键的处理方法称为同键法。

构造方法之十七：数字行加密字母键盘维吉尼亚密码。数字行加密字母键盘维吉尼亚

图 5.2.10　数字加密数字键盘维吉尼亚密码

密码与构造方法之十二相反，是以小键盘区的数字为行标，以大键盘区的字母为列标数字加密字母的一种方法。这里对“0”的处理采用同键法。下面的例子中“0”“5”同键。我们以831029为行标，以cqmygysdss为列标来加密字母串，可得用户密码为：ezmhbywcxs。同样，这里的行标也是可以反复使用的。如图5.2.11所示。

图 5.2.11　数字行加密字母键盘维吉尼亚密码

所有的构造方法在某一个密码的构造中不一定全用，但若干种构造方法的结合会大大加强用户密码的可靠性；构造方法要灵活，切不可照搬照抄，让密码攻击者猜中你的构造规律。

5.2.5　键盘普赖费厄(Playfair)密码构造方法

普赖费厄密码是一种利用由25个英文构成的矩阵进行加密的一种加密方法。该加密方法要求明文中在两两分组时，每组的两个字符不能相同，并且明文串为偶数。普赖费厄密码在加密时要对明文两两分组，然后一组一组进行加密。

构造方法之十八：键盘普赖费厄密码。键盘普赖费厄密码要求对用户密码串两两分组，每组的字符不能相同，并且把大键盘作为一个加密矩阵。如图5.2.12所示。设m_1、m_2为一个分组中的两个字符，构造规则如下：

(1)如果m_1、m_2在同一行，其密码字符c_1、c_2分别为紧靠m_1、m_2右边的字符。

(2)如果m_1、m_2在同一列，其密码字符c_1、c_2分别为紧靠m_1、m_2下边的字符。

(3)如果m_1、m_2既不在同一行，也不在同一列时，其密码字符为以m_1、m_2确定的矩形的其他两个角上的字符，且c_1和m_1、c_2和m_2在同一行。

例如，以jtwmydtsgx为母码，其键盘普赖费厄密码为：guuxehwgsb。

又例如，以cmbjxccwtn为母码，其键盘普赖费厄密码为：v，mgcvxeyb。

构造方法之十九：键盘普赖费厄反规则密码。与构造方法之十八类似，只是构造规则略

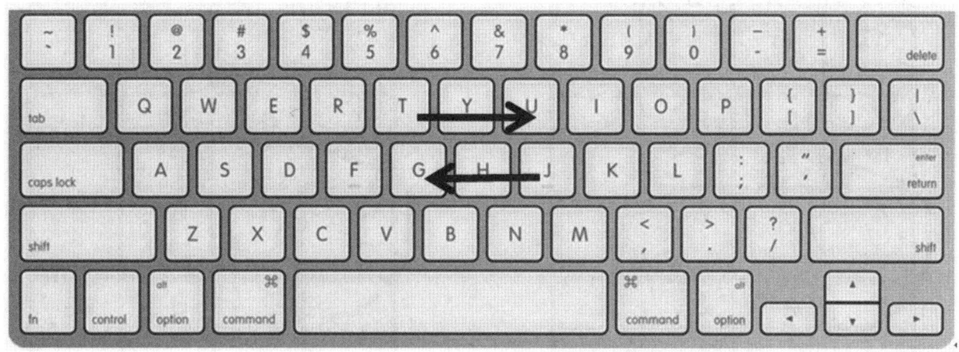

图 5.2.12 键盘普赖费厄密码

有不同：

(1)如果 m_1、m_2 在同一行，其密码字符 c_1、c_2 分别为紧靠 m_1、m_2 左边的字符。

(2)如果 m_1、m_2 在同一列，其密码字符 c_1、c_2 分别为紧靠 m_1、m_2 上边的字符。

(3)如果 m_1、m_2 既不在同一行，也不在同一列，其密码字符为以 m_1、m_2 确定的矩形的其他两个角上的字符，且 c_1 和 m_1、c_2 和 m_2 在同一列。

例如，同样以 jtwmydtsgx 为母码，其键盘普赖费厄反规则密码为：ugxuhegwbs。

同理，cmbjxccwtn 为母码，其键盘普赖费厄反规则密码为：xngmzxexby。

构造方法之二十：数字键盘普赖费厄密码。如果是数字串构成的母码，在大键盘上使用键盘普赖费厄(或反规则)密码就成了一种恺撒密码。如图 5.2.13 所示。键盘普赖费厄密码更适合以字母构成的字母串或字母数字构成的字符串构造密码。数字串在小键盘上使用普赖费厄(或反规则)变换。如果用小键盘则可用同键法将“0”、“5”都看成是键“5”。数字键盘普赖费厄(或反规则)密码的规则与构造方法之十八(或十九)所述一样。

图 5.2.13 键盘普赖费厄反规则密码

例如，821004 使用数字键盘普赖费厄密码规则变换得到密码：582465(见图 5.2.14)；其数字键盘普赖费厄反规则变换得到密码：254246(见图 5.2.15)。

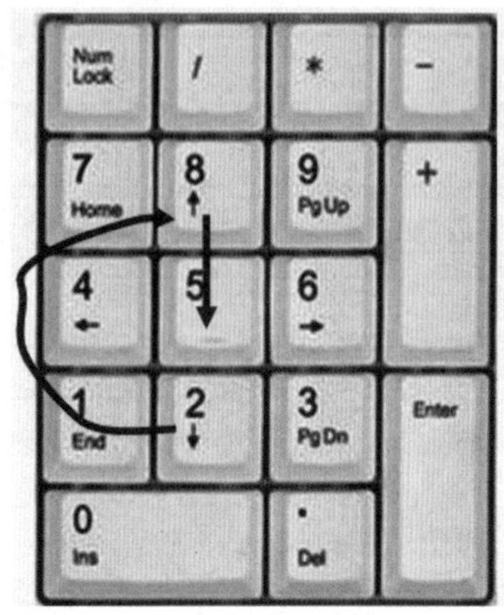

图 5.2.14　数字键盘普赖费厄密码

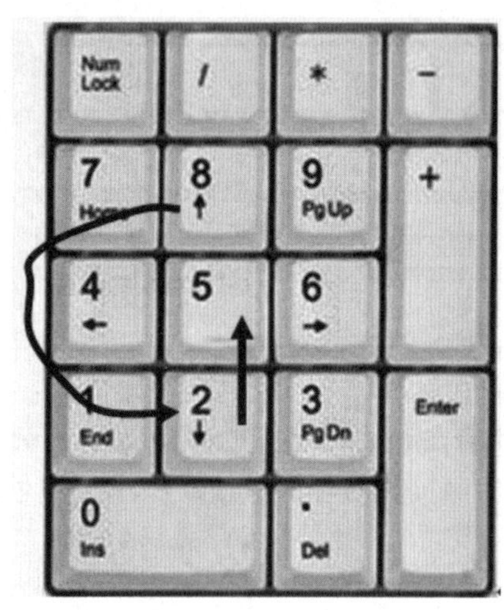

图 5.2.15　数字键盘普赖费厄反规则密码

数字键盘普赖费厄(或反规则)密码在使用规则 1、规则 2 时可以是相邻的第二个，第三个，……也就是将数字键盘普赖费厄(或反规则)密码和恺撒密码结合起来用。

5.3　密码的管理

未来的世界是一个数字化的世界，个人的密码将是非重要的，也可能是有多个，并在不断变化。单凭记忆是不可靠的，一定要采用软件管理。另外，一个部门或单位的密码管理员就更需要采用软件管理密码。

网络上的密码管理类软件很多，将选择两款方便实用的中文密码软件介绍给读者。

5.3.1　1Password 密码管理器

1Password 是一个独特的密码管理器，支持 Windows、Mac、iOS、Android 等主流操作系统，使用安全方便。它提供反钓鱼保护功能和卓越的密码管理，并具有自动生成强密码功能，能够将所有的机密资料，包括密码、身份卡和信用卡都保存在一个安全的地方。1Password 包含密码管理器与浏览器扩展两个部分，并支持大多数 Web 浏览器，包括 Safari、Camino、OmniWeb、DEVONagent、Firefox、Flock、Fluid 和 NetNewsWire 等主流浏览器，所有浏览器扩展都共享一个密码链上的存储数据，这意味着当用户从一个浏览器跳到另外一个浏览器的时候再也不需要手动复制密码。1Password 可以任何时刻在任何设备上使用，不仅包括 PC 电脑、平板电脑和手机，甚至在智能手表 Apple Watch 上也能使用。2016 年，1Password 被苹果公司评定为“iPhone 十佳 App”。

软件下载地址：http://www.1password.cn/xiazai/。

下面以 1Password 4 for Windows 独立版本为例进行介绍，手机移动端各版本可在应用商店直接搜索下载安装。软件下载完成后首先进行安装，安装完成后需要进行注册。如图 5.3.1 所示。

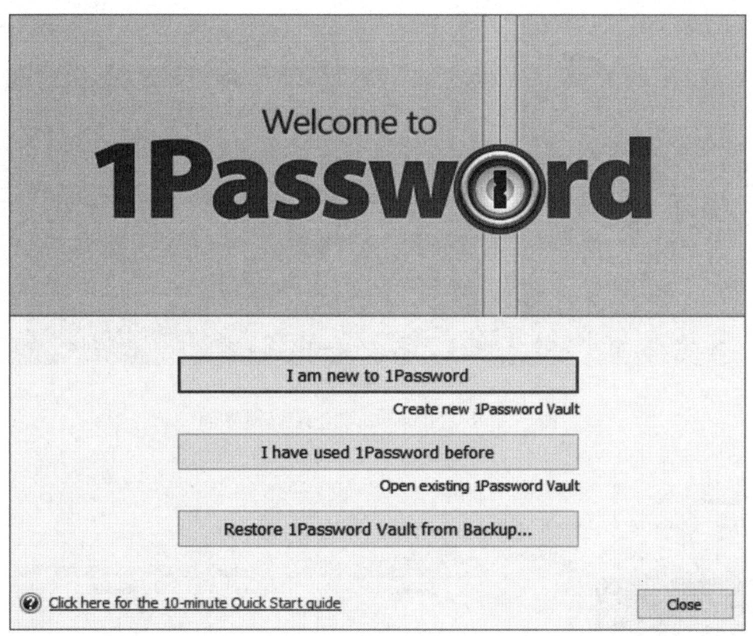

图 5.3.1　1Password 注册界面

点击“I am new to 1Password”按钮进行注册，1Password 会创建一个新的密码保险库，并会设置一个主密码(Master Password)，如图 5.3.2 所示。该主密码非常重要，密码保险库中所有账号和密码的访问权都依靠这个主密码，一旦主密码遗失或泄露，那么整个密码保险库的安全将不复存在。

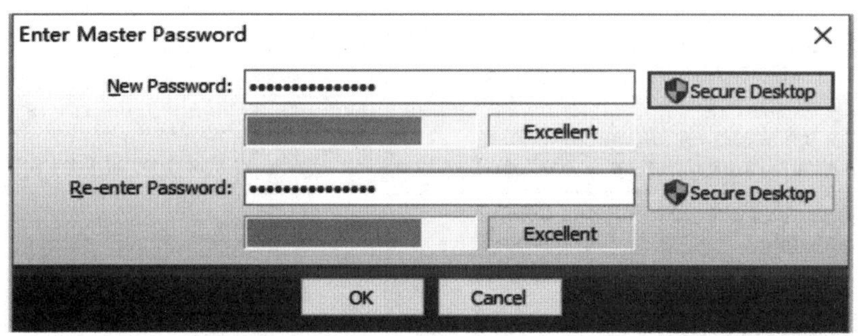

图 5.3.2　1Password 主密码设置界面

设置完成后，重启该软件，进入登录解锁界面，在此处输入之前设置的主密码。如图 5.3.3所示。

输入正确的密码后即可进入到主界面，在界面左侧可以看到，1Password 的密码类型包含登录(Login)、钱包(Wallet)、账户(Account)、软件(Software)、安全票据(Secure Note)、身份(Identity)。如图 5.3.4 所示。

我们以登录(Login)为例添加一个项目，点击“New Item”按钮，在下拉菜单中选择“Login”，弹出 Login 信息录入界面。如图 5.3.5 所示。

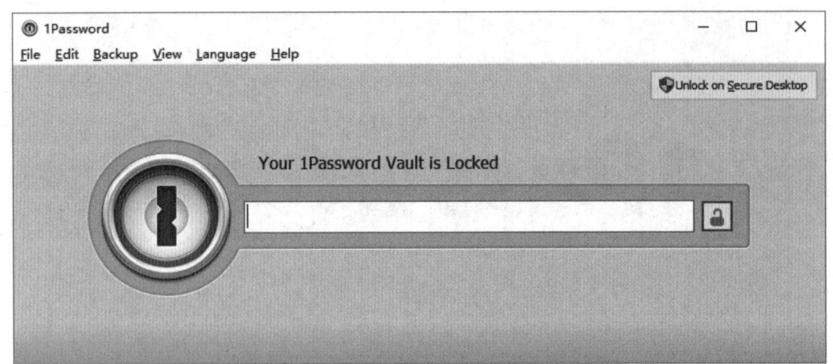

图 5.3.3　1Password 登录解锁界面

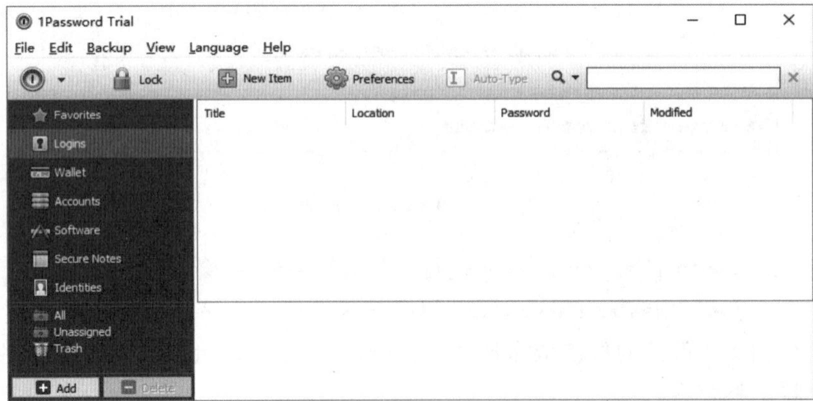

图 5.3.4　1Password 主界面

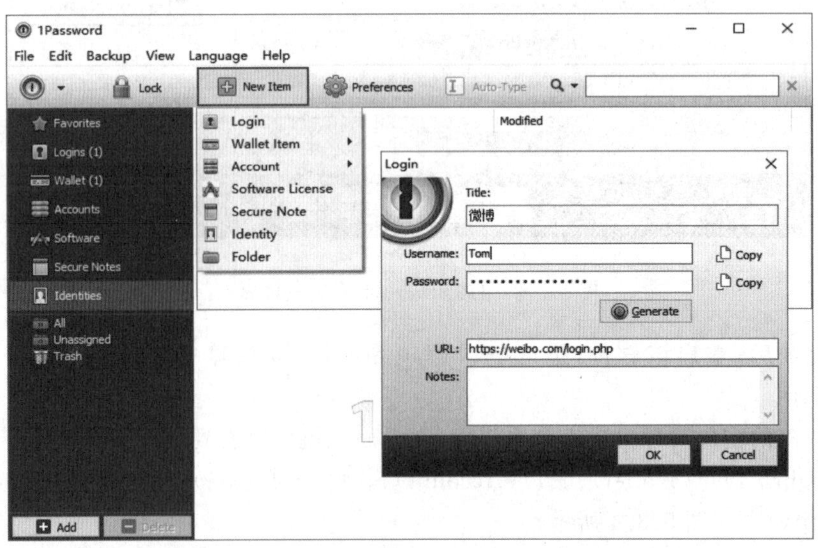

图 5.3.5　1Password Login 信息录入界面

在 Login 项目中，我们以微博为例，输入 Login 项目的名称、登录用户名、密码和网站的URL。密码可以使用自动生成，点击“Generate”按钮，设置好密码的长度、字符集等参数即可。如图 5.3.6 所示。

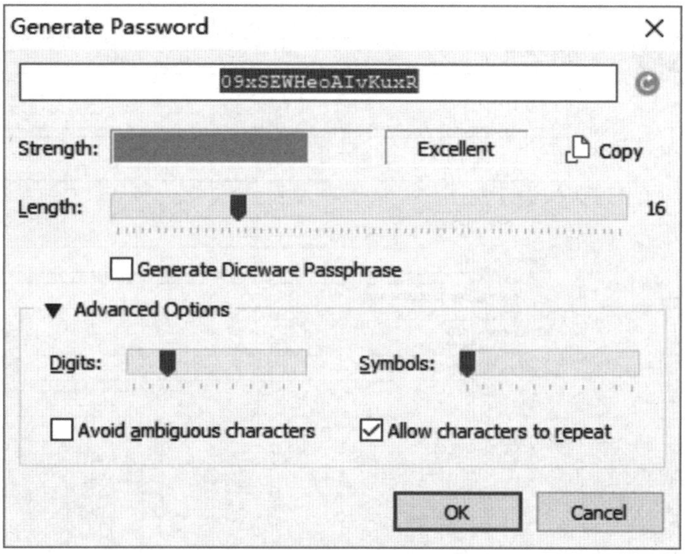

图 5.3.6　1Password 自动生成密码界面

还可以根据自身需求选择添加其他类型的账号和密码，例如信用卡账号，选择“New Item”→“Wallet Item” →“Credit Card”。根据字段内容依次填入信用卡信息即可，如图 5.3.7所示。

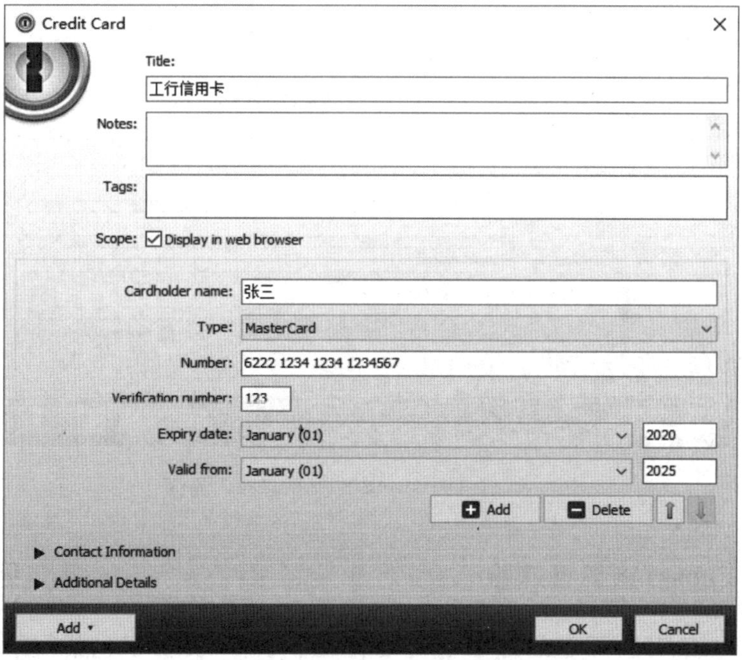

图 5.3.7　1Password 信用卡信息录入界面

此外，比较常用的还有电子邮箱账号、FTP 账号、数据库账号、服务器账号等。如图 5.3.8和图 5.3.9 所示。

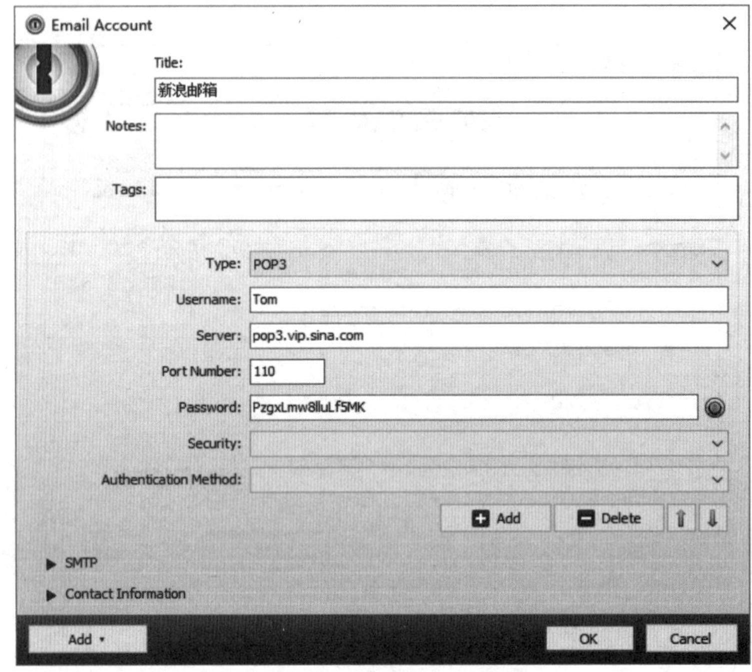

图 5.3.8　1Password 电子邮箱信息录入界面

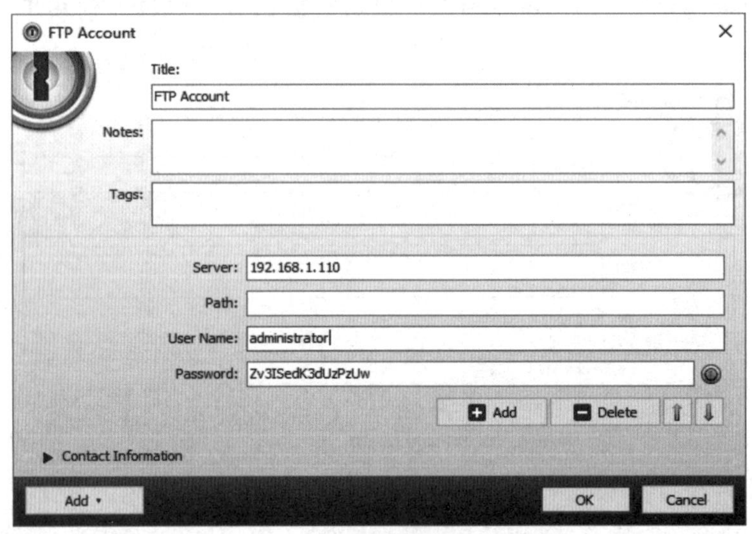

图 5.3.9　1Password FTP 信息录入界面

5.3.2　Enpass 密码管理器

Enpass 是一款安全可靠的跨平台密码管理器软件，提供了包括 Windows、Mac、Linux 以及 iOS、Android 在内的几乎所有平台的客户

端，并且提供主流浏览器的一键登录扩展，基本能覆盖所有的密码应用场景。借助 Enpass 可以轻松管理所有的账号密码，只需记住一个主密码。EnPass 的浏览器扩展、移动版客户端都可以支持一键填写账号密码、一键登录，支持网页表单填写；可以同步密码数据；可以生成各种安全复杂的密码；可以保存、银行账号、证件信息等各种机密信息；支持添加文件附件加密；支持数据备份/恢复；支持从其他密码管理器导入数据等。Enpass 安全性高，所有数据都经过 AES-256 bit 算法加密。最重要的是 Enpass 支持 WebDAV 协议，可以把密码数据存储在自己的 NAS 网络存储器上，进而实现所有设备上都能同步自己的密码。这一功能安全实用，相对于把用户密码数据存储在公有云上的密码管理软件，虽然都是以加密方式存储用户密码，但是会使用户在心理上感觉更加安全。

软件下载地址：https://www.enpass.io/downloads/。

下面以 Windows PC 端为例进行介绍，移动端安卓版本和 iOS 版本可在 APP 应用商店里直接搜索 Enpass 后下载安装。PC 端下载完成后首先进行安装，如图 5.3.10 所示。

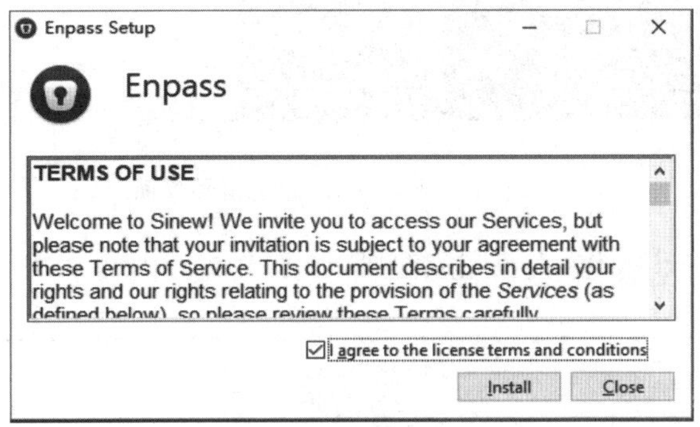

图 5.3.10 Enpass 安装界面

安装完成后进行注册，选择“I am a New User”（我是新用户），如图 5.3.11 所示。

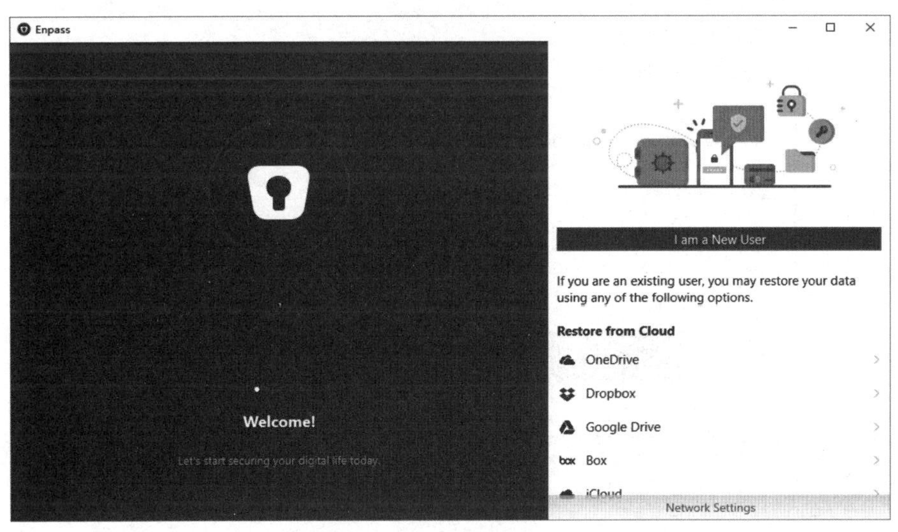

图 5.3.11 Enpass 注册界面

接下来设置主密码，根据密码的构造方法，主密码的设置要具有一定的强度和复杂度，务必要保管好，如图 5.3.12 所示。

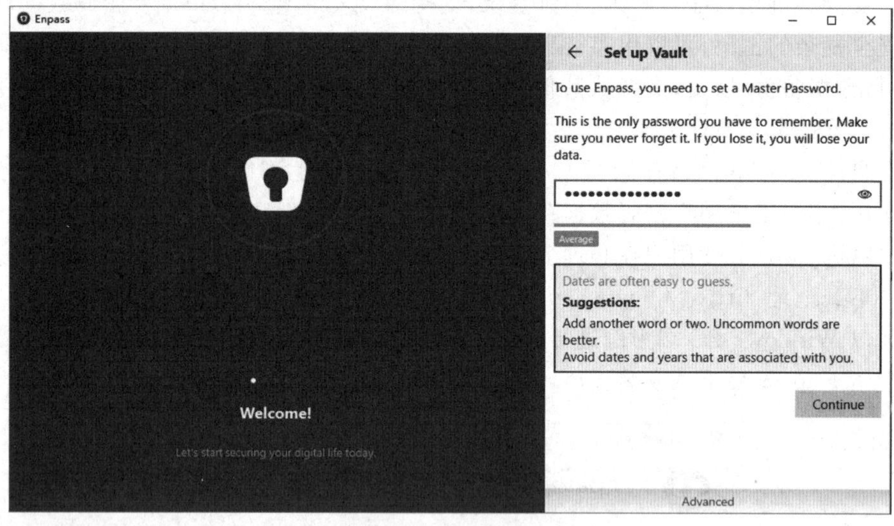

图 5.3.12　Enpass 设置主密码界面

根据提示进行下一步操作，直至完成注册，如图 5.3.13 所示。

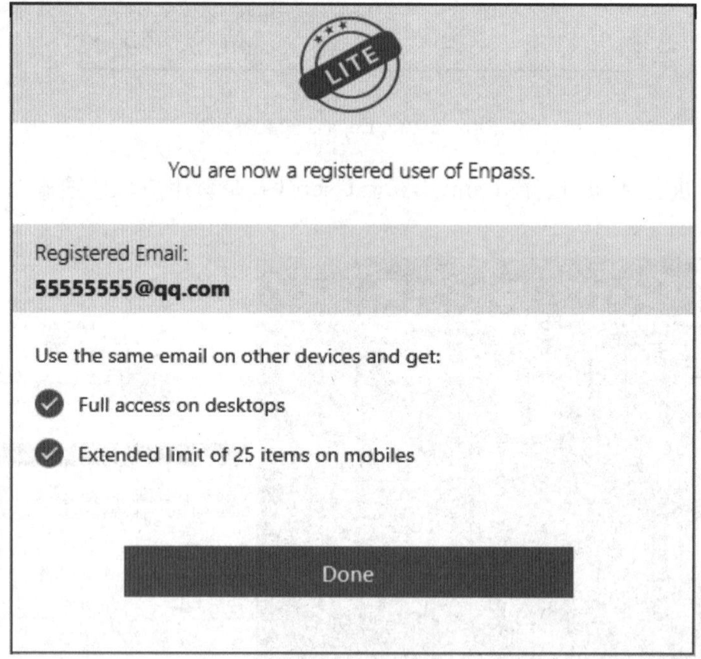

图 5.3.13　Enpass 注册完成界面

注册完成后，进入 Enpass 主界面，可点击界面右上角的“Settings”按钮，在 Settings→Advanced→Language 的下拉框中选择“中文（简体中文）”，可将语言设置成中文，如图 5.3.14至图 5.3.16 所示。

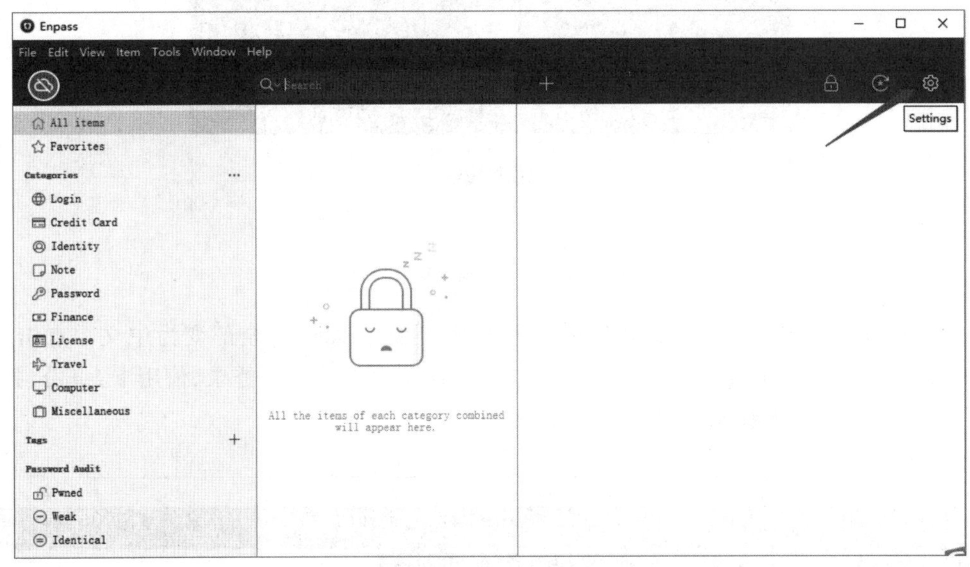

图 5.3.14　Enpass 主界面

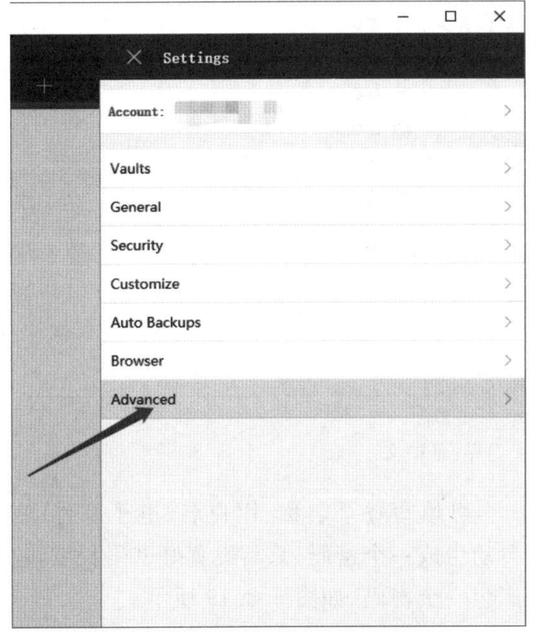

图 5.3.15　Enpass 设置菜单界面

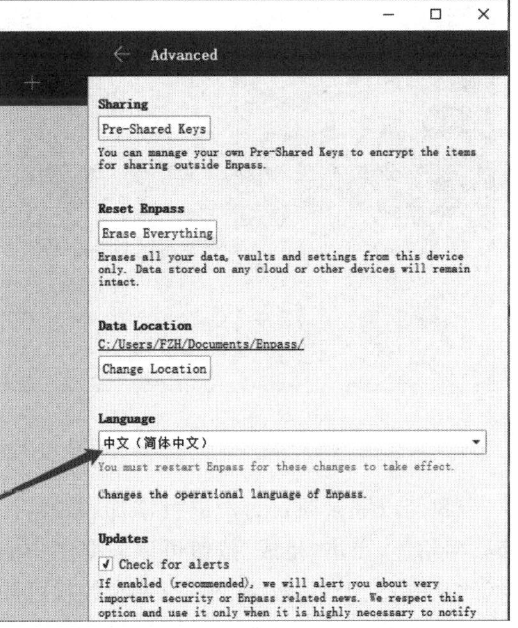

图 5.3.16　Enpass 高级菜单界面

设置完成后，退出重新启动程序，进入登录界面输入之前设置的主密码。如图 5.3.17 所示。

图 5.3.17　Enpass 登录界面

输入正确的密码后点击解锁按钮进入主界面，此时界面语言全部变为中文。点击中间的“+”按钮可以添加项目，如图 5.3.18 所示。默认账户类别分为登录、信用卡、身份、备注、密码、财务、许可证、旅游、电脑和杂项共计十种。

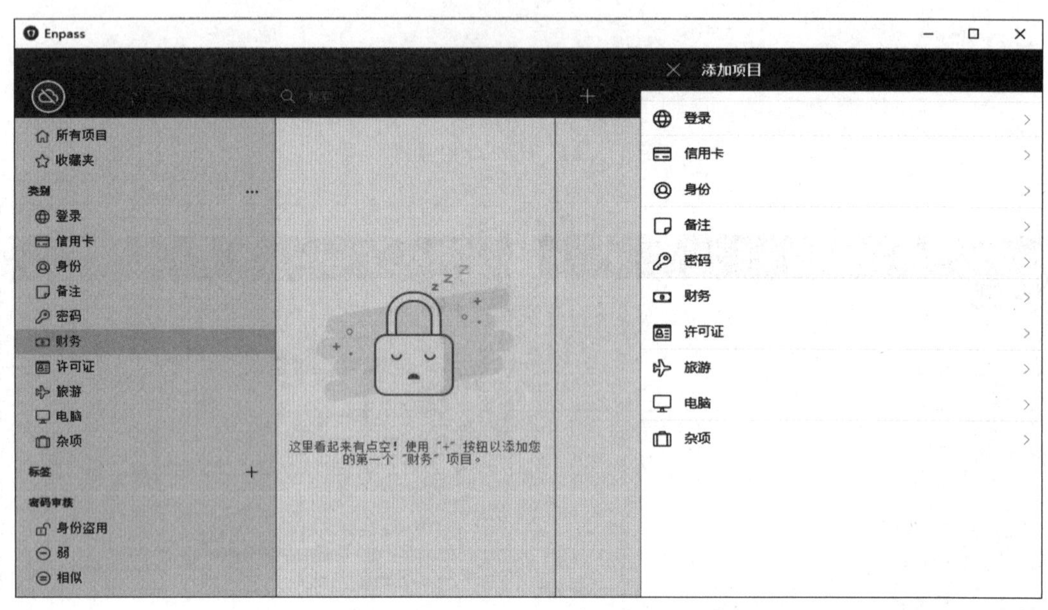

图 5.3.18　Enpass 主界面(中文)

我们以登录项目为例进行添加，根据字段内容可填写登录名称、用户名、电子邮件、密码、网站等，点击“生成”按钮可以根据用户需求自动生成一个密码，只需设置好密码长度，包括的字符集(大写、数字、符号)等参数就可随机产生一个密码，如图 5.3.19 所示。

图 5.3.19 生成密码参数设置界面

5.4 MD5 算法介绍

5.4.1 算法概述

MD5 即 Message-Digest Algorithm 5(信息—摘要算法 5),是一种单向函数,即加密后不能解密,不存在解密函数,是一类比较特殊的"非对称"加密应用,1991 年由 MIT Laboratory for Computer Science(IT 计算机科学实验室)和 RSA Data Security Inc(RSA 数据安全公司)的 Ronald L. Rivest 教授开发出来。MD5 以 512 位分组来处理输入的信息,且每一分组又被划分为 16 个 32 位子分组,经过一系列的处理后,算法的输出由 4 个 32 位分组组成,将这 4 个 32 位分组级联后将生成 1 个 128 位散列值。该算法常用于用户密码验证和密码的保存,即将用户的密码通过 MD5 加密算法处理后,得到一串密文(MD5 值)保存到数据库中;当用户下次登录时,输入密码后同样通过 MD5 算法处理后生成一串密文,如果该密文与之前保存在数据库中的密文一致,就证明密码正确,否则密码错误;这样做的好处是,即使数据库被入侵,用户的原始密码也是不可见的。

MD5 算法的特点:

(1)压缩性:任意长度的数据,算出的 MD5 值长度都是固定的。

(2)容易计算:从原数据计算出 MD5 值很容易(经常用于密码的验证与存储)。

(3)抗修改性:对原数据进行任何改动,哪怕只修改 1 个字节,所得到的 MD5 值都有很大区别。

(4)强抗碰撞:已知原数据和其 MD5 值,想找到一个具有相同 MD5 值的数据(即伪造数据)是非常困难的。

5.4.2 实现步骤

1. 信息填充

首先需要对明文信息进行填充,使其位长度对 512 求余的结果等于 448。因此,信息的位长度(Bits Length)将被扩展至 $N \times 512 + 448$。然后,再在这个结果后面附加一个以 64 位二进制表示的填充前信息长度。经过这两步的处理后,信息字节长度为 $N \times 512 + 448 + 64 = (N+1) \times 512$,长度恰好是 512 的整数倍。

2. 设置初始值

将填充后的信息按每 512 位分为一块(Block),每块按 32 位为一组划分成 16 个分组,即 $M_i = M_{i0}, M_{i1}, M_{i2}, \cdots, M_{i15}$ $(i = 1 \sim N)$。

MD5 算法在计算时会用到 4 个 32 位被称作链接变量(Chaining Variable)的整数参数,它们始终参与运算并形成最终的散列值,4 个变量(16 进制)分别为:

$A = 0x01234567$　　　　$B = 0x89abcdef$

$C = 0xfedcba98$　　　　$D = 0x76543210$

当设置好这 4 个链接变量后,就开始进入算法的 4 轮循环运算。循环的次数是信息中 512 位信息分组的数目。

3. 循环加工

主循环有 4 轮,每轮循环都很相似,一轮进行 16 次操作。首先将上面 4 个链接变量复制到另外 4 个变量中:A 到 a,B 到 b, C 到 c,D 到 d。每次操作对 a、b、c 和 d 中的其中 3 个作一次非线性函数运算,然后将所得结果加上第四个变量,一个子分组和一个常数。再将所得结果向右环移一个不定的数,并加上 a、b、c 或 d 中之一,最后用该结果取代 a、b、c 或 d 中之一。

分别对每一块信息进行 4 轮计算(即主循环),每轮定义一个非线性函数:

$F(X,Y,Z) = (X \& Y) \mid ((\sim X) \& Z)$;

$G(X,Y,Z) = (X \& Z) \mid (Y \& (\sim Z))$;

$H(X,Y,Z) = X \hat{} Y \hat{} Z$;

$I(X,Y,Z) = Y \hat{} (X \mid (\sim Z))$;

(&:与,|:或,~:非,^:异或)

在主循环下面的 64 次子循环操作中,F、G、H、I 交替使用,第一轮进行 16 次操作,每次操作对 a,b,c,d 中的三个变量作一次非线性函数运算,然后将所得的结果与第 4 个变量、信息的一个分组 M_j 和一个常数 t_i 相加。再将所得的结果循环左移一个不定数 s,并加上 a,b,c,d 中的一个变量。如图 5.4.1 所示。

$FF(a,b,c,d,M_j,s,t_i)$表示 $a = b + ((a + F(b,c,d) + M_j + t_i) <<< s)$

$GG(a,b,c,d,M_j,s,t_i)$表示 $a = b + ((a + G(b,c,d) + M_j + t_i) <<< s)$

$HH(a,b,c,d,M_j,s,t_i)$表示 $a = b + ((a + H(b,c,d) + M_j + t_i) <<< s)$

$II(a,b,c,d,M_j,s,t_i)$表示 $a = b + ((a + I(b,c,d) + M_j + t_i) <<< s)$

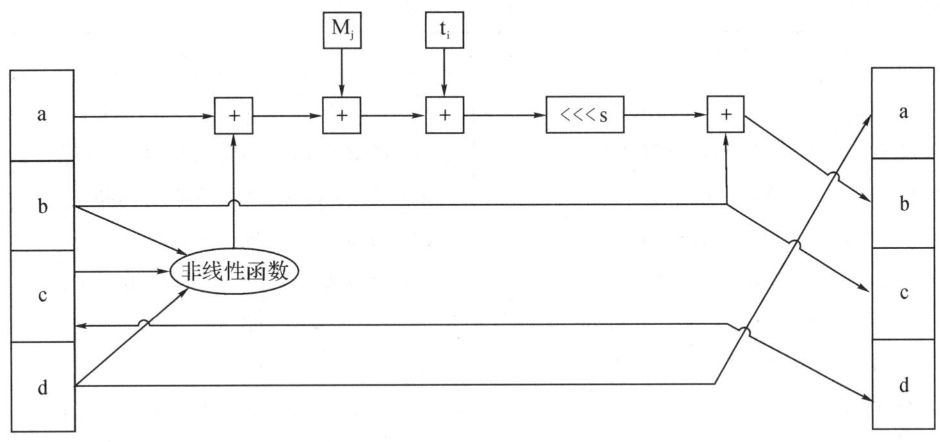

图 5.4.1 MD5 子循环操作

在第 i 步中，常数 t_i 取值为 $2^{32}\times abs(\sin(i))$ 的整数部分。这样就可以得到如下 4 轮共 64 步操作。

第一轮	第二轮
$a=FF(a,b,c,d,M_0,7,$0xd76aa478)	$a=GG(a,b,c,d,M_1,5,$0xf61e2562)
$b=FF(d,a,b,c,M_1,12,$0xe8c7b756)	$b=GG(d,a,b,c,M_6,9,$0xc040b340)
$c=FF(c,d,a,b,M_2,17,$0x242070db)	$c=GG(c,d,a,b,M_{11},14,$0x265e5a51)
$d=FF(b,c,d,a,M_3,22,$0xc1bdceee)	$d=GG(b,c,d,a,M_0,20,$0xe9b6c7aa)
$a=FF(a,b,c,d,M_4,7,$0xf57c0faf)	$a=GG(a,b,c,d,M_5,5,$0xd62f105d)
$b=FF(d,a,b,c,M_5,12,$0x4787c62a)	$b=GG(d,a,b,c,M_{10},9,$0x02441453)
$c=FF(c,d,a,b,M_6,17,$0xa8304613)	$c=GG(c,d,a,b,M_{15},14,$0xd8a1e681)
$d=FF(b,c,d,a,M_7,22,$0xfd469501)	$d=GG(b,c,d,a,M_4,20,$0xe7d3fbc8)
$a=FF(a,b,c,d,M_8,7,$0x698098d8)	$a=GG(a,b,c,d,M_9,5,$0x21e1cde6)
$b=FF(d,a,b,c,M_9,12,$0x8b44f7af)	$b=GG(d,a,b,c,M_{14},9,$0xc33707d6)
$c=FF(c,d,a,b,M_{10},17,$0xffff5bb1)	$c=GG(c,d,a,b,M_3,14,$0xf4d50d87)
$d=FF(b,c,d,a,M_{11},22,$0x895cd7be)	$d=GG(b,c,d,a,M_8,20,$0x455a14ed)
$a=FF(a,b,c,d,M_{12},7,$0x6b901122)	$a=GG(a,b,c,d,M_{13},5,$0xa9e3e905)
$b=FF(d,a,b,c,M_{13},12,$0xfd987193)	$b=GG(d,a,b,c,M_2,9,$0xfcefa3f8)
$c=FF(c,d,a,b,M_{14},17,$0xa679438e)	$c=GG(c,d,a,b,M_7,14,$0x676f02d9)
$d=FF(b,c,d,a,M_{15},22,$0x49b40821)	$d=GG(b,c,d,a,M_{12},20,$0x8d2a4c8a)

续表

第三轮	第四轮
$a=HH(a,b,c,d,M_5,4,0xfffa3942)$	$a=II(a,b,c,d,M_0,6,0xf4292244)$
$b=HH(d,a,b,c,M_8,11,0x8771f681)$	$b=II(d,a,b,c,M_7,10,0x432aff97)$
$c=HH(c,d,a,b,M_{11},16,0x6d9d6122)$	$c=II(c,d,a,b,M_{14},15,0xab9423a7)$
$d=HH(b,c,d,a,M_{14},23,0xfde5380c)$	$d=II(b,c,d,a,M_5,21,0xfc93a039)$
$a=HH(a,b,c,d,M_1,4,0xa4beea44)$	$a=II(a,b,c,d,M_{12},6,0x655b59c3)$
$b=HH(d,a,b,c,M_4,11,0x4bdecfa9)$	$b=II(d,a,b,c,M_3,10,0x8f0ccc92)$
$c=HH(c,d,a,b,M_7,16,0xf6bb4b60)$	$c=II(c,d,a,b,M_{10},15,0xffeff47d)$
$d=HH(b,c,d,a,M_{10},23,0xbebfbc70)$	$d=II(b,c,d,a,M_1,21,0x85845dd1)$
$a=HH(a,b,c,d,M_{13},4,0x289b7ec6)$	$a=II(a,b,c,d,M_8,6,0x6fa87e4f)$
$b=HH(d,a,b,c,M_0,11,0xeaa127fa)$	$b=II(d,a,b,c,M_{15},10,0xfe2ce6e0)$
$c=HH(c,d,a,b,M_3,16,0xd4ef3085)$	$c=II(c,d,a,b,M_6,15,0xa3014314)$
$d=HH(b,c,d,a,M_6,23,0x04881d05)$	$d=II(b,c,d,a,M_{13},21,0x4e0811a1)$
$a=HH(a,b,c,d,M_9,4,0xd9d4d039)$	$a=II(a,b,c,d,M_4,6,0xf7537e82)$
$b=HH(d,a,b,c,M_{12},11,0xe6db99e5)$	$b=II(d,a,b,c,M_{11},10,0xbd3af235)$
$c=HH(c,d,a,b,M_{15},16,0x1fa27cf8)$	$c=II(c,d,a,b,M_2,15,0x2ad7d2bb)$
$d=HH(b,c,d,a,M_2,23,0xc4ac5665)$	$d=II(b,c,d,a,M_9,21,0xeb86d391)$

4. 输出结果

当全部信息处理完成后，将 A、B、C、D 分别加上 a、b、c、d。然后用下一分组数据继续运行算法，最后的输出是 A、B、C 和 D 的级联，即得到了 MD5 处理的结果。

5.4.3 应用实例

下面以一款 MD5 值计算工具(Md5Checker)为例，对 MD5 的应用进行说明。该软件可在 http://getmd5checker.com/download 下载，无需安装，解压后直接运行，工作界面如图 5.4.2 所示。

该软件在使用时，将选定的一个或多个文件拖拽到工作区，文件对应的 MD5 值马上就会显示出来。为了说明 MD5 值的特点，我们建立一个名为“测试 MD5. TXT”的文件，文件内容为“计算机信息的加密与解密 A”，计算这个文件的 MD5 值为：D8FD20EC1A7B3A6982508B24757EA533。单击“保存”按钮后在第 4 列(保存的 MD5 值)显示，如图 5.4.3 所示。

将文件“测试 MD5. TXT”的“计算机信息的加密与解密 A”改为“计算机信息的加密与解密 B”。“A”和“B”的 ASCII 值是“41H”和“42H”，二进制只有一位不同。计算其 MD5 值为：A2F22E6C735457664EED267A725AD282。当前 MD5 值与保存的 MD5 值相差极大。如图 5.4.4 所示。

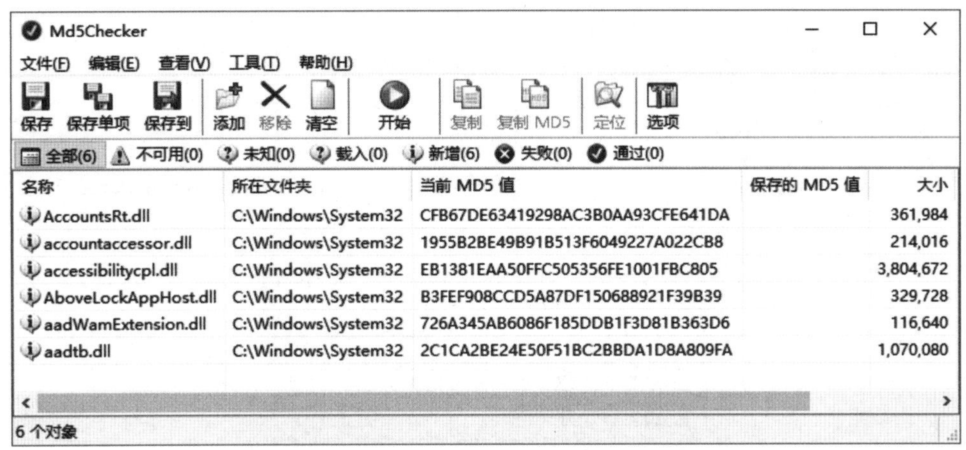

图 5.4.2　MD5 批量检验工具工作界面

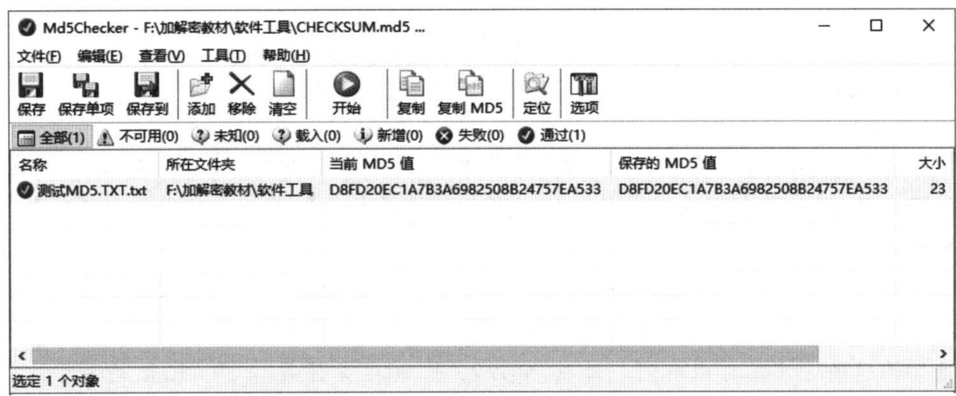

图 5.4.3　MD5 值的比对“符合”

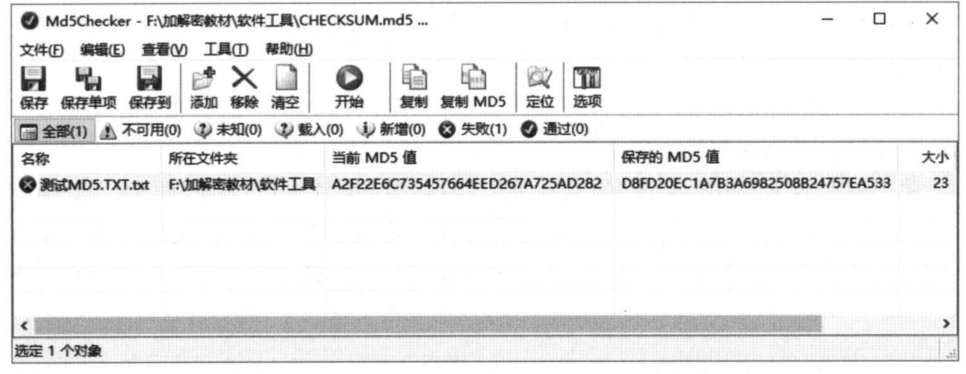

图 5.4.4　MD5 值的比对“不符合”

该软件还可选择“工具”菜单下的“MD5 值计算器”功能来计算输入字符串的 MD5 值，如图 5.4.5 所示。

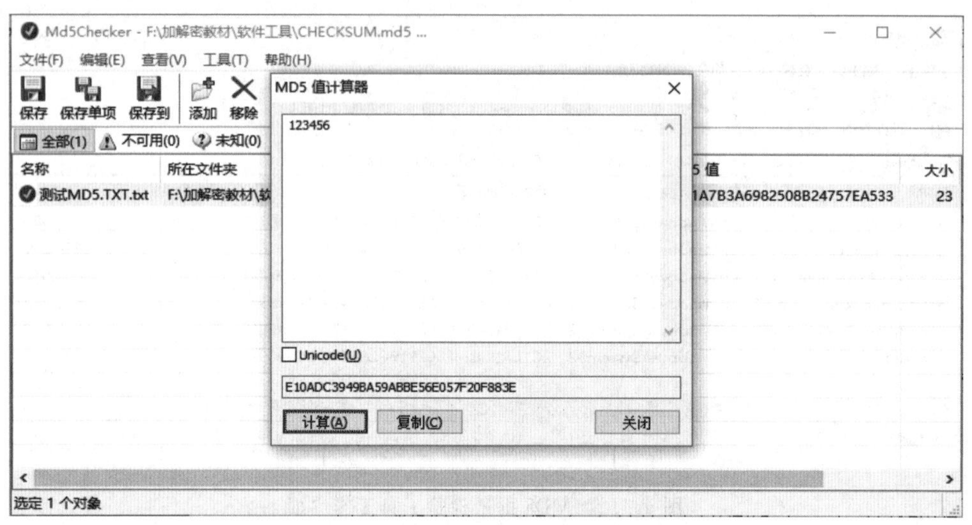

图 5.4.5 MD5 值计算器

本章小结

信息安全说到底是加解密问题，而加解密的算法又是公开的，其安全性主要依赖密码(钥)的安全性(非对称加密系统除外)，所以密钥的设置与管理是一个重中之重的问题，必须予以特别的关注。

强度高的密钥加密重要程度高的信息，强度低的密钥加密重要程度低的信息，所以密钥也要分等级。不同等级的密钥可采用不同的构造方法的组合来产生。

密钥构造的方法不可以类同，“母码”可以公开，构造方法要保密。记忆构造方法，要比记忆密钥容易得多。用工具管理密钥要比记忆在大脑里和记录在纸张可靠。

实训

1. 试用自己的生日和姓名的汉语拼音，按照书中介绍的构造方法，构造出 20 种用户密码，并说明构造的过程。

2. 写出自己的姓名的五笔输入法的编码，并用它构造一个 16 位的用户密码。

3. 为什么说密码很随机也并不好？

4. 建立一个名为“MD5 测试”的文件夹，内有名为“图片”和“文件”两个子文件夹。两个子文件夹分别存有若干个图片文件和文档文件。计算“MD5 测试”文件夹的 MD5 值得 M1。将子文件夹名“图片”改为“图片 a”再次计算“MD5 测试”文件夹的 MD5 值，并与 M1 比较。

第6章 系统密码技术

系统密码是信息安全的第一道“锁”，对于攻防双方都是非常重要的。系统密码一般是指硬件的BIOS密码和操作系统设置的密码及指纹识别密码。本章将详细介绍系统密码的设置和恢复技术。

6.1 BIOS密码的设置与破解

用户在使用计算机的过程中，都会接触到BIOS，它在计算机系统中起着非常重要的作用。计算机在开机时首先要执行CMOS(一种半导体)中的一个引导程序BIOS(Basic Input Output System)，由引导程序把系统分区的操作系统装入计算机的内存并运行之。BIOS密码的作用是确定BIOS能否继续运行，密码不正确BIOS不能继续执行，计算机就无法正常使用。

6.1.1 BIOS密码的设置

尽管不同的计算机厂商的BIOS系统有所不同，但BIOS密码保存的芯片和地址是一样的，设置BIOS密码的方法也基本类似。按下开机键或者重启电脑，在出现品牌Logo界面时立即按下Del键或F2功能键(不同计算机类型和品牌进入BIOS的热键各有不同)即可进入BIOS。

下面以Award BIOS为例介绍BIOS密码的设置方法。

(1)启动计算机，当BIOS检测完CPU和内存后屏幕上显示“Press DEL(F2) to enter SETUP,Esc to Skip Memory test”时按下DEL(F2)键，进入BIOS的设置主菜单。

(2)在BIOS主菜单中选择“Advanced BIOS Features”项，按回车键，进入“Advanced BIOS Features”设置界面。

(3)在“Advanced BIOS Features”设置界面中的“Security Option”项有两个值可供选择：“System”和“Setup”。选择“System”时启动计算机和进入BIOS设置菜单都需要密码。而选择“Setup”只是在进入BIOS时才需要密码，正常启动计算机不需要密码。“System和“Setup”的选择是通过“Page Up”和“Page Down”键实现的。

(4)按“ESC”键返回主菜单，选中“Set Supervisor Password”(设置超级密码)或“Set User Password”(设置用户密码)后按回车键，弹出密码输入框。输入完密码并在密码确认框中再次输入密码，即可完成BIOS密码的设置。

一台计算机可以“超级密码”和“用户密码”两种密码同时设置。当然一次只能设置一种密码。两种密码都可以正常启动计算机，但“用户密码”不能修改 BIOS 的设置，也就不能修改 BIOS 密码。而“超级密码”可以修改 BIOS 的所有设置。

(5)选择主菜单上的“Save & Exit Setup”或直接按“F10”键，屏幕上出现“Save to CMOS and EXIT(Y/N)? N”提示后按“Y”键退出 BIOS 设置菜单，所设密码生效。

6.1.2 建立命令文件破解 BIOS 密码

如果 BIOS 的“Secutity Option”(安全选项)选择的是“Setup”，则进入操作系统时并不需要密码。这种 BIOS 密码破除是比较简单的。

方法一

启动计算机。当系统自检结束，开始引导 Windows 时按下 F8 键，“Safe Mode Cmmand Prompt Only”(安全命令模式)。

进入 DOS 环境，建立一个名为 CL.COM 的文件。文件的内容为直接从键盘录入的二进制值，每一个数据都需要用“ALT”键配合。一个数据输入结束松开“ALT”键，然后再按下“ALT”键，输入下一个数据。在录入数据的过程中，屏幕会显示一些乱码，这与文件的作用无关，读者不必理会。录入的过程如下：

在 DOS 提示符下输入“COPY CON CLBIOS1.COM”，回车后进入编辑环境，在编辑环境理录入：ALT＋179、ALT＋55、ALT＋136、ALT＋216、ALT＋230、ALT＋112、ALT＋176、ALT＋32、ALT＋230、ALT＋113、ALT＋254、ALT＋195、ALT＋128、ALT＋251、ALT＋64、ALT＋117、ALT＋241、ALT＋195 后按 F6 或 CTRL＋Z，回车退出。

在 DOS 环境下，运行“CLBIOS1.COM”，把保存在 CMOS 中的 BIOS 参数清除掉，包括密码。

重新启动计算机，进入 BIOS 时就不需要密码了。这时要对 BIOS 的参数重新设置，主要是日期和时间。

方法二

启动计算机。当系统自检结束，开始引导 Windows 时按下 F8 键，“Safe Mode Cmmand Prompt Only”(安全命令模式)。

在 DOS 提示符下输入“COPY CON CLBIOS2.COM”，回车后进入编辑环境，在编辑环境理录入：ALT＋176、ALT＋17、ALT＋230、p、ALT＋176、ALT＋20、ALT＋230、q、ALT＋205、“空格”后按 F6 或 CTRL＋Z，回车退出。

在 DOS 环境下，运行“CLBIOS2.COM”，把保存在 CMOS 中的 BIOS 参数清除掉，包括密码。

重新启动计算机，进入 BIOS 时就不需要密码了。这时要对 BIOS 的参数重新设置，主要是日期和时间。

6.1.3 Debug 破解法

在 DOS 中提供了一个编辑器，就是 Debug，这是一个非常实用的工具，启动方法是：在 DOS 命令提示符状态下输入命令：Debug，此时即可进入 Debug 编辑状态。注意：64 位 Windows 系统(Windows7、Windows8、Windows10 等)没有 Debug 程序。

在命令符状态下输入命令后,重新启动电脑即可清除 CMOS 密码,下面给出 6 个清除 CMOS 密码的命令行:

方法一	方法二
-o 70 16	-o 70 10
-o 71 16	-o 70 ff
-q	-q
方法三	**方法四**
-o 70 10	-o 70 23
-o 71 10	-o 71 34
-q	-q
方法五	**方法六**
-o 70 18	-o 70 21
-o 71 18	-o 71 20
-q	-q

这些方法在清除了密码的同时也清除了其他参数,重新启动后也要重新设置 BIOS 参数。

Debug 破解方法的原理是往 CMOS 的 70 和 71 两个端口输入数据,破坏 CMOS 里的数据,从而清除 BIOS 的密码。

6.1.4 软件破解法

软件破解法就是使用软件工具,连续不断地测试 BIOS 密码。在网络上可以找到很多免费的 BIOS 密码破解工具,有兴趣的读者可以下载尝试。下面介绍一款名为 cmos cracker 的免费软件,该软件可通过网站 https://www.jb51.net/softs/567314.html? pc 下载。使用非常方便,具体步骤如下:

下载后打开压缩包,双击可执行文件“破解 cmos 密码的绿色小软件”,弹出 coms cracker 工作界面如图 6.1.1 所示。

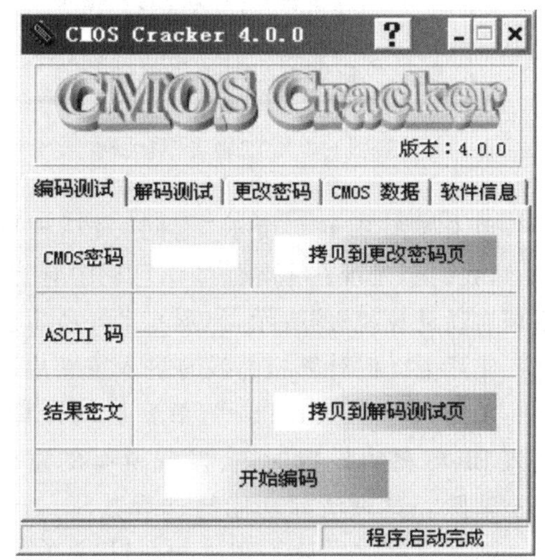

图 6.1.1 COMS Cracker 工作界面

在如图 6.1.1 CMOS Cracker 工作界面中有 5 个卡,由于版本的关系,只有“更改密码”卡对所有的 CMOS 密码有效。选中“更改密码”卡如图 6.1.2 所示。

在如图 6.1.2 所示的“更改密码”卡中,选中“1CH-1DH [Supervisor Password]”或“60H-61H [User Password]”;在“更新密码”文本框中输入任意字符串,如“123”;如图 6.1.3 所示。

图 6.1.2 “更改密码”卡

图 6.1.3 更改密码的设置

单击图 6.1.3 中“写入 CMOS”钮，弹出如图 6.1.4 所示的“警告”对话框。单击“警告”对话框中的“是”，弹出如图 6.1.5 所示的“询问”对话框。

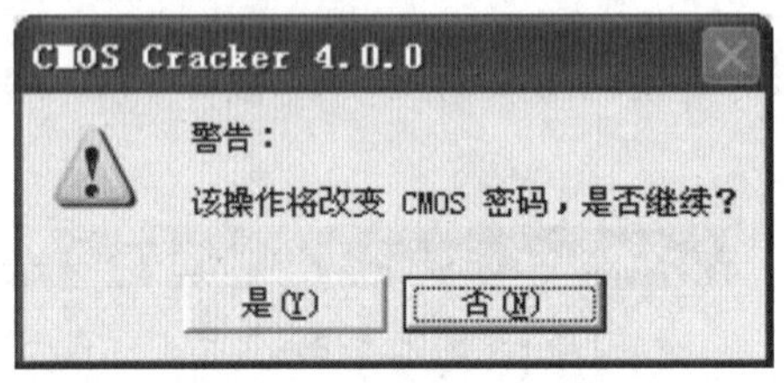

图 6.1.4 “警告”对话框

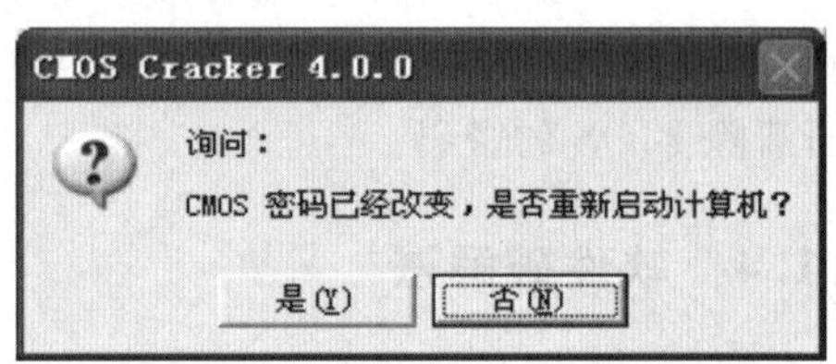

图 6.1.5 “询问”对话框

单击如图 6.1.5 所示“询问”对话框中的“是”，我们会发现在主界面的消息栏中有“正在重新启动计算机”的提示，如图 6.1.6 所示。

实际上此时计算机并没有进入重新启动操作。关闭“CMOS Cracker”，重新启动计算机，进入 BIOS 密码设置时，会发现所有的密码都已被清除。这种清除功能与选择“[Superviser Password]”还是“[User Password]”无关。

图 6.1.6 “正在重新启动计算机”

6.1.5 硬件放电法

硬件放电法就是将 CMOS 的电源断掉，使 CMOS 的数据全部丢失。这种方法不需要进入操作系统，就可以清除“超级密码”，比其他方法更直接、更彻底。

首先将计算机关机，将电源线拔下。然后打开主机箱，找到主板上的电池，如图 6.1.7 所示。

将电池从主板上取下，等上一段时间，CMOS 将因断电而失去内部储存的一切信息。

有时为了加快放电的速度，在电池取下后，将正负极短路。短路的方法有多种，最简单的就是，将电池反向装上，如图 6.1.8 所示。

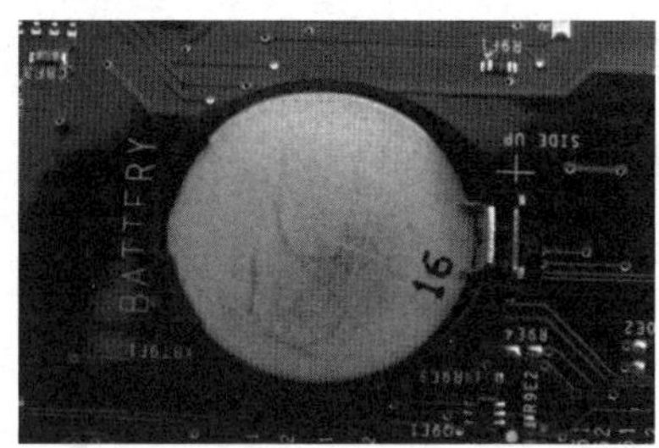

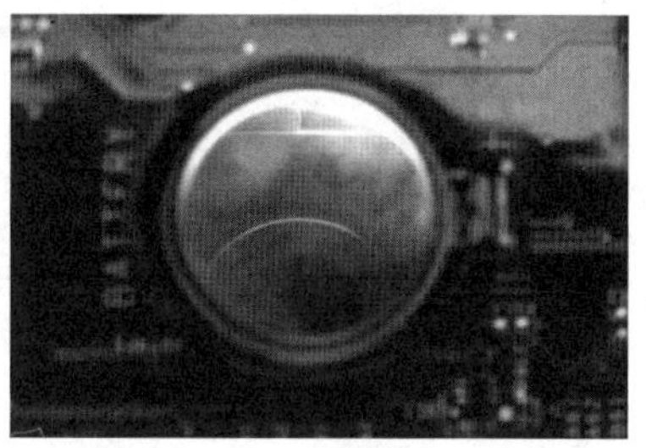

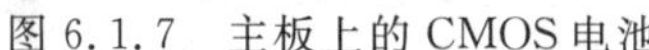
图 6.1.7　主板上的 CMOS 电池　　　　图 6.1.8　电池反向装上

一两分钟之后，再将电池取下正向装好。合上机箱，再将电源接通。由于 CMOS 已是一片空白，它将不再要求输入密码，此时可以进入 BIOS 设置各种参数，别忘了重新设置日期和时间参数。

6.2　操作系统密码的设置

系统密码是最常用的计算机安全措施之一。一般有系统管理员和用户两个级别，系统管理员可以修改用户密码，我们这里主要讨论系统管理员密码的设置与恢复问题。

6.2.1　Windows10 系统密码的设置

(1)在“开始”菜单上，点击“设置”按钮，如图 6.2.1 所示。

图 6.2.1　Windows10“开始”菜单

(2)在 Windows 设置窗口中选择“账户”,如图 6.2.2 所示。

图 6.2.2　Windows 设置窗口

(3)选择账户菜单下的登录选项,点击右侧的密码“添加”按钮,如图 6.2.3 所示。

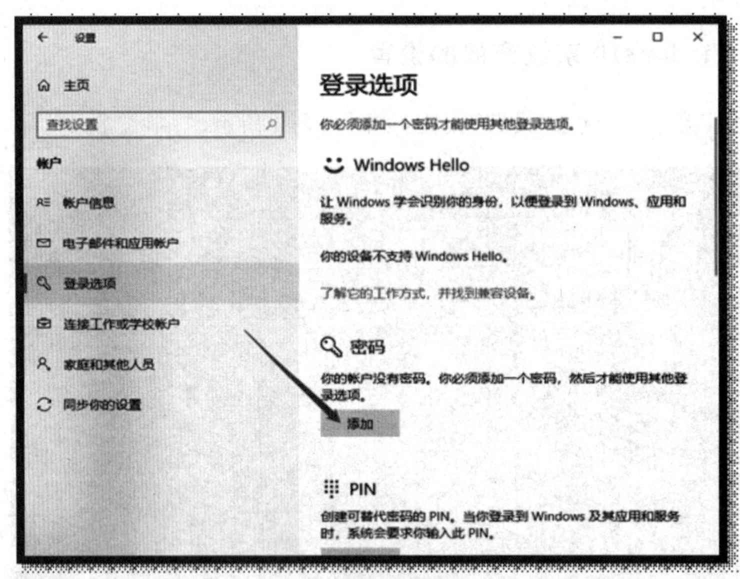

图 6.2.3　Windows10 登录选项

(4)输入自己要设置的“密码”和“密码提示”,完成后点击“下一步”按钮,如图 6.2.4 所示。

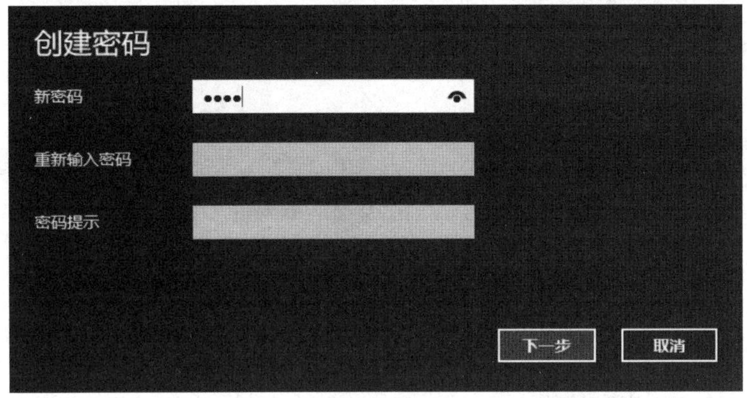

图 6.2.4　Windows 10 创建密码窗口

(5)创建密码成功后点击“完成”按钮,如图 6.2.5 所示。

图 6.2.5　创建密码完成

(6)按“Windows 键+L 键”,弹出 Windows 登录窗口,说明设置密码成功了。

6.2.2　Windows10 系统密码的重置

(1)打开控制面板,点击“设置”按钮,如图 6.2.6 所示。

(2)在“用户账户”中选择“创建密码重置盘”,如图 6.2.7 所示。

(3)进入“忘记密码”向导,准备好 U 盘存储密码恢复信息,点击“下一步”按钮,如图 6.2.8所示。

(4)在驱动器中选择要创建密码秘钥盘的盘符,然后点击“下一步”按钮。如图 6.2.9 所示。

(5)在“忘记密码向导”对话框中输入当前用户密码,然后点击“下一步”按钮。如图 6.2.10所示。

(6)等待创建密码重置盘进度完成,然后点击“下一步”按钮。如图 6.2.11 所示。

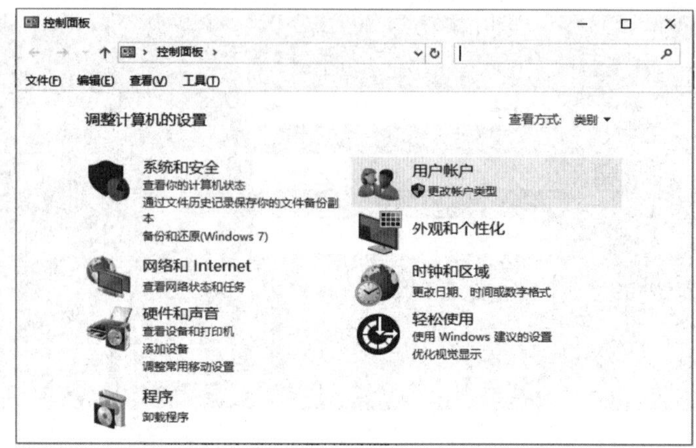

图 6.2.6　Windows10 控制面板窗口

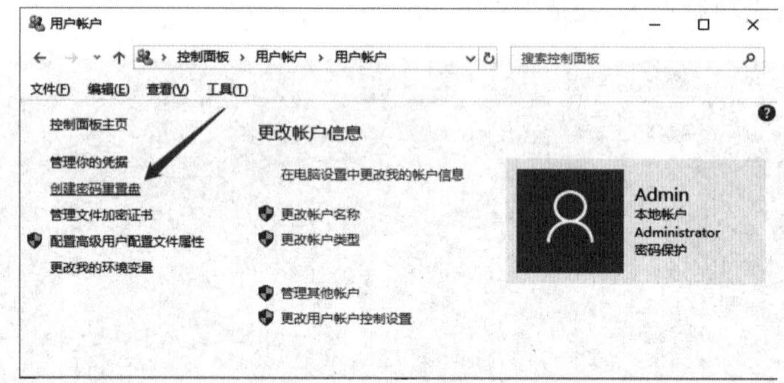

图 6.2.7　用户账户窗口

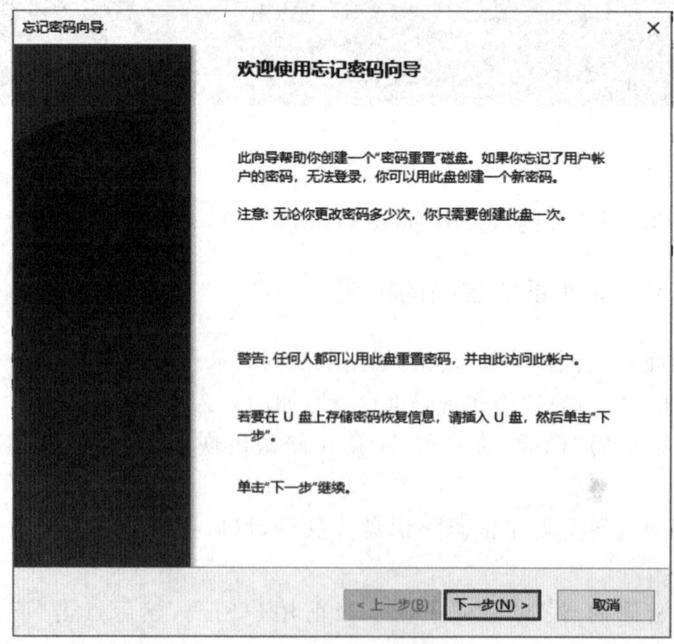

图 6.2.8　“忘记密码”向导

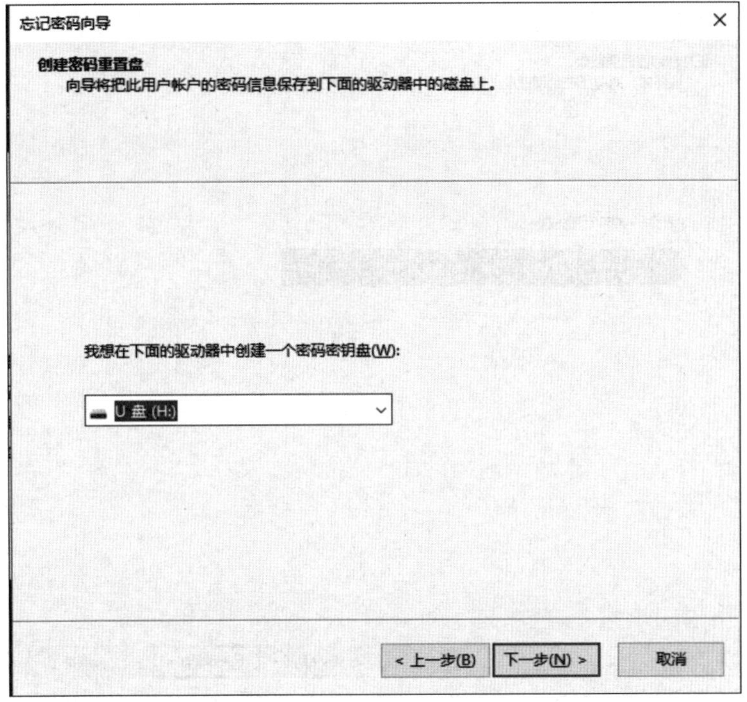

图 6.2.9　选择 U 盘盘符

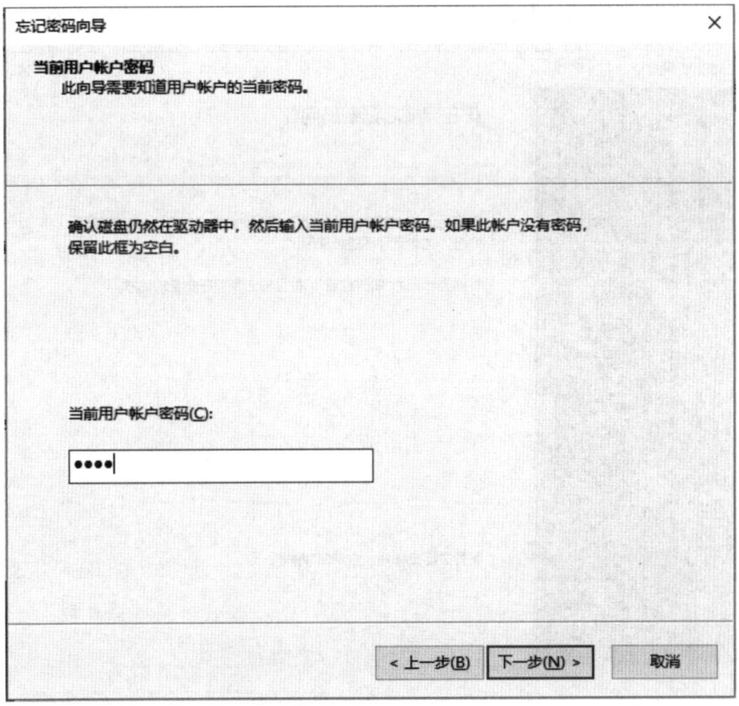

忘记密码向导

当前用户帐户密码

此向导需要知道用户帐户的当前密码。

确认磁盘仍然在驱动器中，然后输入当前用户帐户密码。如果此帐户没有密码，保留此框为空白。

当前用户帐户密码(C):

●●●●

< 上一步(B)　下一步(N) >　取消

图 6.2.10　输入当前用户密码

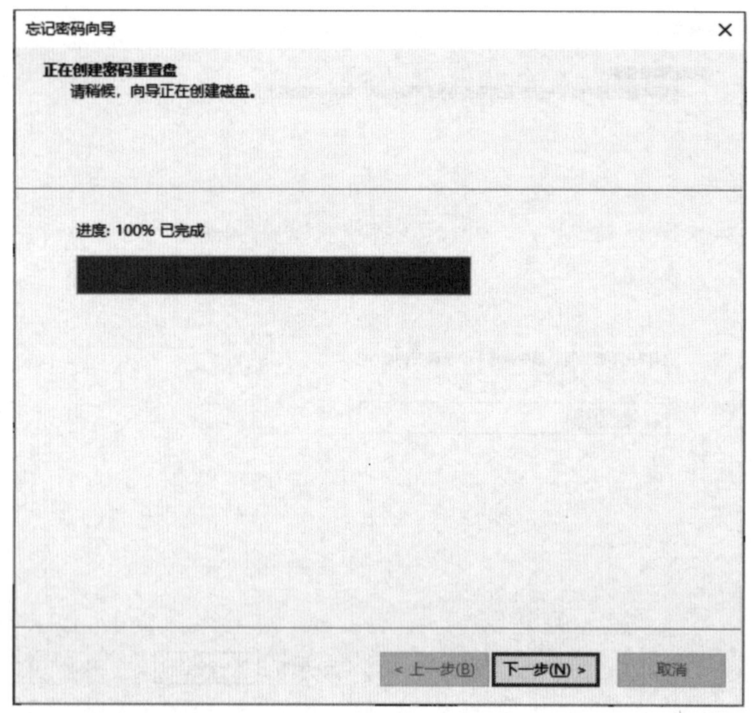

图 6.2.11　创建密码重置盘进度窗口

(7)创建密码重置盘完成,点击“完成”按钮技术向导。如图 6.2.12 所示。

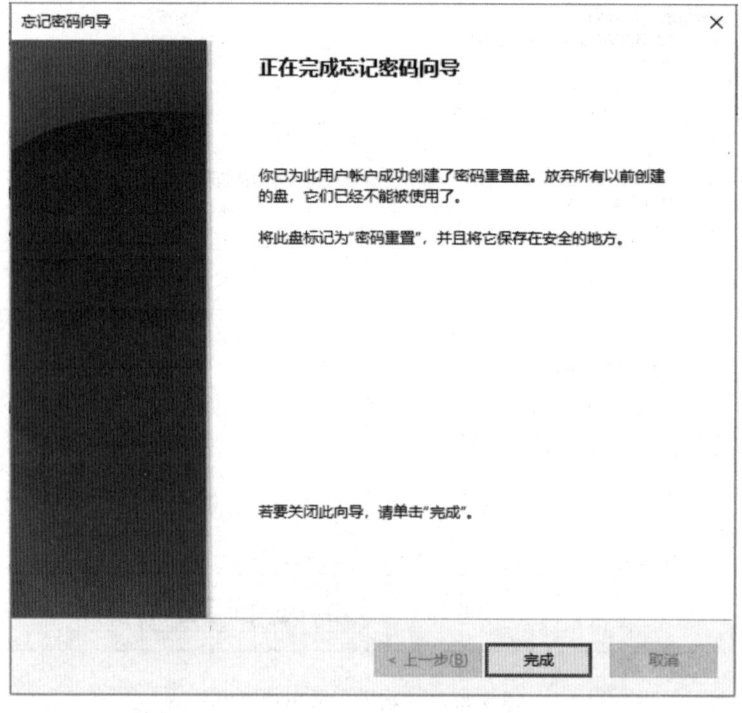

图 6.2.12　完成忘记密码向导

(8)查看U盘发现在根目录中新建了一个名为“userkey. psw”的文件,文件大小约1.5KB。按“Windows键+L键”重新登录系统,如果密码输入错误一次,下方就会出现“重置密码”按钮,此时,插入上面创建好的密码重置盘,点击“重置密码”按钮,根据提示向导即可重新设置登录密码。

6.2.3 命令行方式创建用户和设置密码

首先需要以管理员身份运行命令提示符,具体操作如图6.2.13所示。

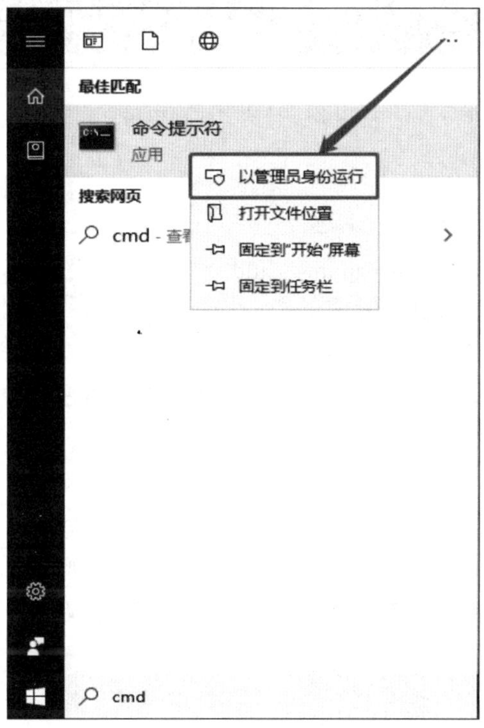

图6.2.13 Windows10控制面板窗口

1. 使用命令行的方式创建用户和设置密码

net user username password /add

例如,建立一个名为zjjy、密码为abc123的用户,结果如图6.2.14所示。

net user zjjy abc123 /add

2. 使用命令行修改旧账户的密码

net user username password

例如,将用户zjjy的密码设置为xyz456。

net user zjjy xyz456

3. 使用命令行的方式创建本地组

net localgroup groupname /add

例如,添加一个名为teams的组。

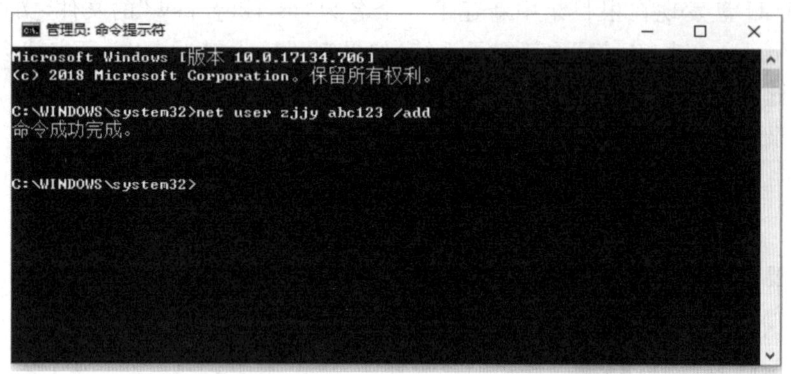

图 6.2.14　使用命令行的方式创建用户和设置密码

net localgroup teams /add

4. 使用命令行的方式加为本地组

net localgroup groupname username /add

例如，将用户名 zjjy 加入到 administrators 组中。

net localgroup administrators zjjy /add

以上所述是以 Windows 命令行的方式创建用户和设置密码。

本章小结

BIOS 密码是进入计算机的第一道锁，操作系统密码则是第二道锁，掌握好这两种密码的设置方法能够大大提高计算机的安全性。不同类型和不同品牌的计算机在设置 BIOS 密码时稍有差异，可以参考主板附带的说明书，即使没有纸质说明书也不要紧，各大主板厂商都有电子版的可以参考。

实训

1. 在自己的台式电脑或笔记本电脑上设置 BIOS 密码。
2. 尝试破解自己之前设置的 BIOS 密码。
3. 在自己的台式电脑或笔记本电脑上设置操作系统登录密码。
4. 尝试清除自己之前设置的操作系统登录密码。

第7章 非对称加密技术

非对称加密技术包括公钥密码系统和单向加密系统。非对称加密技术是现代信息安全的主要基础，已有多方面的成熟应用。本章重点介绍 MD5、PGP 两款软件的使用方法和 CA 的构建技术。MD5 和 PGP 只是两款应用软件，比较容易掌握，而 CA 则是一个系统，要多一些时间和多人配合才能完成搭建任务。除了技术以外，重点理解单向函数和公钥私钥对应用原理。

7.1 非对称加密技术简介

7.1.1 概述

非对称加密技术经过 30 多年的发展，已经被成功地应用在信息安全的各方面，是网络安全的基础。早期的加密系统应用的是对称加密理论，加密密钥和解密密钥可以互相推导，甚至就是一个密钥，密钥的传送依靠一个秘密的安全通道。对称加密的安全性依赖于密钥的安全性，泄露密钥意味着信息失去了机密性。对称加密理论的发展，解决不了对密钥安全的依赖，也解决不了密钥的分配和管理等问题。

1976 年，Whitfield Diffie 和 Martin Hellman 提出了公钥理论，奠定了 PKI(Public Key Infrastructure)体系的基础。PKI，即“公开密钥系统”，是利用现代密码学中的公开密钥算法(又称非对称加密算法)，在开放的 Internet 网络环境下提供数据加密和数字签名服务的统一框架。常用的非对称加密算法有 RSA、DSA 和 Diffie Hellman 等。在非对称加密算法中，每一个用户都有一对(两个)密钥。一个是公开的，供他人使用，称为公钥；一个是用户本人保存和使用的，是不能公开的，也称为私钥。密钥对中的公钥和私钥是一一映射，但从公钥推导出私钥几乎是不可能的。非对称加密的技术和理论解决了对称加密系统的密钥交换问题。

在对称加密算法中，甲乙双方要进行保密通信，必须拥有相同的密钥。甲乙双方如果相隔很远或并不相识(比如网友)，要想安全地传送密钥几乎是不可能的。在非对称加密技术中，甲若想发给乙密文，则可用乙的公钥(从公开渠道获得)加密明文，发给乙。乙获得密文后用私钥解密得明文。但这里存在两个问题，其一是，非对称加密算法的速度很慢；其二是对选择明文攻击很脆弱。所以用非对称加密算法不适用于大批量的数据加密传输。但非对称加密算法提供了安全的对称加密密钥交换机制，其交换过程如下：甲将对称加密密钥用乙的公钥加密，发给乙，并用对称密钥加密报文发给乙。乙先用私钥解得对称加密密钥，然后用这个密钥解得报文。这个交换过程解决了非对称加密算法的弱点。对称加密与非对称加密的比较如表 7.1.1 所示。

表 7.1.1 对称加密与非对称加密的比较

对称加密	非对称加密
运行条件： 1. 加密和解密使用同一密钥和同一算法； 2. 发送方和接收方共享密钥与算法	运行条件： 1. 使用同一算法加密和解密，而密钥为一对，其中一个用于加密，另一个用于解密； 2. 发送方和接收方每个拥有一对相互匹配的密钥中的一个（不是同一个）
安全条件： 1. 密钥必须保密； 2. 如果不掌握其他信息，要想解密密文是不可能的或者至少是不现实的； 3. 知道所用的加密算法以及密文样本必须不足以确定密钥	安全条件： 1. 成对的两个密钥中的一个必须保密； 2. 如果不掌握其他信息，要想解密密文是不可能或者至少是不现实的； 3. 知道所用的算法、一个密钥以及密文样本必须不足以确定另一个密钥

非对称密钥算法还解决了身份认证和数字签名问题，例如，甲为证明某一段数据（明文）为自己所发，甲可以将明文用甲的私钥加密后连同明文一起发给乙；乙接到后，用甲的公钥将密文解密，与明文进行比较，如果相等则可证明该数据（明文）是甲签发的（所谓签发就是用私钥加密，类似在纸质文件上盖章），而且传输过程中没有被篡改。用私钥加密整个明文也同样存在速度慢和对明文选择攻击脆弱的不足，解决的办法是用私钥加密明文的摘要。所谓摘要，就是将明文用 MD5 或 SHA 等算法处理得到一个指定长度的字符串。用一个摘要去推得明文，或用其他数据块算得相同的摘要都几乎是不可能的。这样甲用私钥加密明文使摘要连同明文一起发给乙；乙接到后将加密摘要用甲的公钥解密，再计算明文的摘要，两者比较，相等则就是甲签发的，他人伪造的可能性几乎是不存在的。

非对称加密技术还要面临公钥的分发、密钥对与用户真实身份的绑定问题。PKI 所采取的证书机制解决了这个问题。公钥基础设施是网络安全的基础，其原理是利用非对称加密技术所构建的，用来解决网络安全问题的一种普遍适用的基础设施。PKI 体系结构采用证书管理公钥，通过第三方的可信机构 CA，把公钥和其他标识信息（如名称、E-mail、身份证号码）捆绑在一起，在 Internet 上验证用户的身份。PKI 体系结构中最主要的模块就是 CA。Windows Server 本身已经提供了很好的 CA 架构，其中就包含了内置 Certificate Authority 组件，而且也提供了非常完备的 Crypto API 编程接口。

为了更好地理解和使用非对称加密技术，我们后续依次介绍 RSA、MD5 和 CA 系统的架构等基本知识和应用。

7.1.2 PKI 系统结构

我们现在见到的公开密钥系统（PKI）都是一套软硬件系统和安全策略的结合，它提供了一套可靠的安全机制，使用户在不知道对方身份和所处地理位置的情况下，以数字证书为基础，通过一系列的信任关系来实现信息的真实性、完整性、保密性和不可否认性。一般的

PKI 系统结构如图 7.1.1 所示。

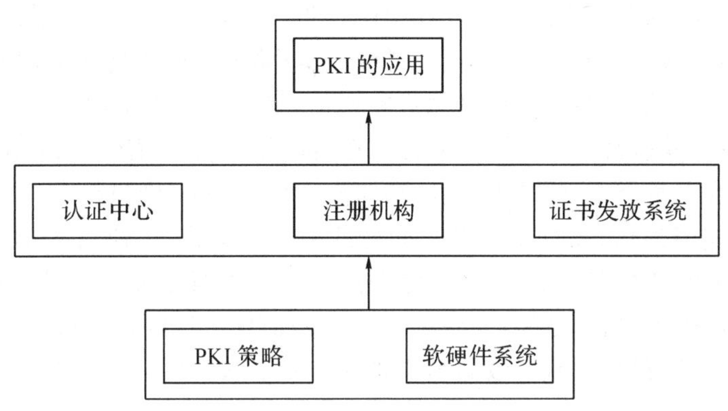

图 7.1.1　PKI 系统结构

PKI 策略一般包括认证策略的制定、遵循的技术标准、各 CA 之间的关系、安全策略、安全程度、服务对象、管理原则、认证原则有关制度和法律等方面的内容。

软硬件系统是 PKI 系统所需的所有软、硬件的集合，主要包括认证服务器、目录服务器和 PKI 平台等。

认证中心(CA)是 PKI 的信任基础，它负责产生密钥和证书、管理密钥和证书。

注册机构(RA)是 PKI 认证体系的重要组成部分，是用户和认证中心之间的一个接口。

证书签发系统负责证书的发放，并提供公钥目录。

PKI 的应用非常广泛，包括在 Web 服务器和浏览器之间的通信、电子数据交换、在 Internet 上的信用卡交易和虚拟专用网等。

7.2　RSA 算法简介

7.2.1　算法原理

RSA 是使用最为广泛的非对称加密算法之一，也被称为公钥加密。1977 年，工作于麻省理工学院的 Ron Rivest、Adi Shamir 和 Leonard Adleman 三人一起提出了该算法，因此 RSA 算法的名称就由他们三人姓氏开头字母拼在一起组成。RSA 算法的安全性基于 RSA 问题的困难性，也就是基于大整数因子分解的困难性上。RSA 是非对称的，也就是用来加密的密钥和用来解密的密钥不是同一个，和 DES 一样的是，RSA 也是分组加密算法，不同的是分组大小可以根据密钥的大小而改变。如果加密的数据不是分组大小的整数倍，则会根据具体的应用方式增加额外的填充位。

RSA 作为一种非对称的加密算法，其中很重要的一个特点是当数据在网络中传输时，用来加密数据的密钥并不需要也和数据一起传送。因此，这就减少了密钥泄露的可能性。RSA 在不允许加密方解密数据时也很有用，加密的一方使用一个密钥，称为公钥，解密的一方使用另一个密钥，称为私钥，私钥需要保持其私有性。RSA 的安全性高，不过计算速度要比 DES 慢很多。RSA 算法基于的原理，加密和解密数据基本上围绕着模幂运算，这是取模计算中的一种。取模计算是整数计算中的一种常见形式，$x \bmod n$ 的结果就是 x/n 的余数。例如，$40 \bmod 13 = 1$，因为 40 / 13 余数为 1；模幂运算就是计算 $a^b \bmod n$ 的过程。

先看一个应用实例。假设 A 和 B 想进行通信，如图 7.2.1 所示，但不像对称密钥系统那样，两人共享一个秘密密钥，而是 B(A 消息的接收者)有两个密钥：公共密钥和私有密钥。其中公共密钥世界上每个人(包括入侵者)都知道，而私有密钥则只有 B 一个人知道。

A 为了同 B 进行通信，A 首先得到 B 的公共密钥。接着，A 使用 B 的公共密钥和已知(比如标准的)加密算法加密所要发送的消息传送给 B。B 接收到 A 的加密消息后，使用自己的私有密钥和已知(比如标准的)解密算法对 A 的消息进行解密。通过这种方式，双方不需要商定任何共享的密钥，A 就可以向 B 发送秘密的消息。如图 7.2.1 所示。

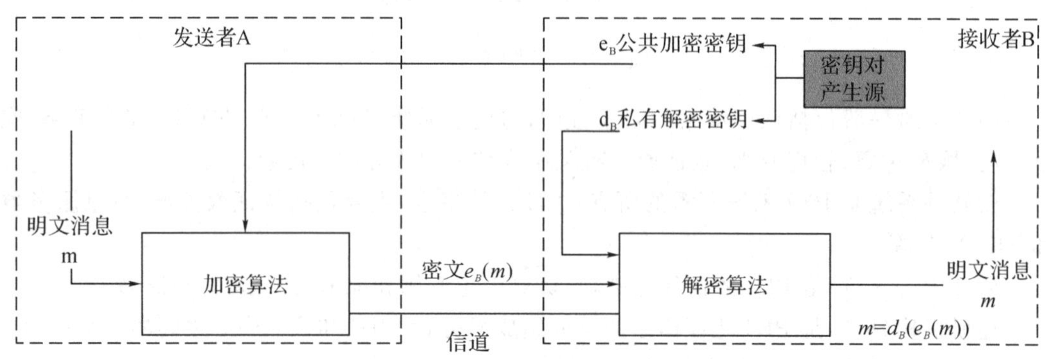

图 7.2.1　公共密钥加密模型

7.2.2　实现步骤

1. 公共密钥和私有密钥的选取

为了选取公共密钥和私有密钥，B 需要做以下工作：

第一步：选取两个大质数 p 和 q。p 和 q 应该为多大适宜？质数的值越大，破解 *RSA* 就越困难，但是进行加密和解密的时间也越长。*RSA* 实验室的建议是，安全性要求相对较低时 p 和 q 的乘积达到 768 位，安全性要求相对较高时乘积达到 1024 位[*RSA Key* 1999]。

第二步：计算 $n=pq$ 和 $z=(p-1)(q-1)$。

第三步：选择小于 n 的数 e，并且和 z 互质(即 e 和 z 没有公约数)。选择 e 是因为此值在加密时要用到。

第四步：找到一数 d，使其满足 $ed-1$ 被 z 整除。另一种方式描述为，给定的 e，选择 d 满足 ed 除以 z 的模余数是 1(即满足 $ed \bmod z=1$)。选择 d 是因为此值在解密时要用到。

第五步：取数对(n,e)作为 B 的公共密钥，取数对(n,d)作为 B 的私有密钥。

2. 加密和解密算法

加密：假定 A 想向 B 发送数 m，其中 $m<n$。为了进行加密，A 做一指数运算 me，接着计算 me 被 n 除的模余数。进行加密时需要 B 的公共密钥(n,e)。明文消息 m 的加密值为 c，A 发送的密文即为 c，可表示为：

$$c = m^e \bmod n$$

解密:为了解密接收到的密文消息 c,接收方 B 使用自己的私有密钥(n,d)进行解密,即计算:

$$m = c^d \bmod n$$

这里举一个简单的例子说明 *RSA*。假定 B 选取 $p=3$ 和 $q=5$(当然这里的值太小不够安全,只是描述其使用过程)。那么 $n=15$,$z=8$。B 选取 $e=3$,因为 3 和 8 没有公约数。最后 B 选取 $d=11$,因为 $ed\text{-}1=3\times11-1$ 恰好被 8 整除。B 公开 $n=15$ 和 $e=3$(即公开密钥),保留 $d=29$(即私有密钥)。假定 A 现在想向 B 发送字符串“name”。将每个字母看作一个 1 至 26 之间的数字($a=1,\cdots,z=26$),那么 A 的加密过程和 B 的解密过程分别如表 7.2.1和表 7.2.2 所示。

表 7.2.1　A 的 RSA 加密过程(n,e)=(15,3)

明文字母	M:数值表示	m^e	密文 $c = m^e \bmod n$
n	14	2744	14
a	1	1	1
m	13	2197	7
e	5	125	5

表 7.2.2　B 的 RSA 解密过程(n,d)=(15,11)

密文 c	c^d	$m = c^d \bmod n$	明文字母
14	4049565169664	14	n
1	1	1	a
7	1977326743	13	m
5	48828125	5	e

7.3　CA 认证

随着电子商务在全世界的发展,各国都发展了自己的各种专门的 CA 认证中心,我国也建立了一批行业性的 CA 认证中心,如中国电信安全认证体系(CTCA)、中国金融认证中心、浙江省数字认证中心、上海电子商务安全认证中心等行业性、地区性的 CA 认证中心。

为适应电子认证发展的需要,微软在 Windows Server 系列中都内嵌了 Certificate Authority 组件,其中包括 Window Server 2019,使得各种组织、企业都可根据需要方便地构架数字认证系统。本节主要介绍如何建立一个基于 Windows Server 2019 的电子认证系统。CA 模块是 PKI 系统的核心,为更好地理解这一点,我们首先来了解 PKI 的结构。

7.3.1　CA 与数字证书

建立在 PKI 基础之上的数字证书机制现已普遍得到了采用,所有的数字证书都是由 CA 发布的。CA 通常是权威机构,是数据交换双方都信任的第三方。CA 负责产生、分配并管理用户的数字证书,使交换数据的双方能够不见面就可以互相确认身份。它的基本功能有接收注册请求,处理、拒绝或批准请求,颁发证书。

数字证书(Digital ID),又叫“数字身份证”、“网络身份证”,是由CA发放,经过CA签名的,包含公开密钥拥有者以及公开密钥的相关信息的一种电子文件。数字证书可以用来证明持有者的真实身份。数字证书是PKI体系中最基本的元素,PKI系统所有的安全操作都是通过数字证书来实现的。

数字证书一般采用x.509ISO标准。

数字证书采用的是公钥机制,即利用一对互相匹配的密钥进行加密和解密。每个用户都可以有自己设定的只有本人知道的私有密钥(私钥),用户使用它进行解密数据和用户签名。与用户的私钥相匹配的另一个密钥通过某种方式公布,称为公共密钥(公钥),用于加密数据和验证用户签名。

当甲向乙发送一份加密报文时,可以用乙的公钥对报文加密,此密文只有乙用私钥才能解得报文;甲在发送前还可对报文作一摘要,用甲的私钥加密(数字签名)发给乙,乙用甲的公钥解出摘要并与解得的报文之摘要比较,从而确定此加密报文确由甲发出;由于有甲的数字签名,甲不能否认发出的密文且乙也不能改变报文的内容。数字证书一般可以存放在硬盘、软盘、U盘和IC卡中,当前以U盘为主。

1. Windows Server 2019 中的验证协议

Windows Server 2019 中有两种验证协议,即Kerberos和PKI。Kerberos是对称密钥,而PKI是非对称密钥。用的较多的是PKI。

公用密钥基本体系是一个数字认证、证书授权和其他注册授权系统,使用公用密钥密码检验及检证电子商务中所涉及的每个机构的有效性。公用密钥基本体系的标准仍处于发展阶段,尽管它们作为电子商务的一个必要组成部分已得到广泛使用。

Windows Server 2019 公钥基础结构的证书基本上是一个由权威发布的电子声明,其作用在于担保证书持有者的身份。证书将公用密码与持有相应私有密钥的个人、机器或服务的身份绑定在一起。证书由各种公用密钥安全服务和应用程序提供,为非安全网(如Internet)提供数据验证、数据完整性和安全通信。

2. Windows Server 2019 的证书服务器

Windows Server 2019 中有一个组件是证书服务器(Certificate Server),通过认证服务器,企业可以为用户颁发各种电子证书,比如用于网上购物的安全通道协议(SSL)使用的证书,用于加密本地文件的证书等。认证服务器还管理证书的失效、发布失效证书列表等。每个用户或计算机都有自己的一个证书管理器,其中既放置着自己从CA申请获得的证书,也有自己所信任的CA的根证书。

Windows Server 2019 基于证书的过程所使用的标准证书格式是x.509v3,保证了与其他系统的互操作性。目前常用的是SSL(安全通道协议)的方式,即设置IIS就某些特定的文件或文件目录需要访问者提供客户端证书;除非拥有电子证书及相应的私钥,否则一个访问者的浏览器无法获得这些文件和文件目录。SSL的方式体现在浏览器的访问栏上,应该是https而不是普通的http。

Windows Server 2019 证书服务是 Windows Server 2019 中的组件,证书服务用于创建和管理证书颁发机构(CA)。证书颁发机构负责建立和担保证书持有者的身份。证书颁发机构还会在证书失效时，将其撤消并发布证书撤消列表，供证书检验机构使用。最简单的公用密钥基本体系只有一个证书颁发机构。事实上，大多数配置公用密钥基本体系的组织使用多个证书颁发机构，并将其有组织地形成证书分层结构。

Windows Server 2019 的证书服务按证书颁发机构类型分为：

(1)企业根 CA，是企业中最受信任的证书颁发机构，应该在网络上的其他证书颁发机构之前安装，需要 activedirectory。

(2)企业从属 CA，是标准证书颁发机构，可以给企业中的任何用户或机器颁发证书，必须从企业中的另一个证书颁发机构获取证书颁发机构证书，需要 activedirectory。

(3)独立根 CA，是证书颁发机构体系中最受信任的证书颁发机构，不需要 activedirectory。

(4)独立从属 CA，是标准的证书颁发机构，可以给任何用户或机器颁发证书；必须从另一个证书颁发机构获取证书颁发机构证书，不需要 activedirectory。

在 Windows Server 2019 中，微软为用户还提供了一套智能卡的结构。智能卡因其高安全性和轻便的可移动性，势必将发展成为类似鼠标/键盘一般的计算机的标准外设。

当用户用 internet explorer 向一个认证中心申请电子证书时，就会有一对公钥和私钥自动产生出来；私钥可以存储在智能卡中，公钥和其他身份信息（比如姓名、电子邮箱等）发给认证中心。如果认证中心批准该申请，那么包含公钥的电子证书就会被返回，存储在智能卡中。

智能卡存储私钥和电子证书的做法，给最终用户提供了对自己安全信息的最大的控制，可以方便地从一台机器携带到另一台机器使用；可以在任何一个地点使用。一般来说，智能卡还会用一个个人密码(pin)保护起来，在要求高安全性的场合，pin 可以是一些生物信息，比如指纹等。

7.3.2　Windows Server 2019 下建立 CA 服务器

Windows Server 2019 支持两种证书服务器，分别是应用于企业内部的企业证书服务器和用于企业或 Internet 的独立证书服务器。其中，企业证书服务器应用于域环境，需要 AD 的支持，用户可以直接向证书服务器申请并安装证书；而独立根证书服务器应用于非域环境。实验拓扑图如 7.3.1 所示。

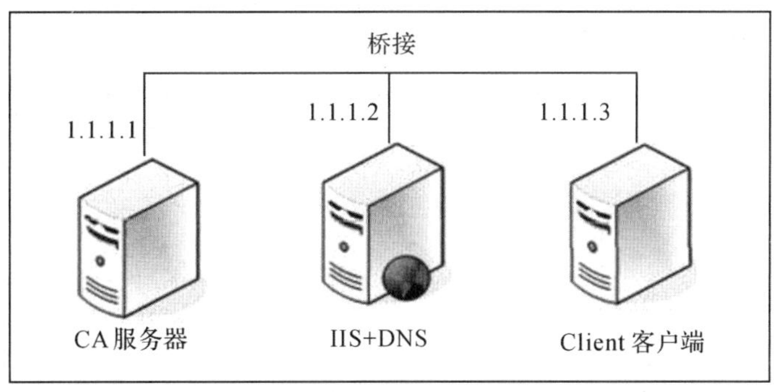

图 7.3.1　实验拓扑图

Windows Server 2019 只有企业版和数据中心版支持 Web 注册功能，标准版和 Web 版不支持。

证书服务的一个单独组件是证书颁发机构的 Web 注册页。这些网页是在安装证书颁发机构时默认安装的,它允许证书请求者使用 Web 浏览器提出证书请求。此外,证书颁发机构网页可以安装在未安装证书颁发机构的 Windows Server 2019 服务器上。在这种情况下,网页用于向不希望直接访问证书颁发机构的用户服务。如果选择为组织创建定制网页访问 CA,则 Windows Server 2019 提供的网页可作为示例。现在以安装独立根证书为例,安装其他类型的相类似,只要选择其他证书的类型即可。要注意的是,企业根 CA 和企业从属 CA 需要 activedirectory。

以管理员身份登录系统。如果你的计算机装有 Active Directory,则以域管理员身份登录系统,打开"菜单栏",点击"服务器管理器"。选择"添加角色和功能",如图 7.3.2 所示。双击"添加角色和功能"。

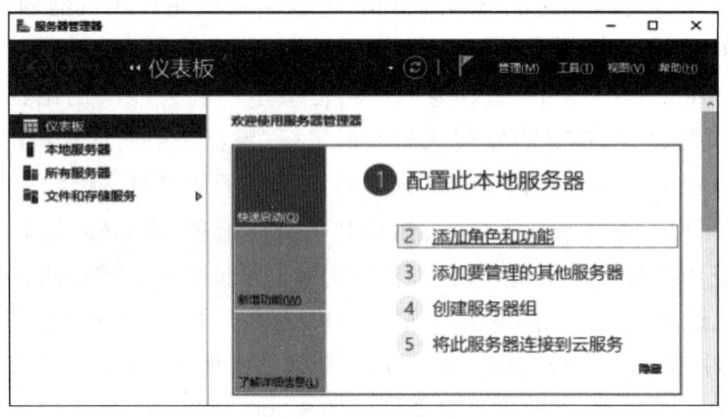

图 7.3.2 "服务器管理器"对话框

在弹出的"选择安装类型"对话框,如图 7.3.3 所示,勾选"基于角色或基于功能的安装"按钮,点击"下一步"。

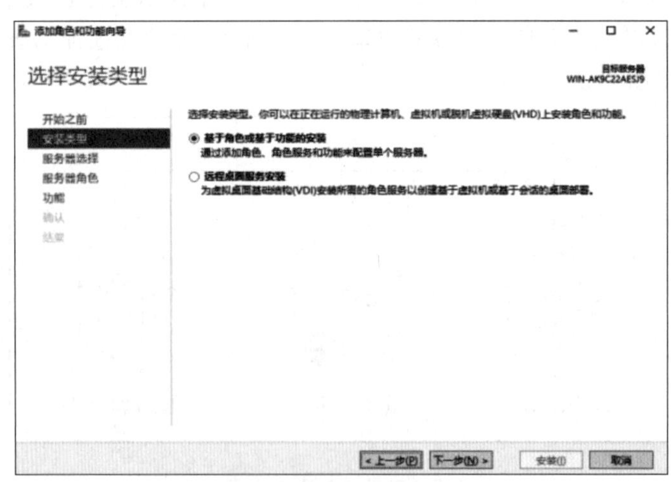

图 7.3.3 "选择安装类型"对话框

勾选“从服务器池中选择服务器”，点击“下一步”，如图 7.3.4 所示。

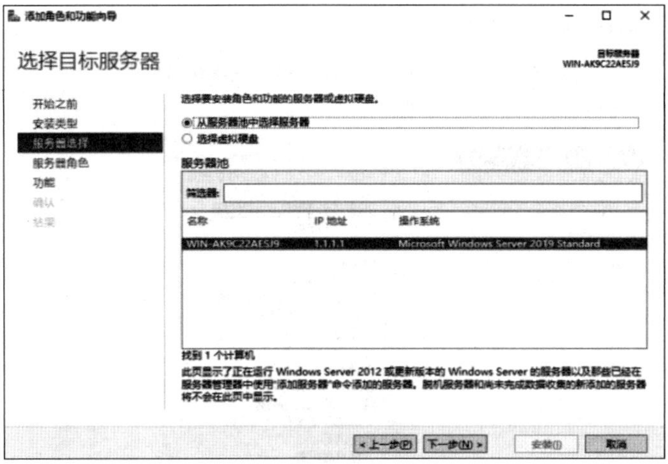

图 7.3.4 “选择服务器”对话框

选择“添加功能”，如图 7.3.5 所示；勾选“Active Directory 证书服务”栏，点击“下一步”，如图 7.3.6 所示；跳出“证书颁发机构 Web 注册所需的功能”，如图 7.3.7 所示。

图 7.3.5 “添加 Active Directory 证书服务所需的功能”

添加角色和功能向导

选择服务器角色

开始之前
安装类型
服务器选择
服务器角色
功能
AD CS
角色服务
确认
结果

选择要安装在所选服务器上的一个或多个角色。

角色

- [ ] Active Directory Rights Management Services
- [ ] Active Directory 联合身份验证服务
- [ ] Active Directory 轻型目录服务
- [ ] Active Directory 域服务
- [x] Active Directory 证书服务
- [ ] DHCP 服务器
- [ ] DNS 服务器
- [ ] Hyper-V
- [ ] Web 服务器(IIS)
- [ ] Windows Server 更新服务
- [ ] Windows 部署服务
- [ ] 传真服务器
- [ ] 打印和文件服务
- [ ] 批量激活服务
- [ ] 设备运行状况证明
- [ ] 网络策略和访问服务
- [■] 文件和存储服务 (1 个已安装，共 12 个)
- [ ] 远程访问
- [ ] 远程桌面服务
- [ ] 主机保护者服务

< 上一步(P)　下一步(N) >

图 7.3.6　“选择服务器角色”对话框

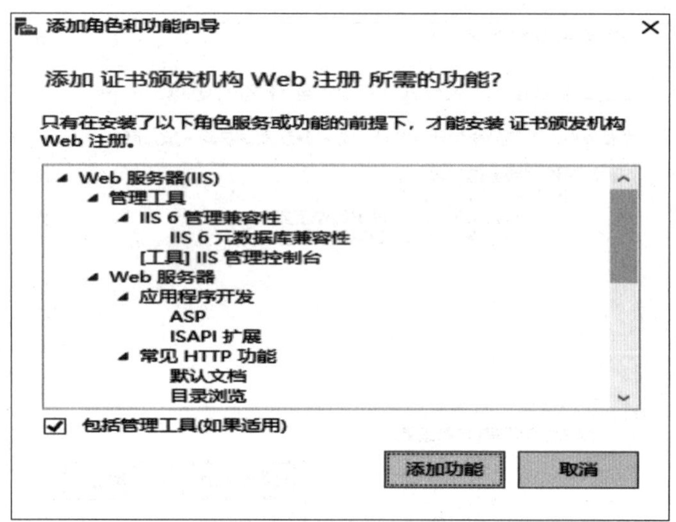

图 7.3.7　“证书颁发机构 Web 注册所需功能”对话框

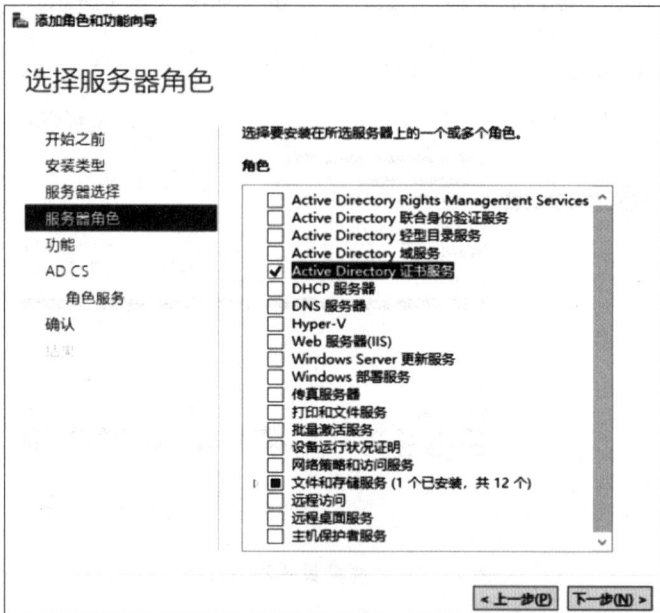

进入“角色服务”选择栏，勾选“证书颁发机构”和“证书颁发机构 Web 注册”两项。如图 7.3.8所示。

完成上述配置步骤后，对你的配置内容进行确认，点击“安装”即可，如图 7.3.9 所示。

进入“AD CS 配置”阶段，进行凭据参数的设定，如图 7.3.10 所示。

在“AD CS 配置”阶段，进入角色服务的配置，选择“证书颁发机构”和“证书颁发机构 Web 注册”两项，如图 7.3.11 所示。

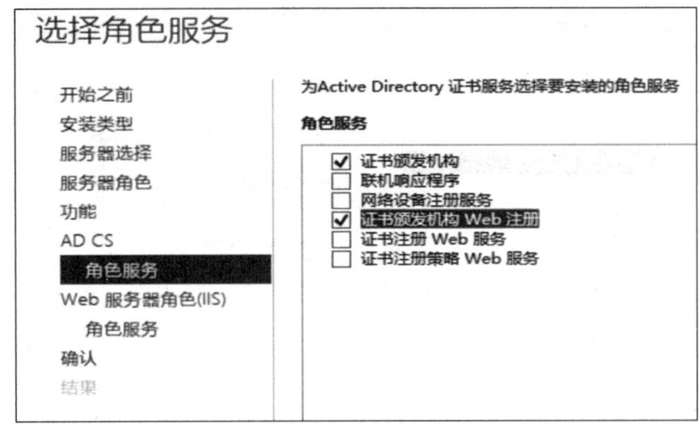

图 7.3.8　选择“角色服务”对话框

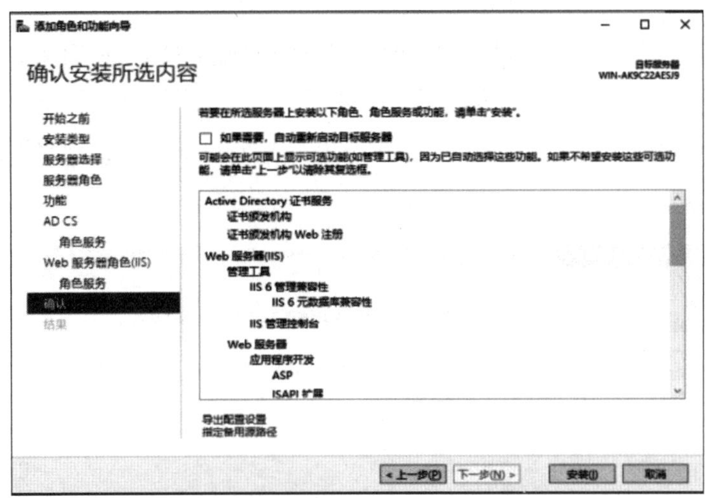

图 7.3.9　“确认安装所选内容”对话框

图 7.3.10　“凭据”对话框

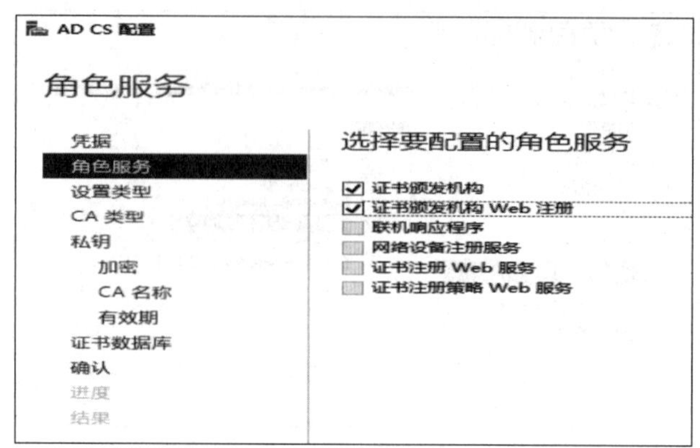

图 7.3.11 “角色服务”对话框

在“AD CS 配置”阶段，进入设置类型的配置，选择“独立 CA”，如图 7.3.12 所示。

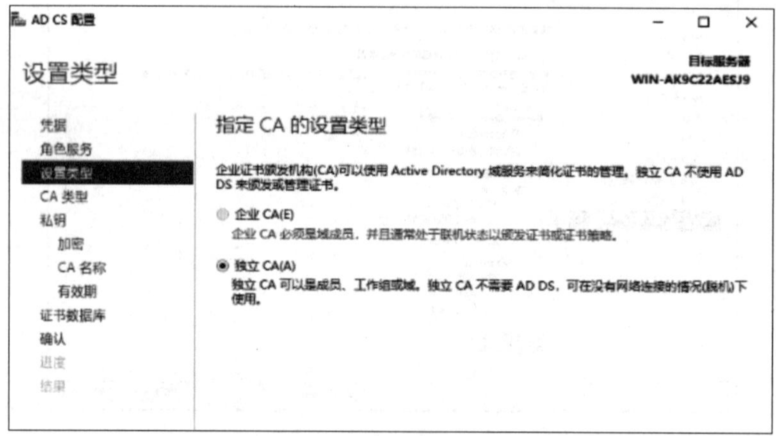

图 7.3.12 “设置类型”对话框

在“AD CS 配置”阶段，进入 CA 类型的配置，选择“根 CA”，如图 7.3.13 所示。

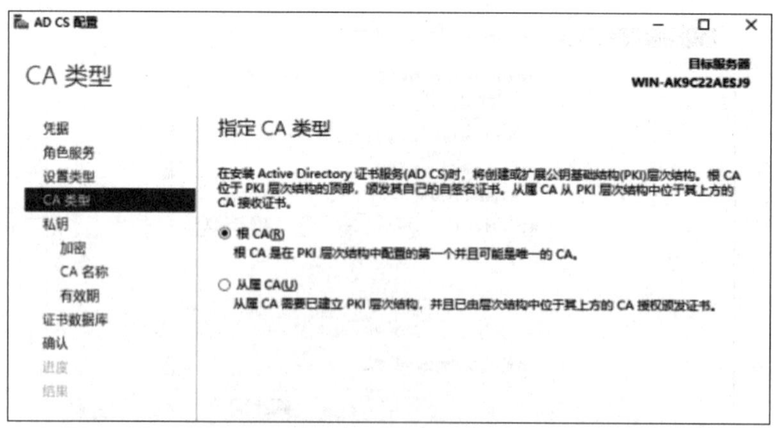

图 7.3.13 “CA 类型”对话框

在“AD CS 配置”阶段，进入私钥的配置，选择“创建新的私钥”，如图 7.3.14 所示。

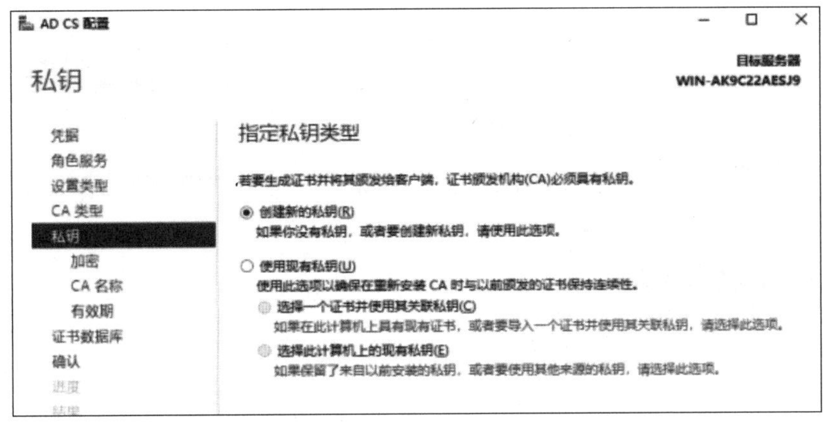

图 7.3.14　“私钥”对话框

在“AD CS 配置”阶段，进入私钥—加密的设置，选择响应的加密程序、密钥长度和哈希算法，如图 7.3.15 所示。

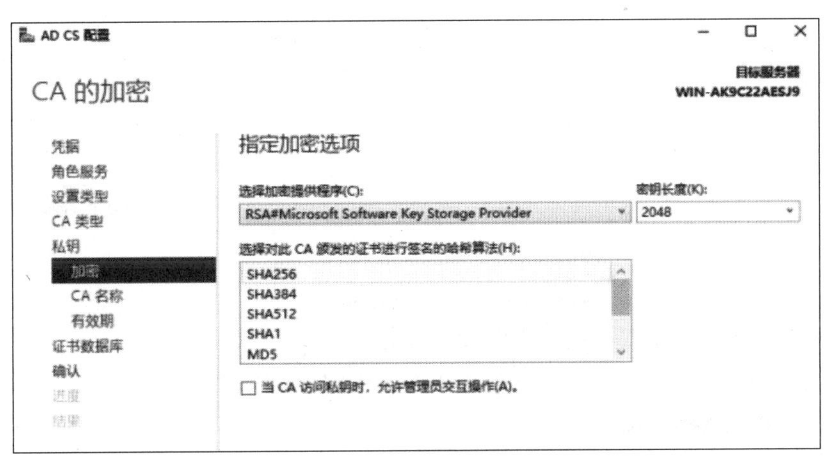

图 7.3.15　“CA 加密”对话框

在“AD CS 配置”阶段，进入私钥—CA 名称的设置，设置 CA 的公用名称，此处为“xgx-ca”，点击“下一步”，如图 7.3.16 所示。

在“AD CS 配置”阶段，进入私钥—有效期的设置，此处设为 5 年，点击“下一步”，如图 7.3.17所示。

在“AD CS 配置”阶段，进入证书数据库的设置，点击“下一步”，如图 7.3.18 所示。

完成上述配置步骤后，对你的配置内容进行确认，点击“配置”即可，如图 7.3.19 所示。配置结果查看如图 7.3.20 所示。

在服务器管理器界面中，点击“AD CS”，右键相应的服务器，单击“证书颁发机构”，如图 7.3.21所示。

进入证书颁发机构查看证书情况，如图 7.3.22 所示。

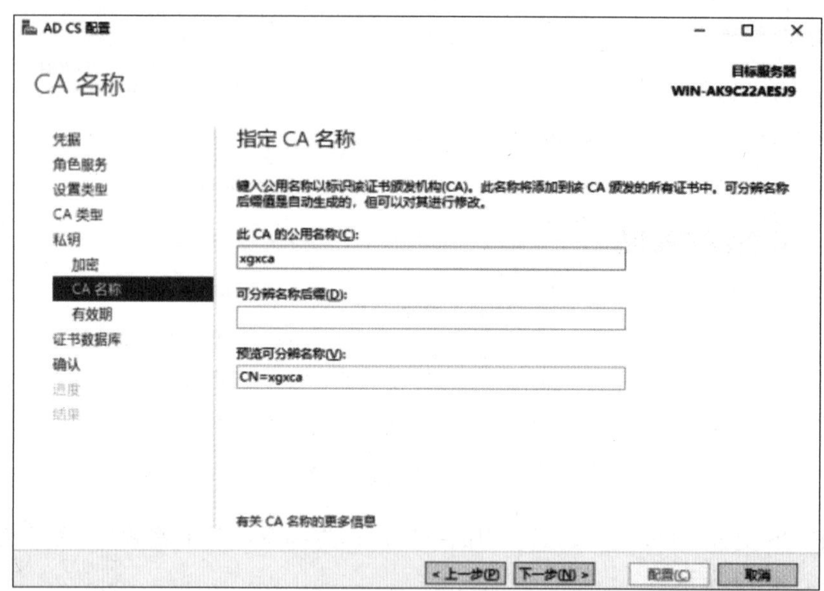

图 7.3.16 “CA 名称”对话框

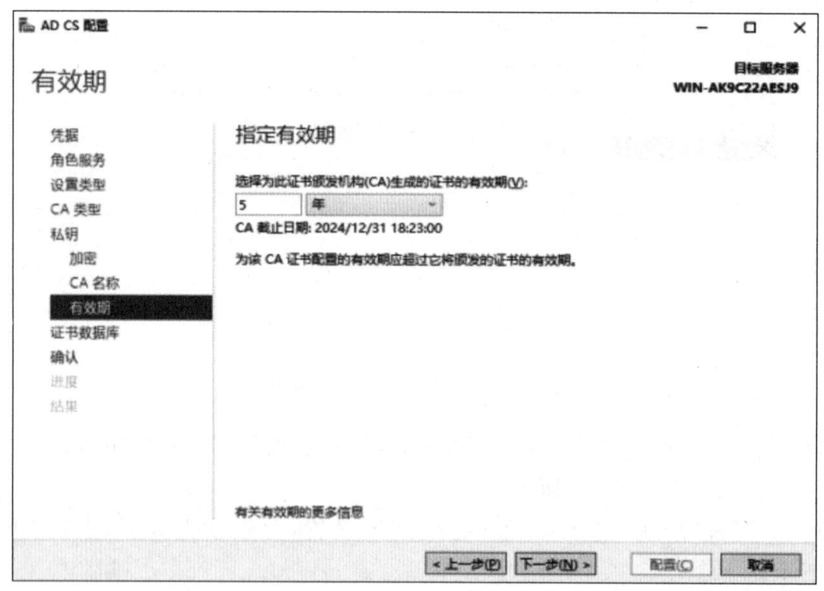

图 7.3.17 “有效期”对话框

图 7.3.18　“CA 数据库”对话框

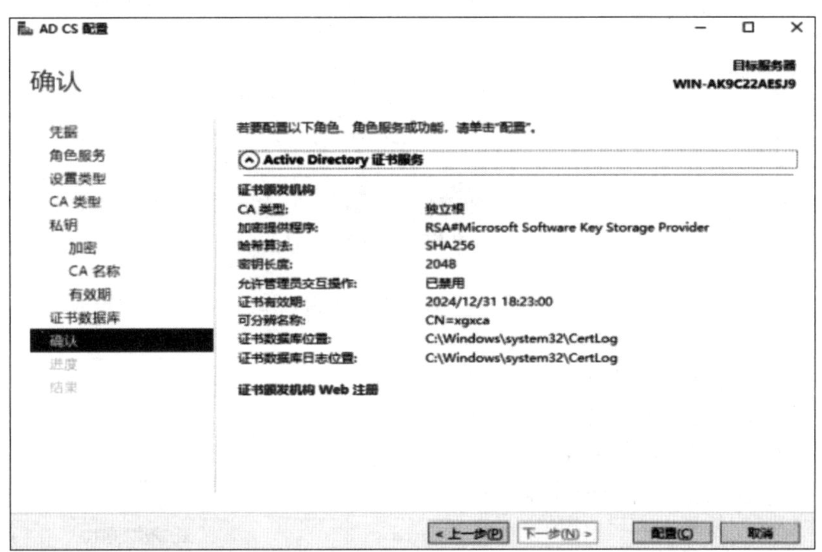

图 7.3.19　“确认”对话框

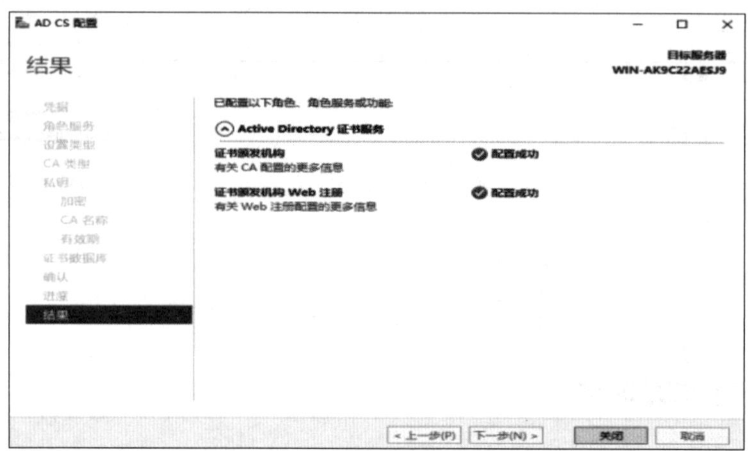

图 7.3.20 “结果”对话框

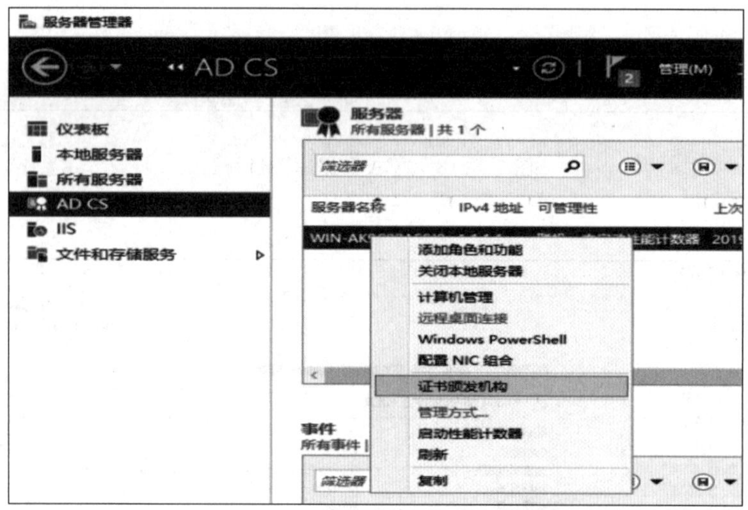

图 7.3.21 证书颁发机构查看

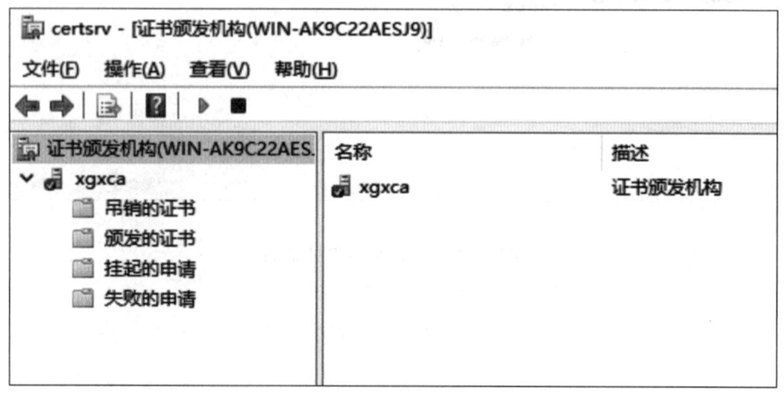

图 7.3.22 证书颁发机构查看界面

7.3.3　Web 服务器端操作

1. Web 服务器端申请证书请求文件

首先制作一个测试用的 Web 网页，并成功发布如图 7.3.23 所示。注意此时的网页是通过 http 访问的，其数据包没有加密。

图 7.3.23　测试用的 Web 网页

在“IIS 管理器”中，点击“IIS(IIS\Administrator)”项，弹出 IIS 主页，点击“服务器证书”进入 IIS 服务器证书配置界面，如图 7.3.24 和图 7.3.25 所示。

图 7.3.24　“Internet 信息服务(IIS)”管理器窗口

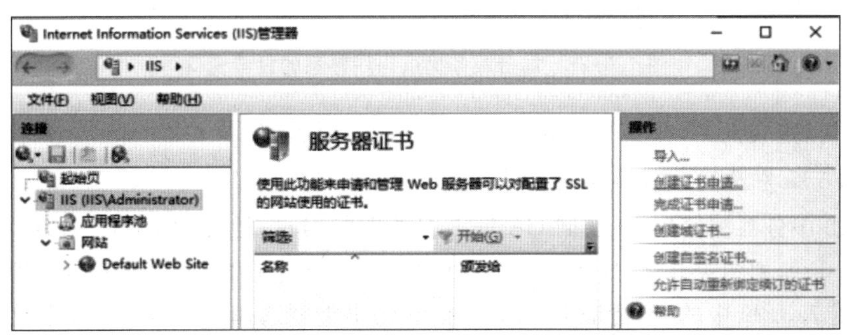

图 7.3.25　“IIS 服务器证书”窗口

开始为 Web 网页申请证书，填写证书所需的必要信息，完成后点击“下一步”，如图 7.3.26所示。

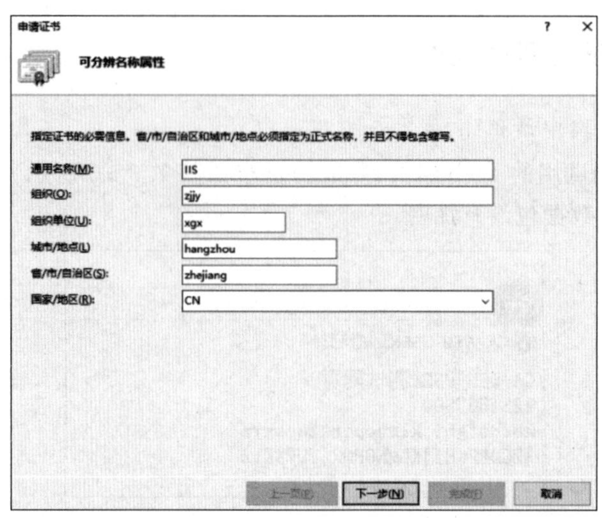

图 7.3.26 证书信息的填写窗口

设置“加密服务提供程序”和“位长”，完成后点击“下一步”，如图 7.3.27 所示。

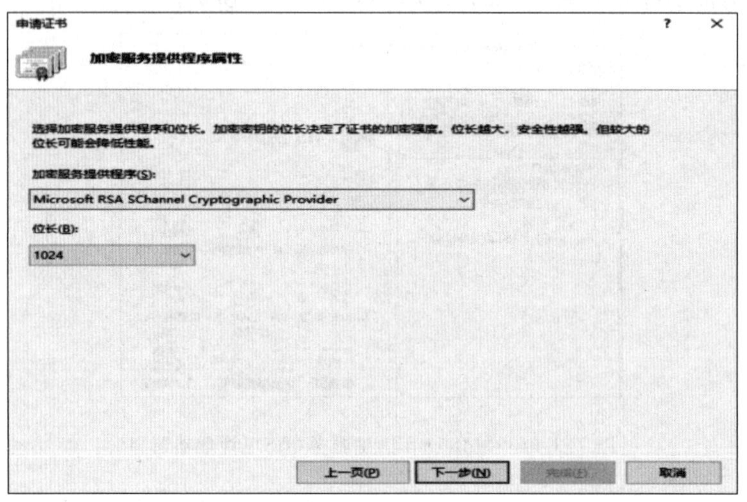

图 7.3.27 加密服务提供程序熟悉的设置窗口

为证书指定文件名，并点击“完成”，如图 7.3.28 所示。

2. Web 服务器端向“CA 服务器”申请证书

在 Web 服务器端使用 IE 访问 CA 证书服务器的网页，地址为 http://CA 证书服务器的网址/certsrv，如图 7.3.29 所示。通过该网页，可以申请证书、查看证书和下载证书

单击图 7.3.29 中的“申请证书”项，会弹出“证书类型选择”对话框。“证书类型选择”对话框中可以申请 Web 浏览器证书、电子邮件保护证书和高级证书。单击“高级证书申请”项，弹出如图 7.3.30 所示的“高级证书申请”对话框。

在“高级证书申请”对话框中有两个选项：直接申请和使用“证书请求文件”申请。由于我们前面建立了证书请求文件 certer. txt，所以单击图 7.3.30 中的“使用 base64 编码的

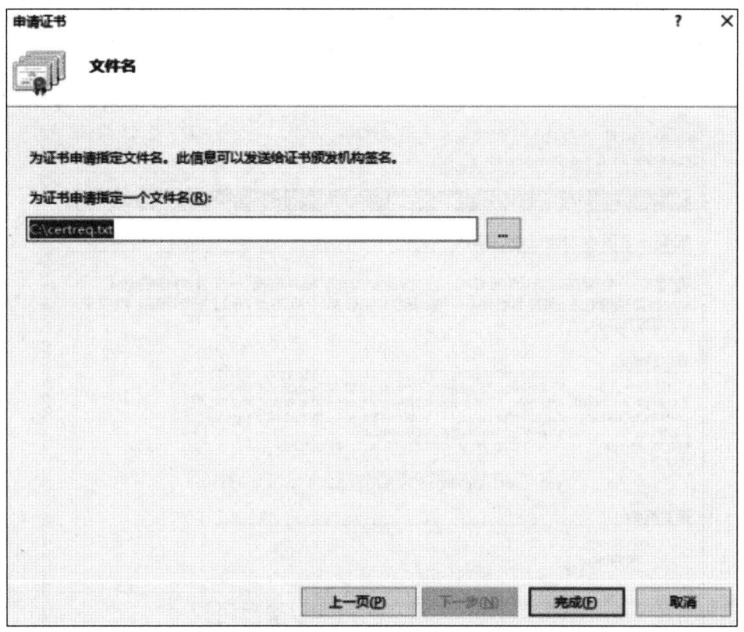

图 7.3.28　证书文件名的设置窗口

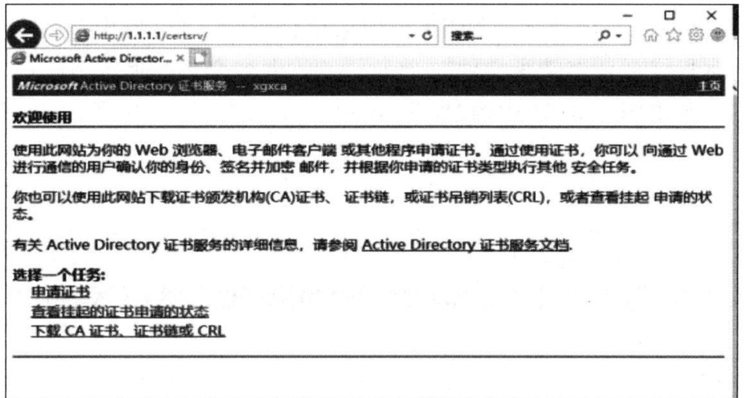

图 7.3.29　申请 CA 证书网页

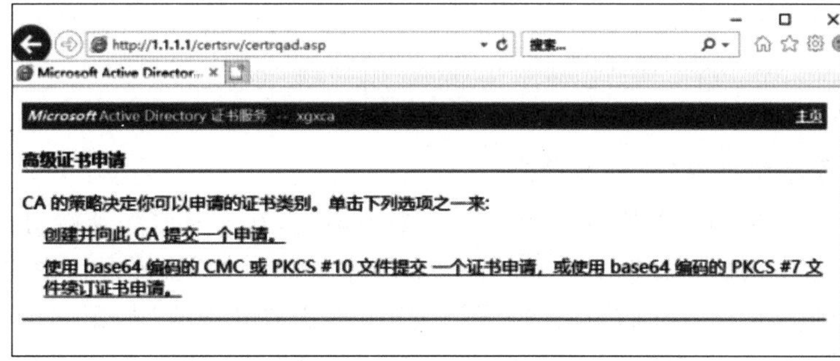

图 7.3.30　“高级证书申请”对话框

CNC 或 PNCS#10 文件提交……”项，弹出如图 7.3.31 所示的“提交一个证书申请或续订申请”对话框。

图 7.3.31 “提交一个证书申请或续订申请”对话框

在如图 7.3.31 所示的“提交一个证书申请或续订申请”对话框中有一个“Base-64 编码的证书申请”文本框，将“证书请求文件”certer.txt 的内容全部复制到“Base-64 编码的证书申请”文本框内。单击图 7.3.31 中的“提交”按钮，弹出如图 7.3.32 所示的“证书正在挂起”消息框。

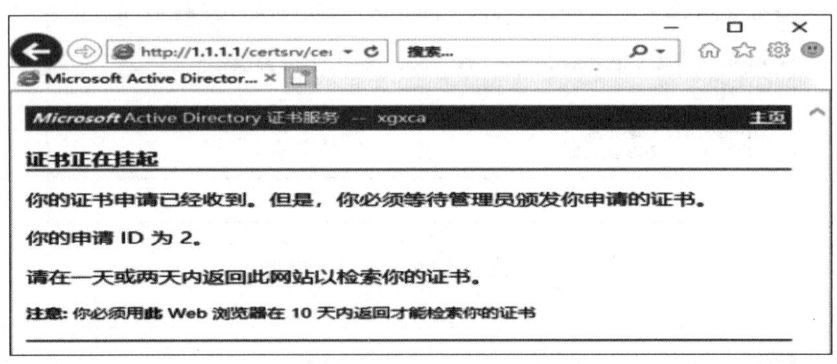

图 7.3.32 “证书正在挂起”消息框

3. CA 服务器端批准“证书申请”

在 Web 服务器端向 CA 服务器提交了证书申请后，在 CA 服务器端对该申请进行审核，并及时批准该申请。在如图 7.3.33 所示的“证书颁发机构”管理窗口中，在左边的树状目录中选择“挂起的申请”，在右边的“申请”列表中，右击要处理的“申请”项。在弹出的快捷菜单中选择“所有任务”→“颁发”。颁发后的证书可以在“颁发的证书”目录中查看。

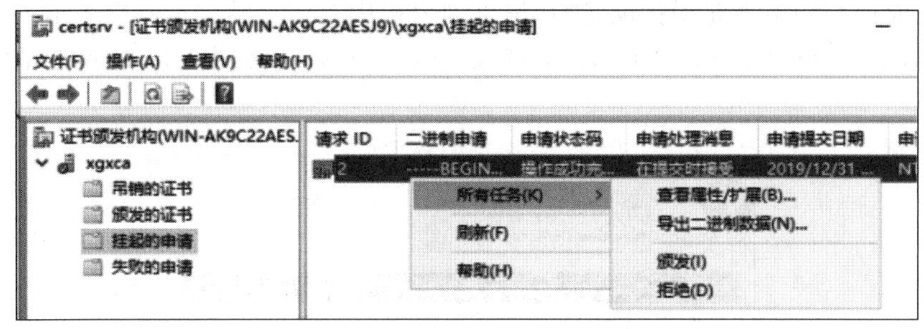

图 7.3.33 “颁发证书机构”管理窗口

4. Web 服务器端下载证书链

Web 服务器端向 CA 服务器提交“证书申请”，CA 服务器端接到“申请”后，Web 服务器端返回如图 7.3.34 所示的 CA 主网页。

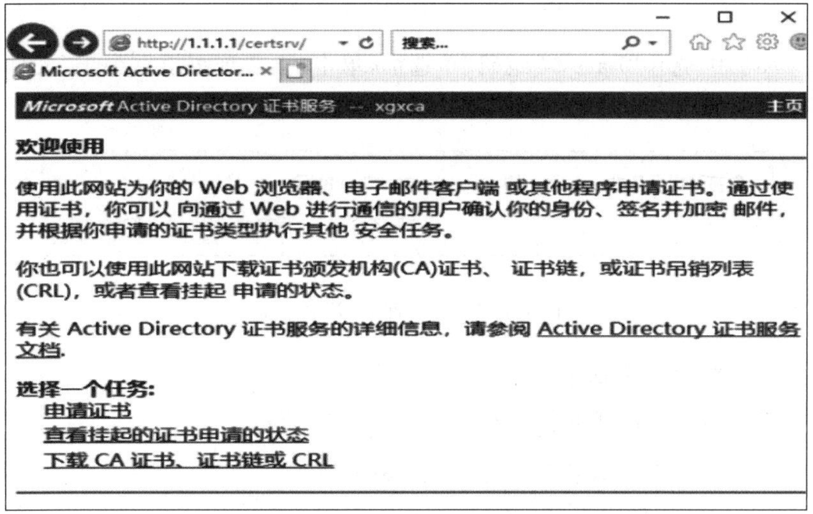

图 7.3.34 CA 主网页

在图 7.3.34 中，单击“查看挂起的证书申请状态”项，弹出如图 7.3.35 所示的“查看挂起的证书申请的状态”页面。

图 7.3.35 “查看挂起的证书申请的状态”页面

如果向前提交的申请获得批准，则在证书列表栏中有所显示。本例中单击图 7.3.35 中的“保存的申请证书(2019 年 12 月 31 日 18:48:54)”项，弹出如图 7.3.36 所示的“证书已颁发”页面。

图 7.3.36 “证书已颁发”页面

在图 7.3.36 中，选中“Base-64 编码”单选框，单击“下载证书链”，弹出“文件下载”对话框，如图 7.3.37 所示。单击图中的“保存”按钮，选择证书的名称和保存位置。

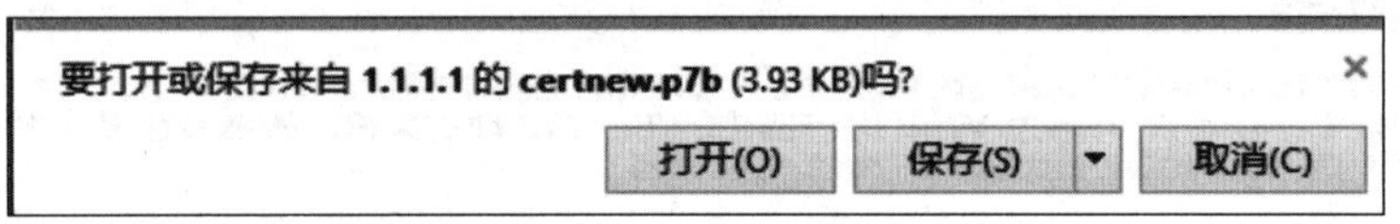

图 7.3.37 “文件下载”对话框

5. Web 服务器端安装证书链

回到 IIS 管理器，点击“证书服务器”，如图 7.3.38 所示。

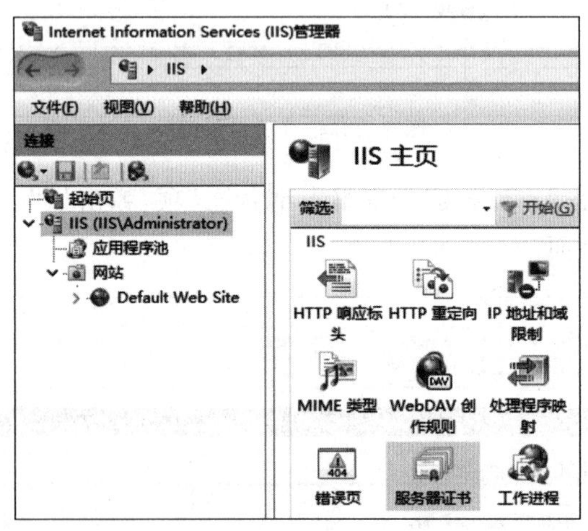

图 7.3.38 “服务器证书”对话框

点击图 7.3.39 中的“IIS(IIS\Administrator)”，选择操作栏里的“完成证书请求”。弹出如图 7.3.40 所示的“确定文件名和路径”对话框。

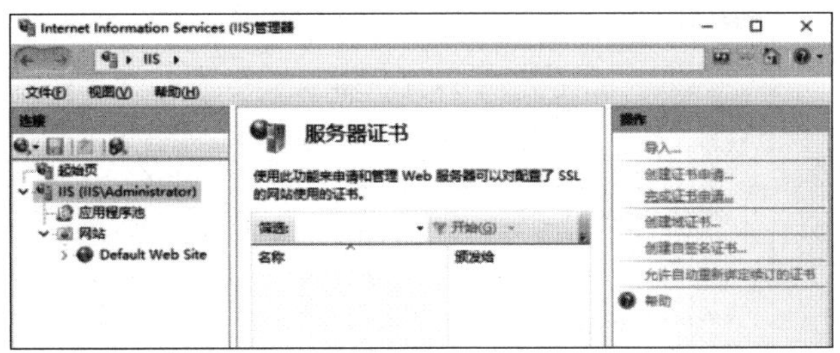

图 7.3.39　“服务器证书”对话框

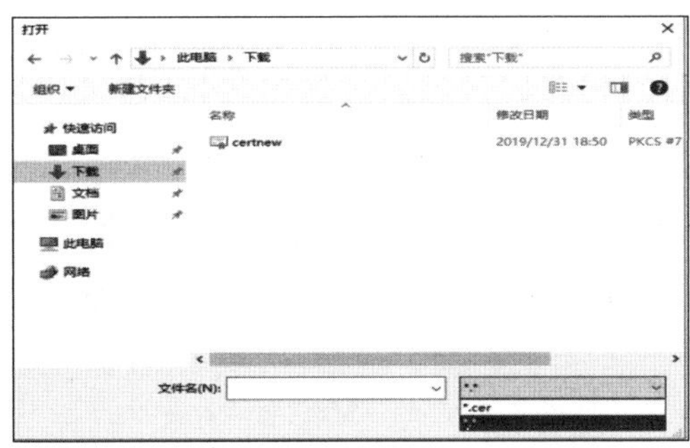

图 7.3.40　“打开文件”对话框

打开如图 7.3.40 所示的“打开文件”对话框，选中后缀为“. p7b”(而不是. cer)的文件，单击“打开”按钮，返回“确定文件名和路径”对话框，如图 7.3.41 所示。

打开如图 7.3.42 所示的“默认网站”，右键选择“编辑绑定”。

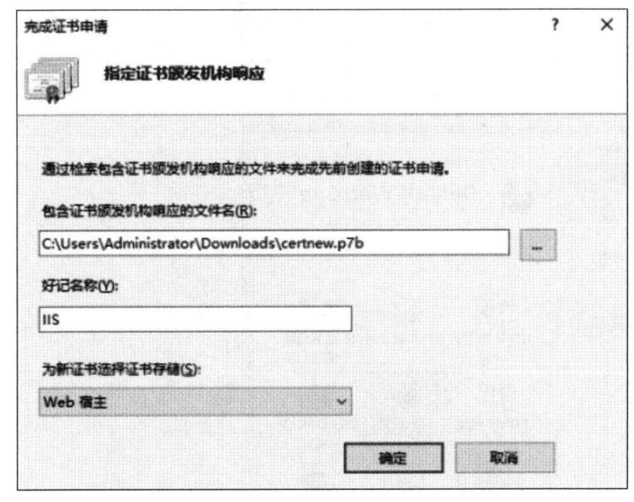

图 7.3.41　“确定文件名和路径”对话框　　图 7.3.42　“编辑绑定”对话框

网站绑定，如图 7.3.43 所示。

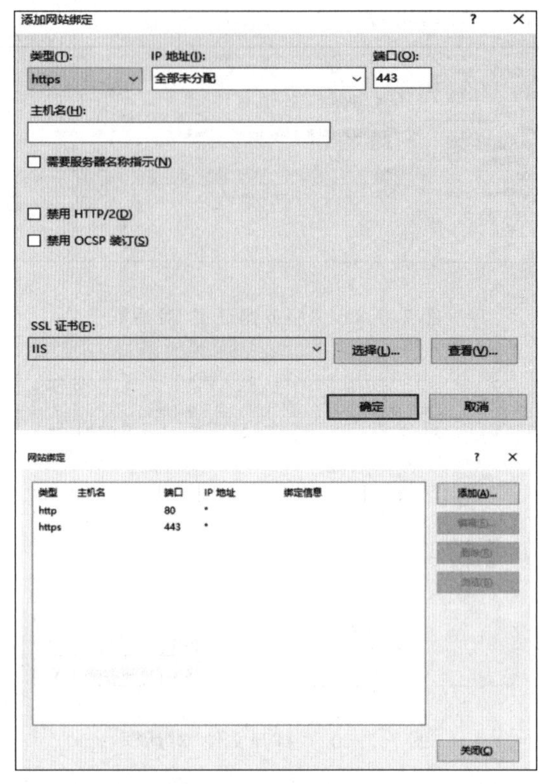

图 7.3.43 “网站绑定”对话框

6. Web 服务器端通过“安全通道”发布网页

在如图 7.3.44 所示的“IIS 管理器”对话框中单击“SSL 设置”按钮。

图 7.3.44 选择“SSL 设置”

如图 7.3.45 所示的“SSL 设置”对话框中，勾选“要求 SSL”，当客户访问本网站时，一定要通过“https://”才行。“客户端证书”栏中有三个单选项，安全级别从“忽略”、“接受”到“必要”逐步升高。笔者建议，从低到高分步调试。为了简化过程，选中“必要”，单击“确定”按钮，完成使用安全通道传递网页的 Web 服务器的架构。

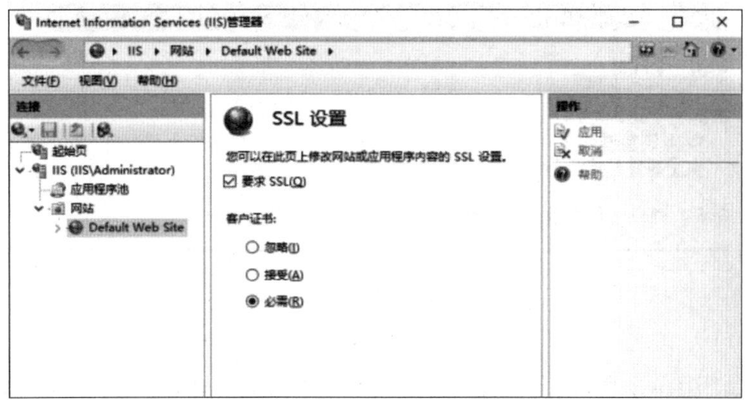

图 7.3.45　“SSL 设置”对话框

下面介绍客户如何访问这个网站。

7.3.4　客户端操作

1. 客户端向“CA 服务器”申请 Web 浏览器证书

在 Web 服务器采用安全通道发布网页后，客户端访问该网站除了采用“https://”以外，必须获取与同一 CA 服务器颁发的 Web 浏览器证书。

在客户端打开 IE 浏览器，在地址栏里输入“http://CA 服务器的 IP/certsrv/”，弹出证书申请页面，如图 7.3.46 所示。

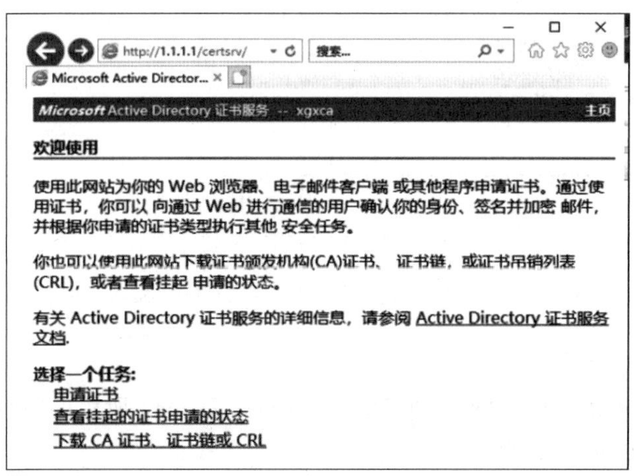

图 7.3.46　“证书申请”页面

单击“申请证书”项，弹出如图 7.3.47 所示的“证书类型选择”页面。

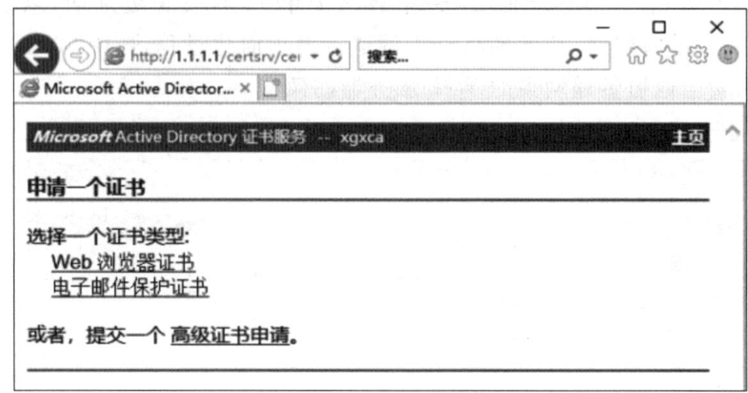

图 7.3.47 “证书类型选择”页面

在图 7.3.47 中单击“Web 浏览器证书”，弹出如图 7.3.48 所示的“Web 浏览器证书—识别信息”输入页面。

图 7.3.48 “Web 浏览器证书—识别信息”输入页面

弹出如图 7.3.49 所示的“证书挂起”页面。

单击图 7.3.49 中标题栏上的“主页”项，返回如图 7.3.46 所示的“弹出证书申请”页面，在 CA 服务器端批准“证书申请”。

2. 客户端下载并安装 Web 浏览器证书

客户端在如图 7.3.46 所示的“证书申请”主页面上，单击“查看挂起的证书申请的状态”项，弹出如图 7.3.50 所示的“查看挂起的证书申请的状态”页面。

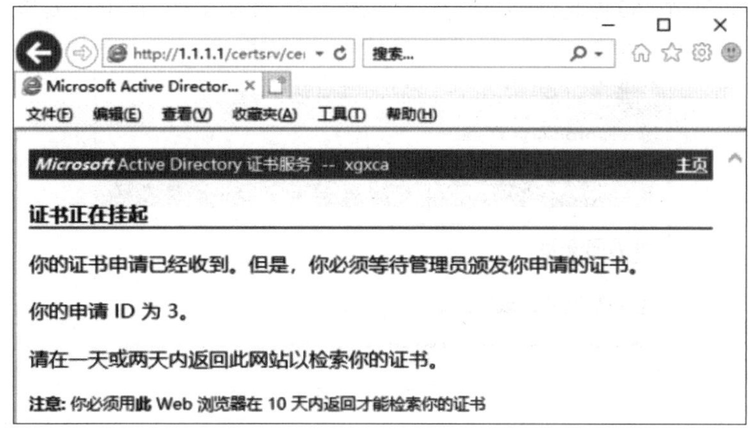

图 7.3.49 “证书挂起”页面

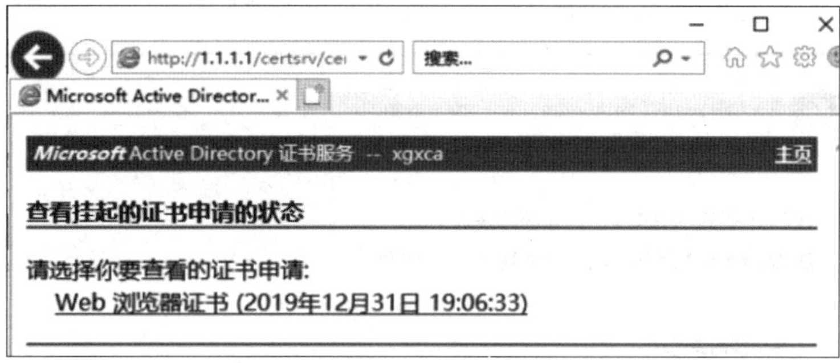

图 7.3.50 “查看挂起的证书申请的状态”页面

在图 7.3.50 单击“Web 浏览器证书(2019 年 12 月 31 日 19:06:33”项，弹出“已颁发证书”页面，如图 7.3.51 所示。

图 7.3.51 “已颁发证书”页面

单击图 7.3.51 中“安装此证书”项，弹出如图 7.3.52 所示的“证书已安装”页面。

图 7.3.52 “证书已安装”页面

3. 客户端访问 Web 服务器

在 Web 服务器端通过“安全通道”发布网页后，客户端如果采用 http://访问 Web 服务器，系统会弹出如图 7.3.53 所示的“必须通过安全通道查看”页面。

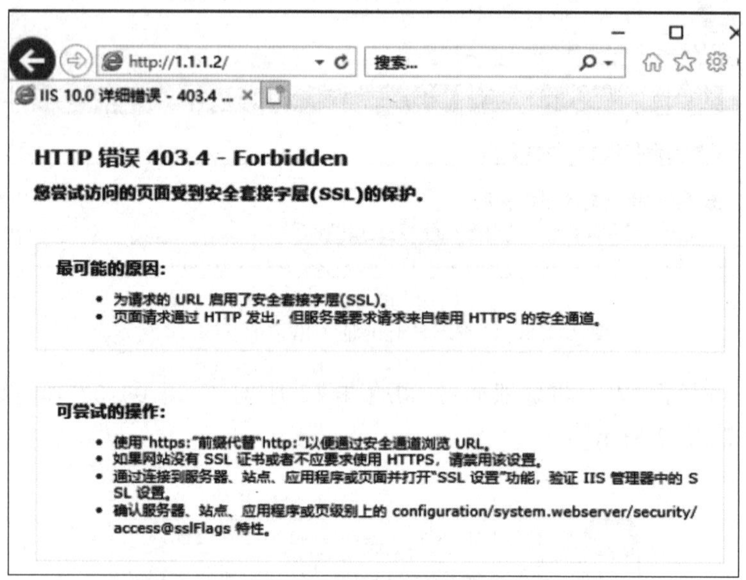

图 7.3.53 “必须通过安全通道查看”页面

在如图 7.3.53 所示页面的地址栏内将“http”改为“https”并按回车键，系统会弹出如图 7.3.54 所示的“信息加密安全警报”对话框。

在“选择数字证书”对话框中的列表框内选择正确的证书，单击“确定”按钮，即弹出正确的网页如图 7.3.55 所示。

可以通过 Wireshark 抓包工具，对两个不同的协议访问抓包。通过“http://”访问，抓包结果如图 7.3.56 所示。

通过“https://”访问，网页内容已被 Web 用证书中的公钥加密，如图 7.3.57 所示。

网页加密的内容只有该用户用私钥解密后显示出来，这说明 SSL 很好地实现了 Web 连接的安全性。

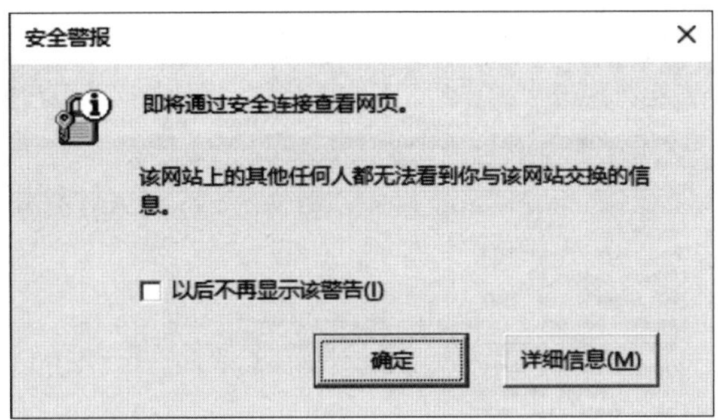

图 7.3.54　“信息加密安全警报”对话框

图 7.3.55　通过“https://”访问得到的正确网页

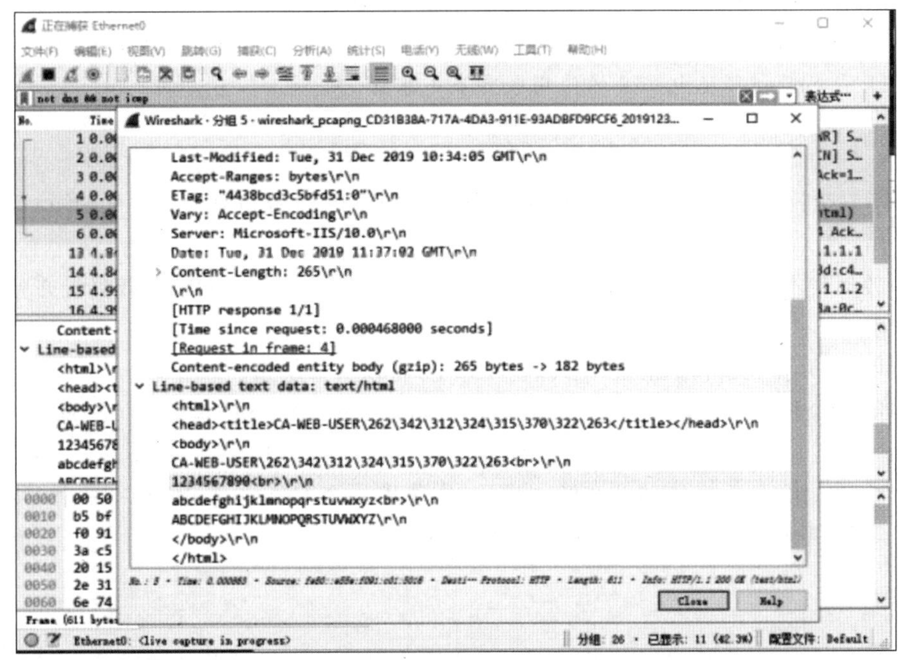

图 7.3.56　通过“http://”访问的抓包结果

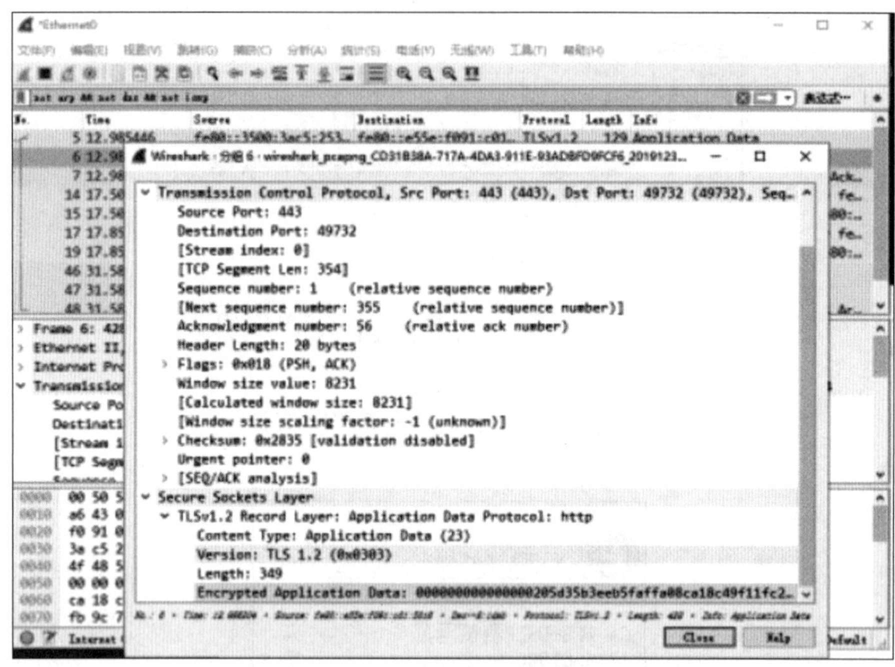

图 7.3.57　通过“https://”访问的抓包结果

本章小结

PKI 是一个综合性应用系统，需要多人、多机的网络条件下进行实训，练要大于讲。PKI 中最复杂的是 Web 服务器的构建，需要严格按步骤操作。另外，网页的制作和发布、Wireshark 或 Snifer 等抓包工具的使用也要事先掌握。

实训

1. 建一个网页，上面记录有老师和班级每个同学的姓名和对应的公钥、E-mail。完成以下任务：

(1)教师将本次“实训报告”联同“实训报告”的签名放到网上，同学下载报告并验证签名的正确性。

(2)甲(乙)将一文件加密发给乙(甲)，乙(甲)将该文件解密。

(3)甲(乙)将一个文件联同文件的签名发给乙(甲)，乙(甲)验证甲(乙)的签名的正确性。

2. 三人一组，按本章第四节介绍的步骤，搭建由一个 CA、一个 Web 和一个 User 构成的 PKI 系统，并验证网页是以密文的形式传送的。

第 8 章

软件保护与破解技术

本章主要介绍软件基本的保护与破解原理和技术，并着重讲解软件破解中的静态分析技术和动态分析技术。我们将循序渐进地介绍各种最基本的破解概念和相关技术，同时也给出一些实例以使大家可以轻松掌握基本破解技术。

8.1 基础知识

学习软件破解技术，必须要了解基本的计算机操作系统知识和编程语言，尤其是汇编语言，只要掌握好这些基础知识，在软件破解过程中才能有的放矢地处理各种问题。考虑到目前的操作系统大多以 Microsoft 公司的 Windows 系列为主，因此本章将主要介绍 Windows 操作系统下的软件破解方法。

8.1.1 概述

软件的破解技术与保护技术之间本身就是矛与盾的关系，它们是在互相斗争中发展进化的。这种技术上的较量归根结底是一种利益的冲突。软件开发者为了维护自身的商业利益，不断地寻找各种有效的技术来保护自身的软件版权，以增加其保护强度，推迟软件被破解的时间；而破解者或受盗版所带来的高额利润的驱使，或出于纯粹的个人兴趣，而不断制作新的破解工具并针对新出现的保护方式进行跟踪分析以找到相应的破解方法。从理论上说，几乎没有破解不了的保护。对软件的保护仅仅靠技术是不够的，而这最终要靠人们的知识产权意识和法制观念的进步以及生活水平的提高。但是，如果一种保护技术的强度强到足以让破解者在软件的生命周期内无法将其完全破解，这种保护技术就可以说是非常成功的。软件保护方式的设计应在一开始就作为软件开发的一部分来考虑，列入开发计划和开发成本中，并在保护强度、成本、易用性之间进行折中考虑，选择一个合适的平衡点。

在桌面操作系统中，微软的产品自然是独霸天下，一般个人用户接触得最多，研究得自然也更多一些。在 DOS 时代之前就有些比较好的软件保护技术，而在 DOS 中使用得最多的恐怕要算软盘指纹防拷贝技术了。由于 DOS 操作系统的脆弱性，在其中运行的普通应用程序几乎可以访问系统中的任何资源，如直接访问任何物理内存、直接读写任何磁盘扇区、直接读写任何 I/O 端口等，这给软件保护者提供了极大的自由度，使其可以设计出一些至今仍为人称道的保护技术；自 Windows95 开始(特别是 WinNT 和 Windows2000 这样严格意义上的多用户操作系统)，操作系统利用硬件特性增强了对自身的保护，将自己运行在 Ring 0 特权级中，而普通应用程序则运行在最低的特权级 Ring 3 中，限制了应用程序所能访问的资源，使得软件保护技术在一定程度上受到一些限制。开发者要想突破 Ring 3 的限制，一般需要编写驱动程序，如读写并口上的软件狗的驱动程序等，这增加了开发难度和周期，自然也增加了成本。同时，由于 Win32 程序内存寻址使用的是相对来说比较简单的平坦寻址模式（相应地其采用的 PE 文件格式也比以前的 16bit 的 EXE 程序的格式要容易处理一些），并且 Win32 程序大量调用系统提供的 API，而 Win32 平台上的调试器如 SoftICE 和 TRW 等恰好有针对 API 设断点的强大功能，这些都给软件破解带来了一定的方便。

8.1.2 软件分析技术

在进行软件的破解及解密过程中，一个首要的问题是对软件进行分析。由于软件编译后都是以机器代码形式存在，因此分析它们必须借助一些静态或动态调试工具，分析跟踪其汇编代码，最后找到破解的办法。

1. 从软件使用说明和操作中分析软件

要破解一个软件，首先应该先用用这软件，了解一下功能是否有限制，最好阅读一下软件的说明或手册，特别是自己所关心的关键部分的使用说明，这样也许能够找到一些线索。

2. 静态反汇编

静态分析就是从反汇编出来的程序清单上分析，从提示信息入手进行分析。目前，大多数软件在设计时，都采用了人机对话方式。所谓人机对话，即在软件运行过程中，需要由用户选择的地方，软件即显示相应的提示信息，并等待用户按键选择。而在执行完某一段程序之后，便显示一串提示信息，以反映该段程序运行后的状态，是正常运行，还是出现错误，或者提示用户进行下一步工作的帮助信息。为此，如果我们对静态反汇编出来的程序清单进行阅读，可了解软件的编程思路，以便顺利破解。常用的静态分析工具是 W32DASM、IDA 和 HIEW 等。

3. 动态跟踪分析

虽然从静态上可以了解程序的思路，但并不可能真正了解软件的细节，如静态分析找不出线索，就要动态分析程序；另外，碰到压缩程序，静态分析也无能为力了，只能动态分析了。动态分析是利用 TRW2000 或 SOFTICE 一步一步地单步执行软件。为什么要对软件进行动态分析呢？主要是因为：

(1)许多软件在整体上完成的功能，一般要分解成若干模块来完成，而且后一模块在执行时，往往需要使用其前一模块处理的结果，这一结果我们把它叫中间结果。如果我们只对软件本身进行静态分析，一般是很难分析出这些中间结果的。而只有通过跟踪执行前一模块，才能看到这些结果。另外，在程序的运行过程中，往往会在某一地方出现许多分支和转移，不同的分支和转移往往需要不同的条件，而这些条件一般是由运行该分支之前的程序来产生的。如果想知道程序运行到该分支的地方时，具体走向哪一分支，不进行动态跟踪和分析是不得而知的。

(2)有许多软件在运行时，其最初执行的一段程序往往需要对该软件的后面各个模块进行一些初始化工作，而没有依赖系统的重定位。

(3)有许多加密程序为了阻止非法跟踪和阅读，对执行代码的大部分内容进行了加密变换，而只有很短的一段程序是明文。加密程序运行时，采用了逐块解密、逐块执行，所以首先运行最初的一段明文程序，该程序在运行过程中，不仅要完成阻止跟踪的任务，而且还要负责对下一块密码进行解密。显然仅对该软件的密码部分进行反汇编，不对该软件动态跟踪分析，是根本不可能进行解密的。

由于上述原因，在对软件静态分析不行的条件下，就要进行动态分析了。那么如何有效地进行动态跟踪分析呢？一般来说有如下几点：

(1)对软件进行粗跟踪。所谓粗跟踪，即在跟踪时要一个模块一个模块地跟踪。软件是由若干个模块组成的，模块与模块之间存在着调用关系。在进行粗跟踪时，每次遇到调用 CALL 指令、循环操作 LOOP 指令以及中断调用 INT 等指令时，一般不要跟踪进去，而是根据执行结果理清各个模块之间的调用关系，尽量了解各个模块的功能。

(2)对关键部分进行细跟踪。对软件进行了一定程度的粗跟踪之后，便可以获取软件中我们所关心的模块或程序段，这样就可以有针对性地对该模块进行具体而详细的跟踪分析。一般情况下，对关键代码的跟踪可能要反复进行若干次才能读懂该程序，每次要把比较关键的中间结果或指令地址记录下来，这样会对下一次分析有很大的帮助。

软件分析是一项比较复杂和艰苦的工作，上面的几点分析方法，只是提供了一些基本的分析思路。要积累软件分析的经验需要在实践中不断探索和总结。

8.2　DOS 下软件分析技术

汇编语言也称为低级语言，是指汇编语言与机器语言有着对应关系，特别是能将机器语言(如.exe 文件)利用对应关系反汇编成人们便于理解的汇编语言程序。汇编语言的这一特点给我们通过程序分析的方法破解软件提供了基础，所以我们要先认识汇编语言。

8.2.1　80×86 汇编命令简介

先看一个例子。在 Windows 操作系统中一般都在附件中装有“计算器”，其程序名是 C:\WINDOWS\system32\calc。打开命令窗口，在其中输入命令“C:\WINDOWS\system32\calc”，(运行 calc.exe 文件)计算器界面就会弹出。关闭程序：在命令窗口输入“debug C:\WINDOWS\system32\calc”，如图 8.2.1 所示。

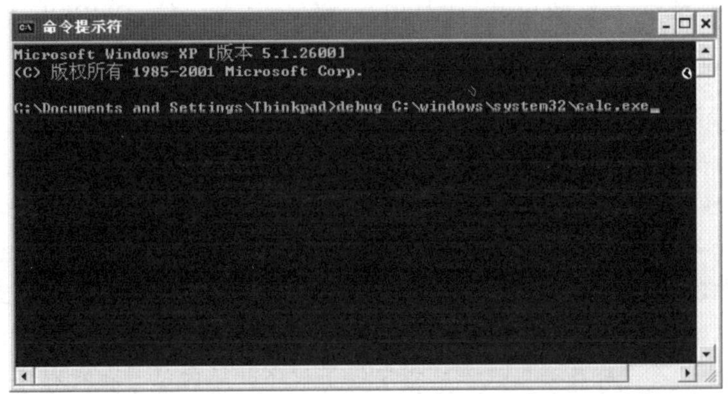

图 8.2.1　命令窗口输入“debug C:\WINDOWS\system32\calc”

回车后，屏幕出现减号“－”提示符。输入“U”回车，就会出现如图 8.2.2 所示的 calc.exe 汇编语言程序。

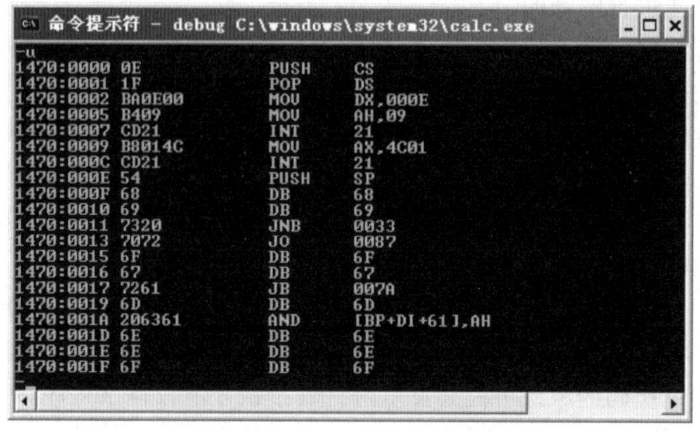

图 8.2.2　calc.exe 汇编语言程序

在图 8.2.2 显示的程序中每一行是一条指令；第一列是该指令在内存中的起始地址，第二列是该指令机器码(十六进制)，第三列是该指令的名称，第四列是该指令的操作数。

80×86 汇编语言命令共有 110 多条命令，有兴趣的读者可以参看《汇编言语程序设计》或到 http://www.intel.com 网站作更深入了解。在汇编指令中见到最多的是“MOV 操作数 1，操作数 2”表示将“操作数 2”送给“操作数 1”。最关心的指令是测试指令、比较指令和转移指令。

测试指令有 AND 和 TEST 两条，格式为：

AND 操作数 1，操作数 2　　[将操作数 2 的值与操作数 1 的值做 AND 运算，结果存回操作数 1]

TEST 操作数 1，操作数 2　　[与 AND 运算一样，但结果不存回操作数 1]

比较指令有 CMP、CMPSB、CMPSW、CMPSD，CMP 指令格式为：

CMP 操作数 1，操作数 2　　[操作数 1－操作数 2，结果存于标志位之中]

CMP 是两个单字节整数比较，CMPSB 是两个字节比较，CMPSW 是字整数比较，CMPSD 是双字整数比较。

转移指令有以字母“J(Jump)”开头的跳转指令、CALL 和循环指令。

JMP 操作数　　[转移到操作数指定的位置执行程序]

Jcc　操作数　　[依条件 cc 的值的真或假转移到操作数指定的位置执行程序]

例如：

JNZ 操作数　　表示上一条指令的结果不为零，转到操作数指定的位置执行程序。

JB　操作数　　表示上一条指令的结果小于零，转到操作数指定的位置执行程序。

CALL 操作数　　[转移到以操作数指定的子程序开始的位置执行程序，当遇到 RET 语句返回到 CALL 语句的下一条指令执行]

LOOP 操作数　　[当 CX(计数寄存器)不为零,转到操作数指定的位置执行程序]

LOOPE 及 LOOPZ 当 CX 为零或上条指令结果相等时循环;LOOPNE 及 LOOPNZ 当 CX 不为零或上条指令结果不相等时循环。

8.2.2　debug 命令简介

我们在前面的命令窗口使用了“debug 文件名”命令,并在“-”提示符下使用“U”就可以列出程序,那么 debug 是什么,又怎样使用呢?

Debug 是为汇编语言设计的一种调试工具,它通过单步、设置断点等方式为 DOS 下的程序分析提供了有效的手段。debug 既是 DOS 下的静态分析工具,也是动态分析工具。在 DOS 提示符下,键入命令:

C>debug [路径][文件名][.exe]

对“文件名”文件进行调试。在 debug 运行后会出现提示符“-”,此时就可以用 debug 命令来调试程序了。Debug 主要命令有 D、G、T、U、Q 等。

U [地址]　　[反汇编命令,从“地址”开始,反汇编 32 个字节]
D [地址]　　[从“地址”开始,显示 80 个字节的内容]
T [地址][值]　　[从“地址”开始,执行“值”条指令,值为 0 时执行 1 条]
G [地址 1][地址 2]　　[从“地址 1”开始执行,到“地址 2”为止。当只有“地址 1”时,从当前地址执行到“地址 1”]
Q [退出 debug 程序]

命令并不复杂,主要在于熟练使用。

8.2.3　破解实例

在前面介绍的“超级无敌硬盘加密锁”是一款 DOS 下的软件,下面我们以“超级无敌硬盘加密锁”的破解为例,介绍如何用软件分析技术来破解软件。

假设将 myluck.exe 放在了 E 盘,在命令窗口键入 debug E:mylock.exe,在“-”提示符下键入 U 命令两次,其反汇编结果如图 8.2.3 所示。

在图 8.2.3 中不难发现有 CALL、JCXZ、CMP、JNZ 等命令。在进行分析时并不是每一条转移语句都去分析其意义,而主要分析密码比较模块和比较语句。所以,再键入 U 命令 3 次(已经 5 次了),有一条命令:

```
146F:0091 BF0010       MOV  DI,1000
```

键入 g 91 的执行结果如图 8.2.4 所示,并没有出现要求输入密码和密码错误等信息,所以断点应继续向后设,扩大分析范围。

继续键入 U 命令 3 次,键入 G 00ff,则出现输入密码提示,如图 8.2.5 所示。

这表明我们确定了密码处理模块应该在 0091 到 00ff 之间。在图 8.2.5 中输入任意 8 个字符的字符串 3 次,当出现提示符“-”时,键入 Q 命令退出。重新运行 debug E:

```
命令提示符 - debug e:mylock.exe
146F:000A CD21          INT     21
146F:000C 8B2E0200      MOV     BP,[0002]
146F:0010 8B1E2C00      MOV     BX,[002C]
146F:0014 8EDA          MOV     DS,DX
146F:0016 A39200        MOV     [0092],AX
146F:0019 8C069000      MOV     [0090],ES
146F:001D 891E8C00      MOV     [008C],BX
-u
146F:0021 892EA800      MOV     [00A8],BP
146F:0025 E88401        CALL    01AC
146F:0028 A18C00        MOV     AX,[008C]
146F:002B 8EC0          MOV     ES,AX
146F:002D 33C0          XOR     AX,AX
146F:002F 8BD8          MOV     BX,AX
146F:0031 8BF8          MOV     DI,AX
146F:0033 B9FF7F        MOV     CX,7FFF
146F:0036 FC            CLD
146F:0037 F2            REPNZ
146F:0038 AE            SCASB
146F:0039 E361          JCXZ    009C
146F:003B 43            INC     BX
146F:003C 26            ES:
146F:003D 3805          CMP     [DI],AL
146F:003F 75F6          JNZ     0037
-
```

图 8.2.3　键入两次 U 命令，其反汇编结果

```
命令提示符 - debug e:mylock.exe
146F:0074 033EA006      ADD     DI,[06A0]
146F:0078 7222          JB      009C
146F:007A B104          MOV     CL,04
146F:007C D3EF          SHR     DI,CL
146F:007E 47            INC     DI
146F:007F 3BEF          CMP     BP,DI
-u
146F:0081 7219          JB      009C
146F:0083 833EFE0600    CMP     WORD PTR [06FE],+00
146F:0088 7407          JZ      0091
146F:008A 833EA00600    CMP     WORD PTR [06A0],+00
146F:008F 750E          JNZ     009F
146F:0091 BF0010        MOV     DI,1000
146F:0094 3BEF          CMP     BP,DI
146F:0096 7707          JA      009F
146F:0098 8BFD          MOV     DI,BP
146F:009A EB03          JMP     009F
146F:009C E90A02        JMP     02A9
146F:009F 8BDF          MOV     BX,DI
-g 91

AX=0000  BX=0048  CX=0004  DX=16D0  SP=0080  BP=892F  SI=0000  D
DS=16D0  ES=13F7  SS=1752  CS=146F  IP=0091   NV UP EI PL ZR NA
146F:0091 BF0010        MOV     DI,1000
-
```

图 8.2.4　键入 g 91 的执行结果

mylock. exe。

不断缩小范围，最终确定在 00D1 和 00D9 之间。在这个范围内只有一条转移指令：

146f：00d7 7647 JBE 0120

我们转到 0120 处查看（键入 U 120 命令），再次键入 U 命令，发现有 3 个子程序调用语句如图 8.2.6 所示，分别位于 0149、0158、015C。下面看看这三个子程序的功能。键入 G14C，没有提示信息；再次键入 G15B，出现如图 8.2.5 所示的提示信息，这说明位于 0158 的子程序调用语句：

CALL 0373

图 8.2.5 键入 G 00ff，出现输入密码提示

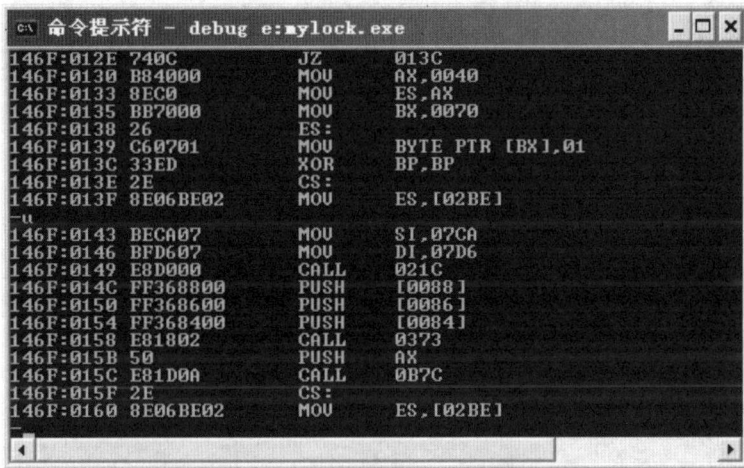

```
命令提示符 - debug e:mylock.exe
146F:012E 740C          JZ      013C
146F:0130 B84000        MOV     AX,0040
146F:0133 8EC0          MOV     ES,AX
146F:0135 BB7000        MOV     BX,0070
146F:0138 26            ES:
146F:0139 C60701        MOV     BYTE PTR [BX],01
146F:013C 33ED          XOR     BP,BP
146F:013E 2E            CS:
146F:013F 8E06BE02      MOV     ES,[02BE]
-u
146F:0143 BECA07        MOV     SI,07CA
146F:0146 BFD607        MOV     DI,07D6
146F:0149 E8D000        CALL    021C
146F:014C FF368800      PUSH    [0088]
146F:0150 FF368600      PUSH    [0086]
146F:0154 FF368400      PUSH    [0084]
146F:0158 E81802        CALL    0373
146F:015B 50            PUSH    AX
146F:015C E81D0A        CALL    0B7C
146F:015F 2E            CS:
146F:0160 8E06BE02      MOV     ES,[02BE]
```

图 8.2.6 位于 0149、0158、015C 的三个 CALL 语句

调用的是密码处理模块，即 0373 开始处是密码处理子程序。

进入密码处理模块的方法有两种：一种是键入 G14C 命令后，连续键入 T 命令 4 次，再用 U 命令查看程序。另一种是直接键入 G0373 命令后，键入 U 命令查看程序。采用后一种方法的结果如图 8.2.7 所示。

在进入如图 8.2.7 所示的密码处理模块后，再次键入 U 命令，会看到有位于 0388、038F、039A、03A4 四个子程序调用语句，如图 8.2.8 所示。

依次键入 G38B、G392、G39D、G3A7，四个子程序依次是：清屏、显示提示信息 Pleas input the password:、接收一个字符且显示“ * ”号，都不是密码处理语句。再键入 U 命令两次如图 8.2.9 所示。

```
命令提示符 - debug e:mylock.exe

C:\DOCUME~1\Thinkpad>debug e:mylock.exe
-g373

AX=0100  BX=07D6  CX=5040  DX=07D6  SP=FFF8  BP=0000  SI=07CA  DI
DS=16D0  ES=16D0  SS=16D0  CS=146F  IP=0373   NV UP EI PL ZR NA P
146F:0373 55            PUSH    BP
-u
146F:0373 55            PUSH    BP
146F:0374 8BEC          MOV     BP,SP
146F:0376 81EC0E04      SUB     SP,040E
146F:037A 56            PUSH    SI
146F:037B 57            PUSH    DI
146F:037C 33FF          XOR     DI,DI
146F:037E C746F20000    MOV     WORD PTR [BP-0E],0000
146F:0383 C746F43000    MOV     WORD PTR [BP-0C],0030
146F:0388 E8FB0F        CALL    1386
146F:038B B8AA00        MOV     AX,00AA
146F:038E 50            PUSH    AX
146F:038F E84F1D        CALL    20E1
146F:0392 59            POP     CX
-
```

图 8.2.7　进入密码处理模块

```
命令提示符 - debug e:mylock.exe
146F:0383 C746F43000    MOV     WORD PTR [BP-0C],0030
146F:0388 E8FB0F        CALL    1386
146F:038B B8AA00        MOV     AX,00AA
146F:038E 50            PUSH    AX
146F:038F E84F1D        CALL    20E1
146F:0392 59            POP     CX
-u
146F:0393 E96607        JMP     0AFC
146F:0396 33F6          XOR     SI,SI
146F:0398 EB0F          JMP     03A9
146F:039A E81B13        CALL    16B8
146F:039D 8842F6        MOV     [BP+SI-0A],AL
146F:03A0 B8C900        MOV     AX,00C9
146F:03A3 50            PUSH    AX
146F:03A4 E83A1D        CALL    20E1
146F:03A7 59            POP     CX
146F:03A8 46            INC     SI
146F:03A9 83FE07        CMP     SI,+07
146F:03AC 7EEC          JLE     039A
146F:03AE C646FE00      MOV     BYTE PTR [BP-02],00
146F:03B2 807EF638      CMP     BYTE PTR [BP-0A],38
-
```

图 8.2.8　密码处理模块中的四个 CALL 语句

```
命令提示符 - debug e:mylock.exe
146F:03AC 7EEC          JLE     039A
146F:03AE C646FE00      MOV     BYTE PTR [BP-02],00
146F:03B2 807EF638      CMP     BYTE PTR [BP-0A],38
146F:03B6 7403          JZ      03BB
146F:03B8 E90C07        JMP     0AC7
146F:03BB 807EF738      CMP     BYTE PTR [BP-09],38
146F:03BF 7403          JZ      03C4
146F:03C1 E90307        JMP     0AC7
146F:03C4 807EF838      CMP     BYTE PTR [BP-08],38
-u
146F:03C8 7403          JZ      03CD
146F:03CA E9FA06        JMP     0AC7
146F:03CD 807EF938      CMP     BYTE PTR [BP-07],38
146F:03D1 7403          JZ      03D6
146F:03D3 E9F106        JMP     0AC7
146F:03D6 807EFA38      CMP     BYTE PTR [BP-06],38
146F:03DA 7403          JZ      03DF
146F:03DC E9E806        JMP     0AC7
146F:03DF 807EFB38      CMP     BYTE PTR [BP-05],38
146F:03E3 7403          JZ      03E8
146F:03E5 E9DF06        JMP     0AC7
-
```

图 8.2.9　密码处理程序段

在图 8.2.9 中我们看到了连续 6 个比较语句：

```
CMP BYTE PIR [BP-0A],38
```

“38”是字符“8”的十六进制 ASCII 码。再次键入 U 命令，还有两个与前六个一样的比较语句，只是[BP-0A]依次变到[BP-03]。该段程序是内存中的 8 个字(从[BP-0A]到[BP-03])与字符“8”比较，如有一个不相等则显示密码错误(在 0AC7 处)，所以该程序的密码为“88888888”。

8.3 加壳软件

加壳软件按照其加壳目的和作用，可分为两类：一是压缩(Packers)；二是保护(Protectors)。压缩的主要目的是减小程序体积，如 ASPacK、UPX 和 PECompact 等。另一类是保护程序，用上了各种反跟踪技术保护程序不被调试、脱壳等，其加壳后的体积大小不是考虑的主要因素，如 ASProtect、Armadillo、EXECryptor 等。随着加壳技术的发展，这两类软件之间的界线越来越模糊，很多加壳软件除具有较强的压缩性能外，也有了较强的保护性能。如图 8.3.1 所示。

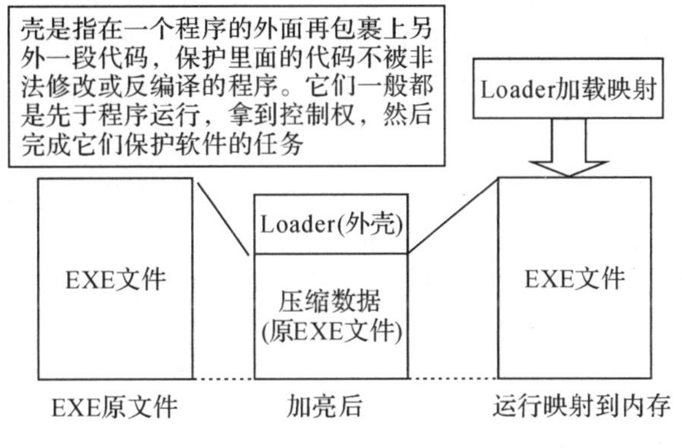

图 8.3.1　壳的示意

8.3.1 加壳原理

本书所讲述的加壳工具不是 WinZIP、WinRAR 等数据压缩工具，而是指压缩可执行文件 EXE 或 DLL 的工具。加壳过的 EXE 文件是可执行文件，它可以同正常的 EXE 文件一样执行。用户执行的实际上是外壳程序，这个外壳程序负责把用户原来的程序在内存中解压缩，并把控制权交还给解开后的真正程序，这一切工作都是在内存中运行的，整个过程对用户是透明的。

壳和病毒在某些方面比较类似，都需要比原程序代码更早的获得控制权。壳修改了原程序的执行文件的组织结构，从而能够比原程序的代码提前获得控制权，并且不会影响原程序的正常运行。

这里简单介绍一般壳的装载过程。

1. 获取壳自己所需要使用的 API 地址

如果用 PE 编辑工具查看加壳后的文件，会发现未加壳的文件和加壳后的文件的输入表不一样，加壳后的输入表一般所引入的 DLL 和 API 函数很少，甚至只有 Kernel32. dll 和 GetProcAddress。

壳实际上还需要其他的 API 函数来完成它的工作，为了隐藏这些 API，它一般只在壳的代码中用显式链接方式动态加载这些 API 函数。

2. 解密原程序的各个区块的数据

壳出于保护原程序代码和数据的目的，一般都会加密原程序文件的各个区块。在程序执行时外壳将会对这些区块数据解密，以让程序能正常运行。壳一般按区块加密，那么在解密时也按区块解密，并且把解密的区块数据按照区块的定义放在合适的内存位置。

如果加壳时用到了压缩技术，那么在解密之前还有一道工序，就是解压缩。这也是一些壳的特色之一，比如，原来的程序文件未加壳时 1～2MB，加壳后反而只有几百 KB。

3. 重定位

文件执行时将被映像到指定内存地址中，这个初始内存地址称为基地址(ImageBase)。当然这只是程序文件中声明的，程序运行时能够保证系统一定满足其要求吗?

对于 EXE 的程序文件来说，Windows 系统会尽量满足。例如某 EXE 文件的基地址为 0x400000，而运行时 Windows 系统提供给程序的基地址也同样是 0x400000。在这种情况下就不需要进行地址“重定位”了。由于不需要对 EXE 文件进行“重定位”，所以加壳软件把原程序文件中用于保存重定位信息的区块干脆也删除了，这样使得加壳后的文件更加小巧。有些工具提供“Wipe Reloc”的功能，其实就是这个作用。

不过对于 DLL 的动态链接库文件来说，Windows 系统没有办法保证每一次 DLL 运行时提供相同的基地址。这样“重定位”就很重要了，此时壳中也需要提供进行“重定位”的代码，否则原程序中的代码是无法正常运行起来的。从这点来说，加壳的 DLL 比加壳的 EXE 更难修正。

4. HOOK-API

程序文件中输入表的作用是让 Windows 系统在程序运行时提供 API 的实际地址给程序使用。在程序的第一行代码执行之前，Windows 系统就完成了这个工作。

壳一般都修改了原程序文件的输入表，然后自己模仿 Windows 系统的工作来填充输入表中相关的数据。在填充过程中，外壳就可填充 HOOK-API 的代码地址，这样就可间接地获得程序的控制权。

各类加壳软件，其压缩算法一般不是自己实现的，大多是调用其他的压缩引擎。目前压缩引擎种类比较多，不同的压缩引擎有不同特点，如一些对图像压缩效果好，一些对数据压缩效果好。而加壳软件选择压缩引擎有一个特点：在保证压缩比的条件下，压缩速度慢些关系不是太大，但解压速度一定要快，这样加了壳的 EXE 文件运行起来速度才不会受太大的影响。壳的装载过程如图 8.3.2 所示。

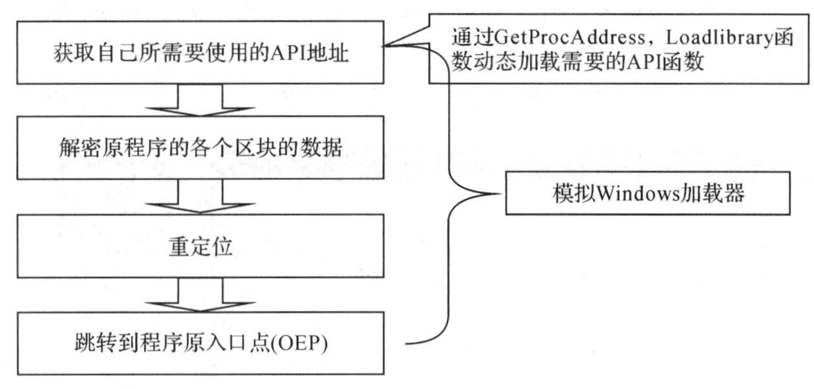

图 8.3.2　壳加载过程

8.3.2　ASPack 的安装与使用

ASPack 是一款非常好的 Win 32bit PE 格式可执行文件压缩软件，使用非常方便，而且操作很快捷。以往的压缩工具，通常是将电脑中的资料或文档进行压缩，用来缩小储存空间，但是压缩后就不能再运行了，如果想运行必须解压缩。另外，当你的系统中无压缩软件时，你的压缩包即无法解开。而 ASPack 的独特就在这里，ASPack 是专门对 Win32 可执行程序进行压缩的工具，压缩后程序能正常运行，丝毫不会受到任何影响。而且即使你已经将 ASPack 从系统中删除，曾经压缩过的文件仍可正常使用。其内置多种语言，包括简体中文。

如何知道软件是否有壳？又有什么壳呢？一般文件分析工具有 PEID、FileInfo 等。PEiD 的 GUI 界面操作非常方便直观。它的原理是利用查特征串搜索来完成识别工作的。各种开发语言都有固定的启动代码部分，利用这点就可识别出是何种语言编译的。同样，不同的壳也有其特征码，利用这点就可识别是被何种壳所加密。我们可搜索 PEID 并下载使用。一般下载的都是压缩包，下载后解压压缩包，双击可执行文件“PEiD”，弹出 PEiD 工作界面，如图 8.3.3 所示。

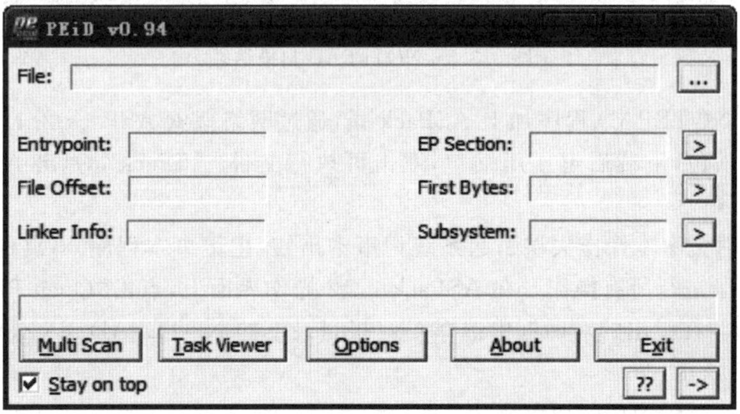

图 8.3.3　PEiD 工作界面

下面以系统自带的记事本工具作为加壳脱壳的研究对象。打开我的电脑，双击系统所在分区，一般默认是 C 分区，打开 Windows 文件夹，NOTEPAD. EXE 应用程序即为记事本程序，单击选中 NOTEPAD. EXE，拖入运行着的 PEiD 界面上，如图 8.3.4 所示。

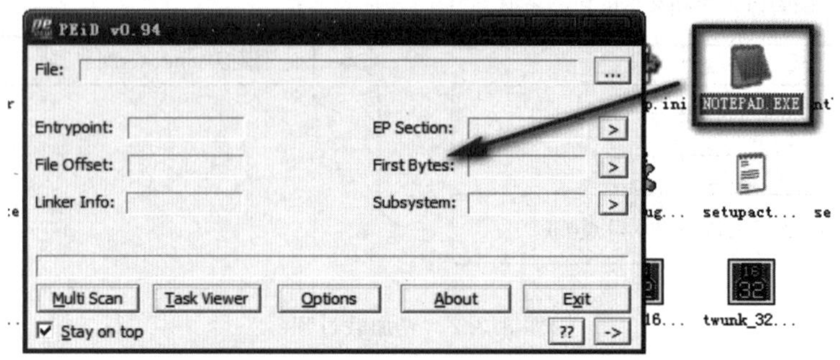

图 8.3.4　拖入 PEid

扫描结果如图 8.3.5 所示，可以看到 NOTEPAD 程序没有加壳，显示结果为“Microsoft Visual C++ 7.0 Method2 [Debug]”，可知 NOTEPAD 是使用 Microsoft Visual C++ 7.0 编写的。

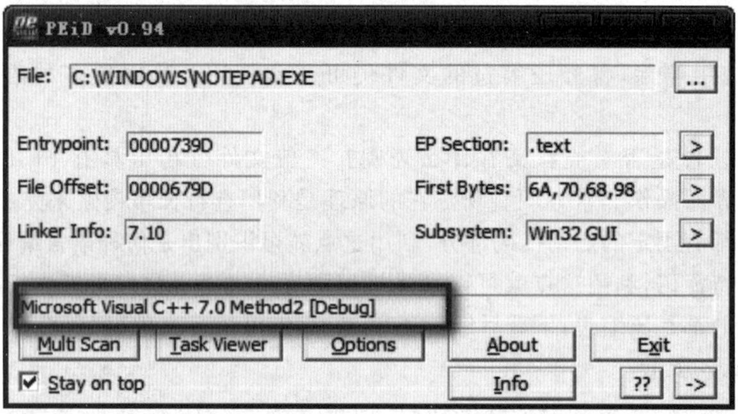

图 8.3.5　NOTEPAD 扫描结果

我们要对 NOTEPAD 程序加上 ASPack 壳，通过网络搜索 ASPack 2.12 并下载，一般下载的都是压缩包，下载后解压压缩包，双击可执行文件“ASPack”，弹出 ASPack 工作界面，如图 8.3.6 所示。

为了避免对记事本操作失误引起系统记事本出错，把记事本程序 NOTEPAD. EXE 拷贝到 C 盘根目录进行所有操作。在 ASPack 2.12 操作界面上，点击“Open File”选项卡，点击“Open”按钮。在弹出的对话框中选择 C 盘根目录下的 NOTEPAD. EXE，点击“打开”按钮，如图 8.3.7 所示。

如图 8.3.8 所示为程序加密成功，“Compression Progress”下面数字 100％表示加壳进度为 100％完成。“Compression File Size”下面数字 80％表示加壳压缩后体积为未加壳时的 80％，体积小了 20％。加壳后有些程序可能不能正常运行，需要测试下程序才行，点击图

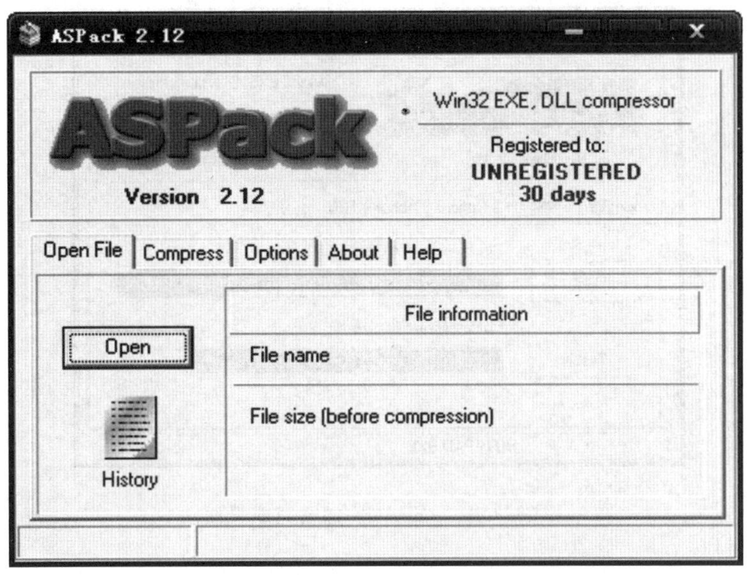

图 8.3.6　ASPack 工作界面

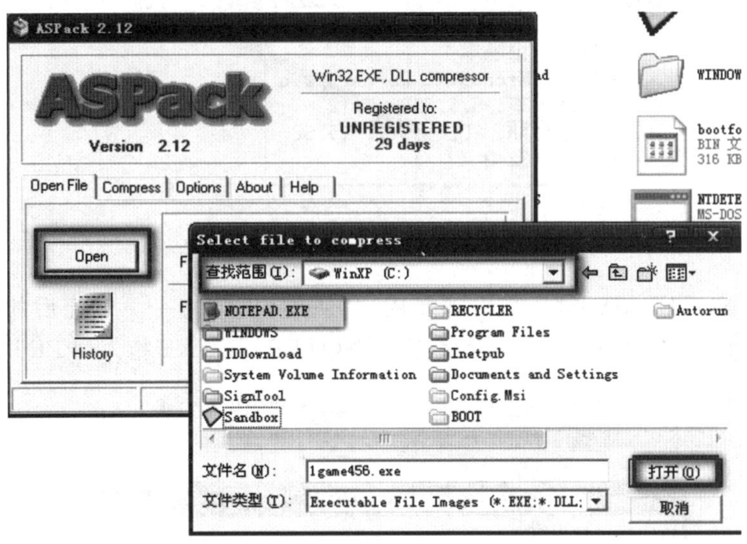

图 8.3.7　ASPACK 选择加密程序界面

8.3.8 界面上的“Test it!”按钮测试记事本是否能运行，经测试记事本打开正常，加壳完成。

默认情况下，ASPack 加壳程序会对程序进行备份，如图 8.3.9 所示，NOTEPAD.EXE 的备份文件为 NOTEPAD.EXE.bak，从 2 文件大小也可以看出：原来记事程序大小为 65KB，加壳后大小为 52KB。

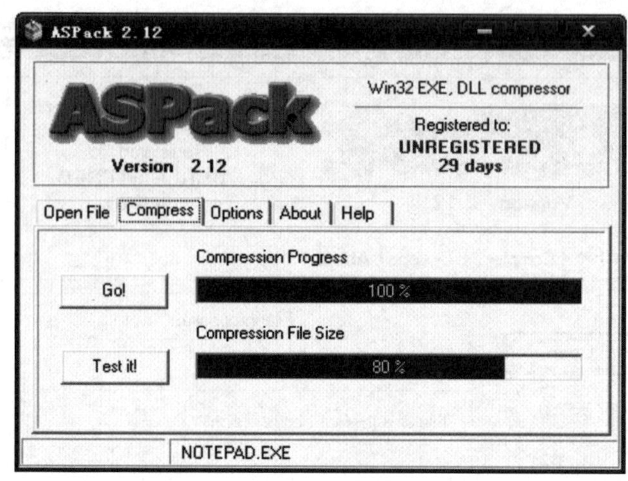

图 8.3.8 ASPACK 加密完成界面

图 8.3.9 备份文件与加壳后文件对比

验证一下 NOTEPAD. EXE 是否加壳成功，使用 PEiD 查一下加壳后的 NOTEPAD. EXE 会显示什么结果，如图 8.3.10 所示，选中 NOTEPAD. EXE 拖入到 PEiD 程序界面。

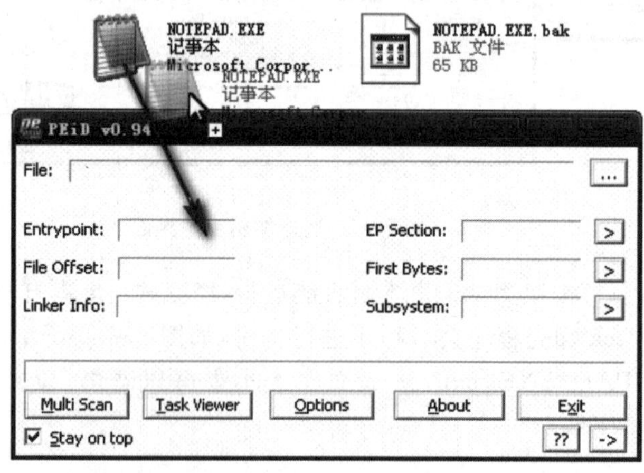

图 8.3.10 查加壳后 NOTEPAD. EXE 的信息

如图 8.3.11 所示 PEiD 识别出此软件是用 ASPack 2.12 加的壳，若 PEiD 分析不出类型的文件就报告是"Nothing found *"，如果出现这种情况一般都是未知壳或新版的壳。在

PEiD 界面上显示结果“ASPack 2.12→Alexey Solodovnikov”表明壳的名称是 ASPack 2.12，此壳的作者或公司是 Alexey Solodovnikov。

图 8.3.11　加壳后 NOTEPAD.EXE 的信息

8.3.3　ASPack 脱壳应用

脱壳的基本原则就是单步跟踪，只能往前，不能往后。脱壳的一般流程是：查壳→寻找 OEP→Dump→修复。找 OEP 的一般思路：先看壳是加密壳还是压缩壳，压缩壳相对来说容易些，一般没有异常，找到对应的 popad 后就能到入口。跳到入口的方式一般为：jmp OEP、push OEP ret、call OEP，当然也有其他的，如 je OEP 等，一般都是段之间的大跳转，OD 的反汇编窗口里都是同一个段的内容，所以更好区别是否是段间跳转。我们知道文件被一些压缩加壳软件加密后，下一步我们就要分析加密软件的名称、版本。因为不同软件甚至不同版本加的壳，脱壳处理的方法不相同。

以 8.3 节中加了 ASPack 壳的记事本 NOTEPAD.EXE 为例，演示 ASPack 脱壳机的方法。脱壳第一步查壳，依然用 PeiD 来查壳，具体查壳过程可以参考 8.3.2。下面通过网络搜索查找 ASPack 脱壳机 AspackDie，一般下载都是压缩包，下载后解压压缩包，双击可执行文件“AspackDie”，弹出 AspackDie 工作界面如图 8.3.12 所示。查找加壳后的记事本程序 NOTEPAD.EXE。

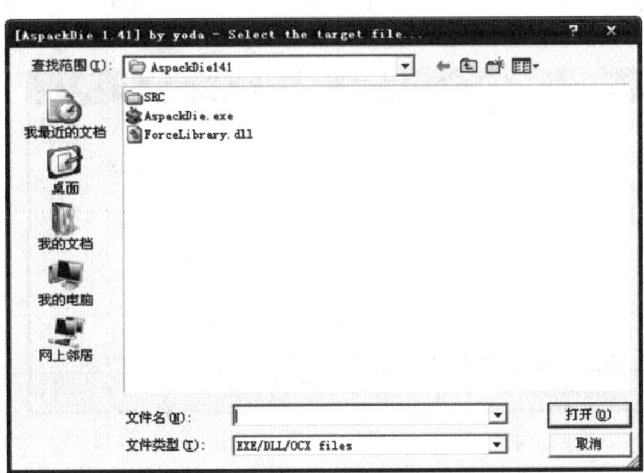

图 8.3.12　AspackDie 工作界面

选择要脱壳的程序 NOTEPAD. EXE,点击“打开”按钮,如图 8.3.13 所示。

图 8.3.13 AspackDie 选择界面

脱壳速度比较快,最后我们看到一个提示框:“File seems to be unpacked successfully”表示脱壳完成,如图 8.3.14 所示。为了确认脱壳成功可以使用 PEid 查看文件类型。

图 8.3.14 AspackDie 脱壳成功界面

最后查看脱壳后文件为 unpacked. ExE,如图 8.3.15 所示。

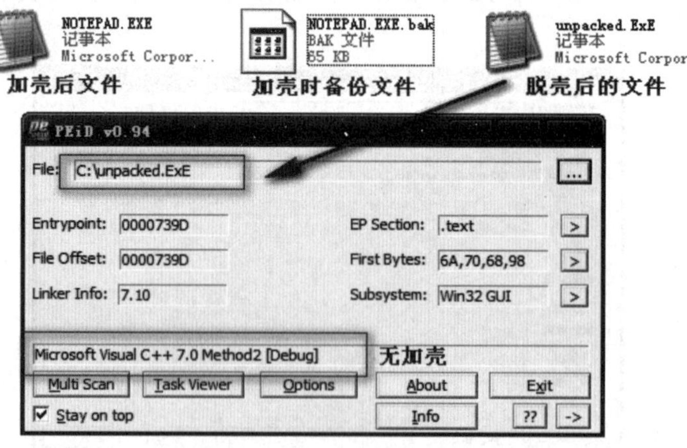

图 8.3.15 AspackDie 查看脱壳后文件界面

8.4 静态分析技术

8.4.1 虚拟地址和偏移量转换

由于 Windows 程序是运行在 386 保护模式下，在保护模式下，程序访问存储器所使用的逻辑地址称为虚拟地址(Virual Address，VA)。与实地址模式下的分段地址类似，虚拟地址也可写成“段:偏移量”的形式，这里的段是指段选择器。

文件执行时将被映像到指定内存地址中，这个初始内存地址称为基址(ImageBase)。在 Windows NT 中，缺省的值是 10000h；对于 DLLs，缺省值为 400000h。在 Windows 9x 中，10000h 不能用来装入 32 位的执行文件，因为该地址处于所有进程共享的线性地址区域，因此 Microsoft 将 Win32 可执行文件的缺省基址改为 400000h。

相对虚拟地址(Relative Virtual Address，RVA)表示此段代码在内存中相对于基地址的偏移，即：

相对虚拟地址(RVA)＝虚拟地址(VA)－ 基址(ImageBase)

文件中的地址与内存中表示不同，它是用偏移量(File offset)来表示的。

在 SoftICE 和 W32Dasm 下显示的地址值是内存地址(memory offset)，或称为虚拟地址。而十六进制工具里，如 WinHex、Ultraedit 等显示的地址就是文件地址，称为偏移量(File offset)或物理地址(RAW offset)。

在实际操作时，使用 RVA-Offset 之类的转换器很容易查出字串 RVA 和偏移量的值。以 PE Address Converter 转换工具为例说说如何将 W32Dasm 下看到的虚拟地址转换成十六进制工具里的偏移量。运行该软件打开 QQ 程序，在 VA 编辑框中输入虚拟地址的值：0040128C，点击“计算”按钮将显示相对虚拟地址和文件偏移量，如图 8.4.1 所示。

图 8.4.1 内存虚拟地址转换成文件偏移量

8.4.2 静态分析的基本流程

软件静态分析的本质是对软件进行反汇编处理，然后对汇编语句进行分析，从而找出软件运行的规律和机制，并试图破解软件的保护机制。其基本流程如图 8.4.2 所示。

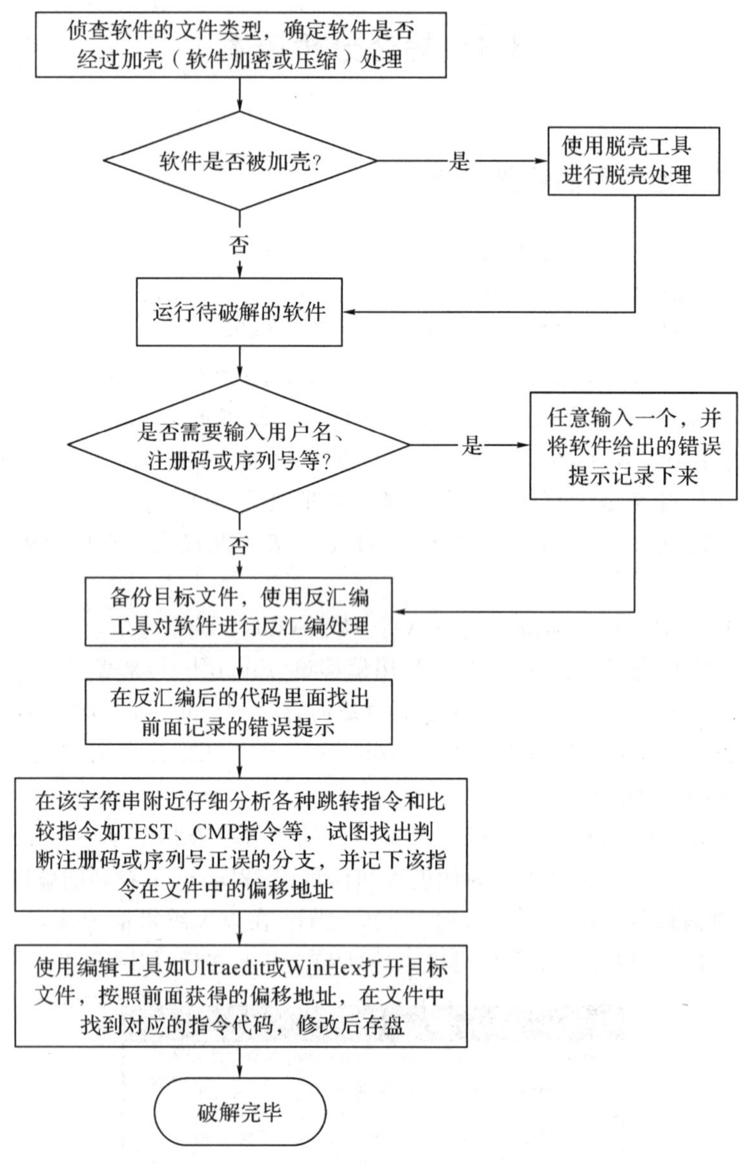

图 8.4.2　软件静态分析基本流程

8.4.3　文件类型分析

文件分析是静态分析程序的第一步，通过相关工具显示欲调试文件的信息，如它是用什么语言写的，是否加壳等。常用的文件分析工具有 TYP、Gtw 或 FileInfo。其中 FileInfo(下载地址 https://pan.baidu.com/s/1GsLGLBL3rgo7Jkj16Ffa2Q，提取码：ks7g)由于识别文件类型较多，使用方便，在这一节简单地讲讲它的用法。

FileInfo 运行时是 DOS 界面，支持 Windows 长文件名，能识别 DOS、NE、PE 等各种文件类型和壳。在 DOS 命令里输入命令 fi，如图 8.4.3 所示。

```
C:\WINDOWS\system32\cmd.exe - fi

        FileInfo v3.01r (c) 1997-2003  from  20 Mar 2003
        by Michael Hering - herinmi@tu-cottbus.de

ListMode »»  "fi <drive:\path\><filemask> <option> .. </i->"

   /r   scan over all subfolders unsorted                [disable]
   /f   show files only which are identified             [disable]
   /l   put out longfilenames, Win9X only                [disable]
   /d-  don't print partially summary of detection       [enable]
   /p+  try to show the listing pageable                 [auto]
   /c+  print the crc32 instead of date  or /c#x [x=$EDB88320]
   /5+  print the md5digest for each file, NO identify   [off]
   /x+  executable files  or  /x- binaries only          [all]

       -=-  ThanXs for suggestions and filesupport  -=-
    You should press the "spacebar" key to use option /r

>>> Press ENTER or SPACE to list the current directory <<<
```

图 8.4.3　FileInfo 运行界面

语法：fi <drive:\path\>< * . * > </r> </f> </l> </d-> </p+> </c+> </5+> </x+>

“fi/r”列出当前目录和子目录所有的文件信息；

“fi/f”仅列出能识别的文件；

“fi/f”仅列完整的文件名(超过 8 个字符的长文件名)。

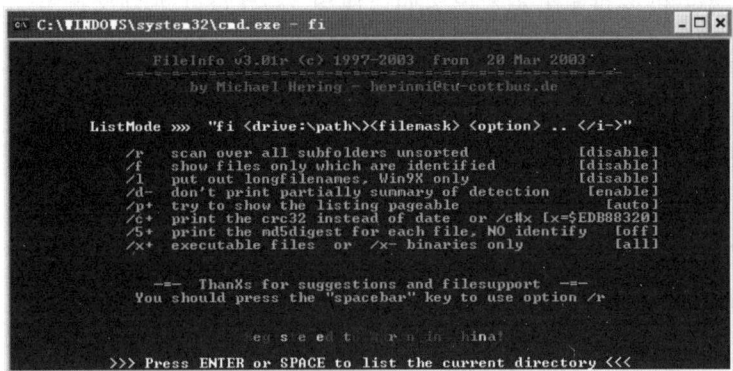

如果要查看某个文件的文件类型信息，只需把它拷贝到 fi. exe 所在的目录下，在 DOS 命令里输入命令 fi/f 就可获得该文件的类型，如图 8.4.4 所示。

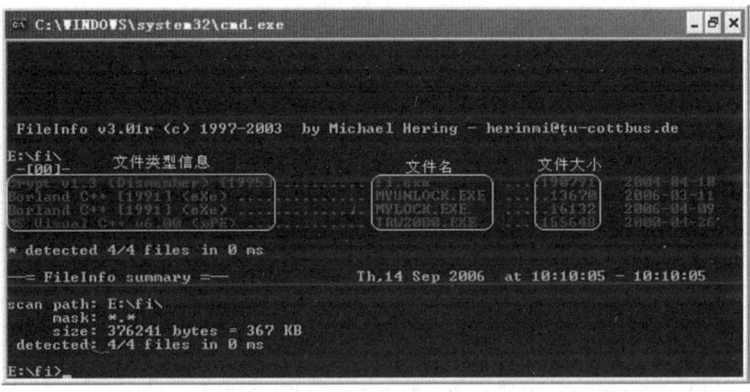

图 8.4.4　FileInfo 运行结果

在图 8.4.4 的运行结果中，文件 MYLOCK. EXE 和 MYLOCK. EXE 被分析出是用 Borland C++编译的，文件 TRW2000. EXE 被分析出是用 VC 6.0 编译的。另外，此工具也可分析出程序是被何种软件所加密的等。

8.4.4　W32Dasm 简介

W32Dasm(下载地址 https://pan. baidu. com/s/1GsLGLBL3rgo7Jkj16Ffa2Q，提取码：ks7g)是一个功能强大的反汇编工具，操作简单，使用方便。通常被程序员使用，当然也可以用来破解软件。假设我们要用反汇编 Windows 系统自带的计算器应用程序 Calc. exe

(在 Windows\System32 目录下),来说明如何使用 W32Dasm 进行反汇编。在开始前请先备份 Calc.exe 文件。

1. 开始

运行 W32Dasm 工具,如图 8.4.5 所示。

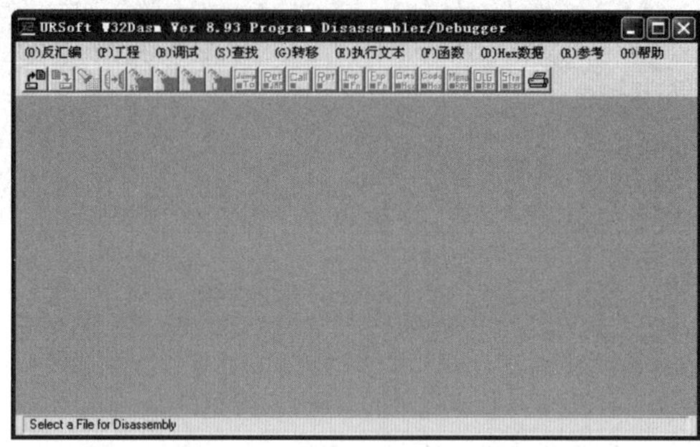

图 8.4.5 W32Dasm 主界面

(1)在反汇编菜单中选择打开文件或直接按工具栏按钮 。

(2)选择需要反汇编的文件,单击打开,开始进行反汇编。

(3)反汇编后结果如图 8.4.6 所示。

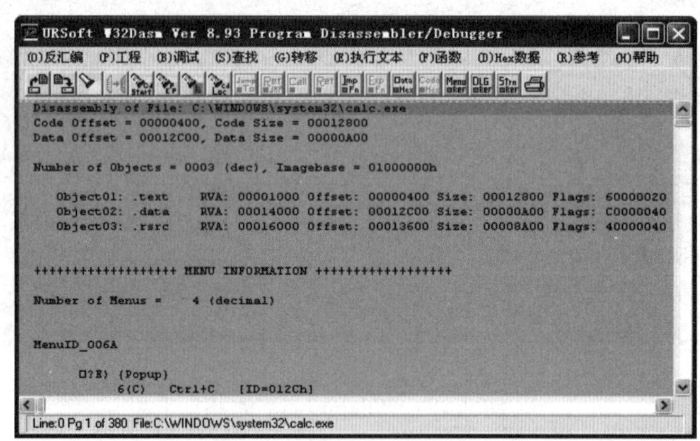

图 8.4.6 W32Dasm 的反汇编结果

2. 反汇编静态分析操作

(1)转到代码开始

在工具栏按 或在转移菜单中选择转到代码头或按 Ctrl+S,这样光标将来到代码的开始处,用户可通过双击鼠标或用 Shift+上下光标键改变光标的位置。

注:代码的开始处是反汇编代码列表清单汇编指令的开始,而不是代码运行的起点,程序运行的起点称为程序入口点(Program Entry Point)。

(2)转到程序入口点

在工具栏按 或在转移菜单中选择转到程序入口处或按 F10,这样光标将来到程序入口点(Entry Point),这里就是程序执行的起始点。

(3)转到指定页

在工具栏按 或在转移菜单中选择转到页或按 F11,这时跳出一个对话框,输入页数即可跳转到指定的页面去。

(4)转到指定的代码位置

在工具栏按 或在转移菜单中选择转到代码位置或按 F12,在如图 8.4.7 所示的对话框中输入指定的代码偏移地址,即可跳转到此位置上去。

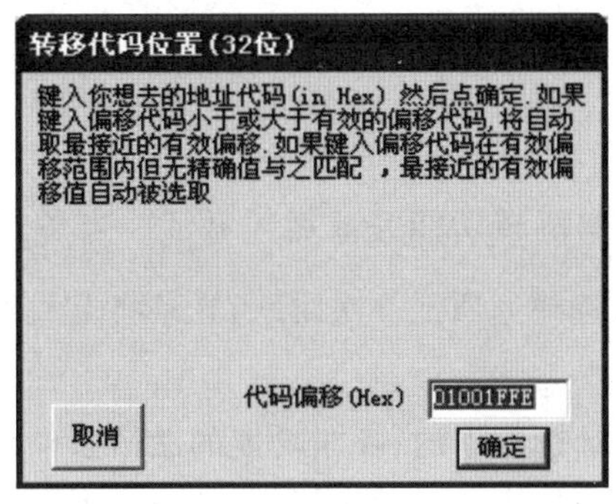

图 8.4.7　转移代码位置对话框

(5)执行文本跳转

该功能是在执行文本菜单选项里的执行跳跃功能的激活条件是光标在代码的跳转指令这行上(这时光条是高亮度的绿颜色)。此时工具条按钮 也激活。如图 8.4.8 所示。

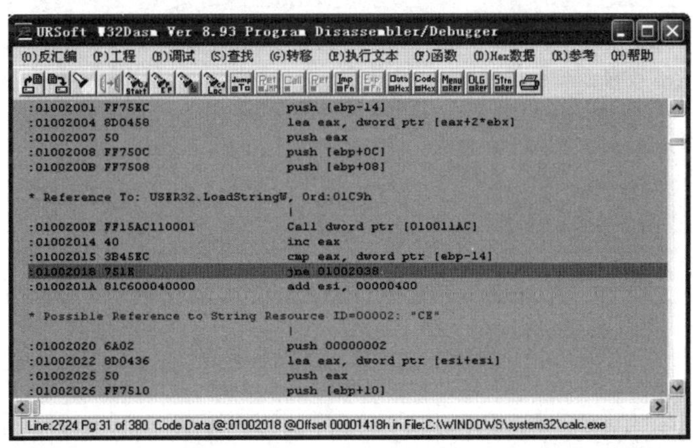

图 8.4.8　执行跳跃功能前

此时按 或菜单选项执行跳跃,光条将来到跳转指令所指到的位置。在这个例子里,将跳到 01002038 代码处,如图 8.4.9 所示。

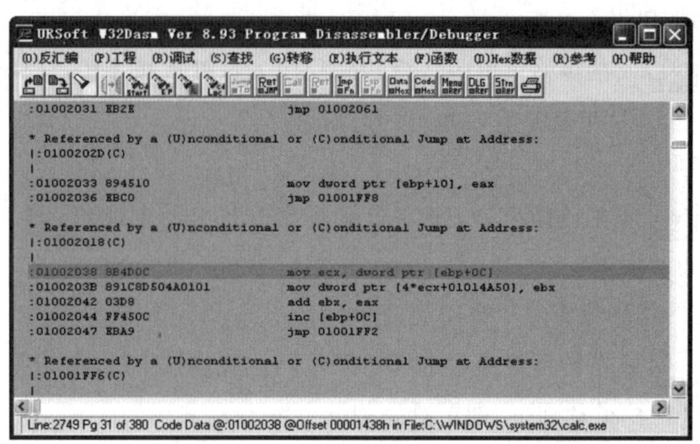

图 8.4.9 执行跳跃功能后

(6)返回到上一次跳跃

该功能仅仅是在执行文本跳转功能完成后才激活。当条件满足时,按钮 将激活。按 或在执行文本菜单里选择返回上一次跳跃,光条将返回到上一次跳跃位置处。

(7)执行呼叫

该功能是在执行文本菜单选项里的;呼叫功能的激活条件是光条在 Call 指令一行。在这一行时光条将发绿,按钮 将激活。执行时光条将会来到 Call 所指的地址处。

如图 8.4.10 所示,光条停在 01005054 call 0100548F 一行。

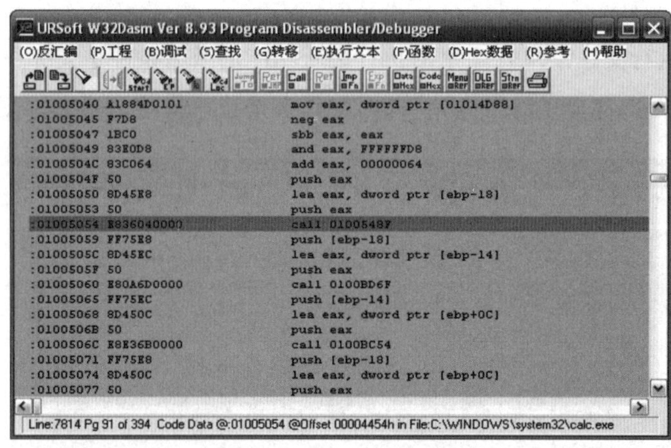

图 8.4.10 执行呼叫功能前

此时按 或按执行文本菜单的执行呼叫,光条将来到 Call 所指的地址 0100548F 这一行。如图 8.4.11 所示。

(8)返回上一呼叫

该功能是在执行文本菜单选项里的,此指令仅仅是在执行呼叫功能完成后才激活。当

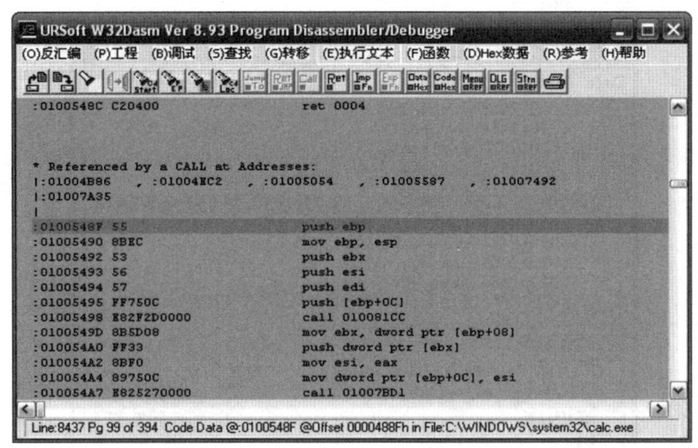

图 8.4.11　执行呼叫功能后

这条件成立时，按钮 Ret 将激活。按 Ret 或在菜单里选择返回上一呼叫，光条将返回到上一次呼叫位置处。

(9)参考(References)

在这个菜单选项里有菜单参考、对话框参考和串式参考 STRING DATA 三个选项，分别对应 Menu Ref、DLG Ref 和 Strn Ref 三个工具栏按钮。

注意：串式参考功能破解时很常用。

3. 装载 32 位的汇编代码动态调试器

选择调试菜中单的加载处理选项，或按 Ctrl＋L，出现一个“加载”对话框，点击载入按钮，Calc. exe 将被 W32DASM 动态调试，出现左右两个调试窗口，如图 8.4.12 和图 8.4.13 所示。在初始化 calc. exe 程序后，指令将停留在入口点(Entry Point)处。左边的调试窗口列出各种状态器，如 CPU 寄存器、CPU 控制寄存器、断点、活动的 DLL、段寄存器等。

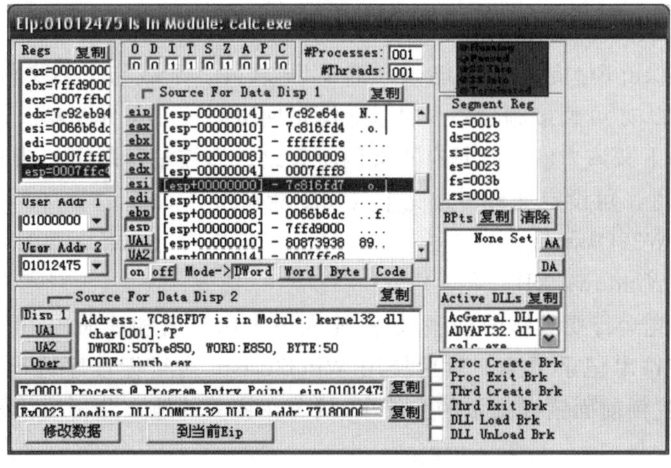

图 8.4.12　左调试窗口

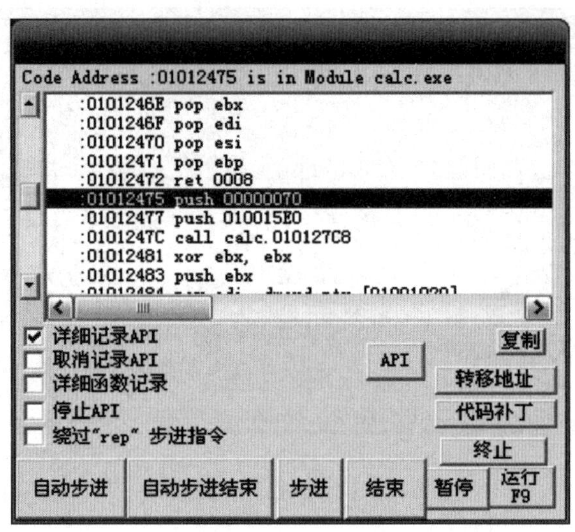

图 8.4.13　右调试窗口

4. 在调试器中运行、暂停或终止程序

(1)在右调试窗口,按运行按钮或按 F9,calc.exe 将运行起来。

(2)在调试器窗口中按 F7 或 F8 可以进行单步调试。

(3)按暂停按钮或空格键,程序将暂停,这在单步跟踪时经常用到。

(4)按终止按钮,程序将停止,退出动态调试环境。

注意:F7 和 F8 的区别在于,F7 遇到 Call 调用会跟踪到函数内部,F8 则不会。

8.4.5　静态破解实例

下面给出一个实例,让大家看看如何使用静态分析技术来破解软件。

【目标软件】LeapFtp 2.7.6

【下载地址】https://pan.baidu.com/s/1GsLGLBL3rgo7Jkj16Ffa2Q(提取码:ks7g)

【软件简介】LeapFtp 是一款功能强大的 FTP 软件。下载与上传文件支持续传,可下载或上传整个目录,亦可直接删除整个目录。浏览网页时可在文件连结上按鼠标右键选[复制捷径]便会自动下载该文件。其具有不会因闲置过久而被站台踢出的功能,可直接编辑远端 Server 上的文件。可设定文件传送完毕自动中断连接。

【破解工具】W32Dasm

【破解平台】Windows XP

【破解原理】先运行要破解的程序,任意输入一个用户名和注册码,程序将显示错误提示,把错误提示字符串记录下来。然后使用 Win32Dasm 对目标程序进行反汇编。在反汇编后的源代码中找到前面错误提示的字符串,接着在相关的地方分析源代码,最后找到破解的位置。

具体破解步骤如下:

运行 LeapFtp 后,在程序窗口的标题栏上可以看到 Unregistered 的字样。

在 LeapFtp 的 Help 菜单里选择 Enter Registration Data 选项，弹出注册对话框。如图 8.4.14。

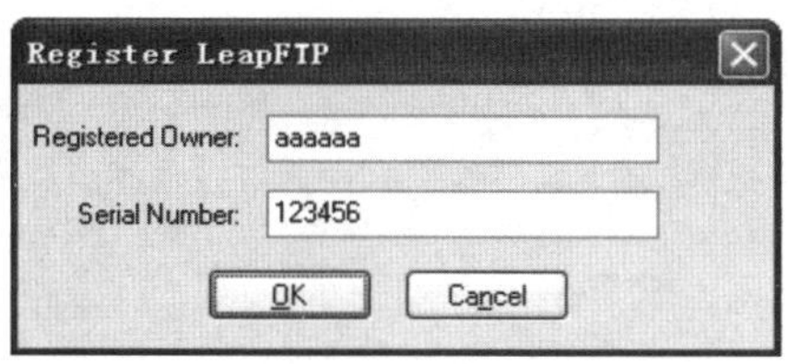

图 8.4.14　LeapFtp“注册”对话框

在对话框中任意输入一个错误的用户名和序列号，点击“OK”。程序将提示错误信息，如图 8.4.15 所示。

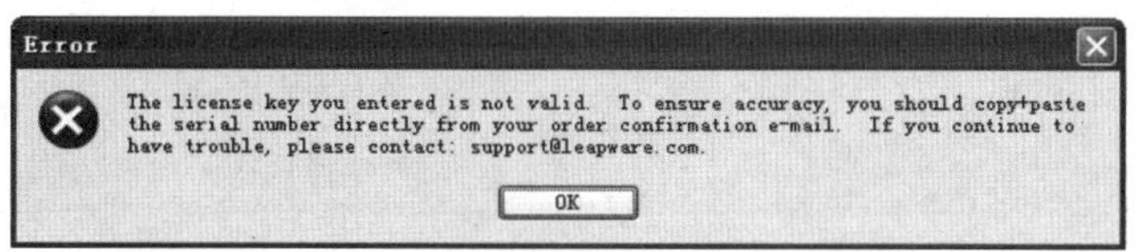

图 8.4.15　LeapFtp 提示注册错误对话框

记住错误信息的一部分字符串，如“not valid”，关闭对话框，退出 LeapFtp 程序。

运行 W32Dasm，打开 LeapFtp. exe 文件进行反汇编。然后选择 Search 菜单中的 Search Text 选项。在弹出的“搜索”对话框中输入前面记录的错误信息字符串“not valid”，点击查找。结果如图 8.4.16 所示。

```
* Referenced by a (U)nconditional or (C)onditional Jump at Address:
|:00484494(C)
|
:004844F8 6A00                    push 00000000
:004844FA 668B0D60454800          mov cx, word ptr [00484560]
:00484501 B201                    mov dl, 01

* Possible StringData Ref from Code Obj ->"The license key you entered is "
                                        ->"not valid.  To ensure accuracy, "
                                        ->"you should copy+paste the serial "
                                        ->"number directly from your order "
                                        ->"confirmation e-mail.  If you continue "
                                        ->"to have trouble, please contact: "
                                        ->"support@leapware.com."
                                  |
:00484503 B86C454800              mov eax, 0048456C
:00484508 E82F5FFDFF              call 0045A43C
```

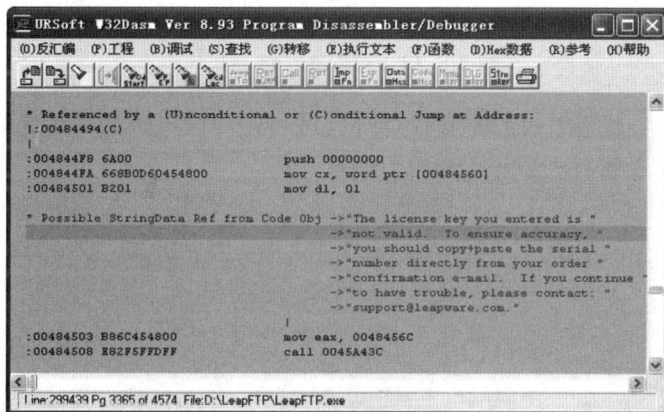

图 8.4.16　查找字符串的结果

从查到的字符串位置顺序向上分析原代码，要特别注意 test、cmp、call、je 和 jne 等条件跳转指令。

下面，我们开始分析原代码（见图 8.4.17）。

将光标跳到 00484494 的位置，分析附近的代码，如图 8.4.18 所示。

接着，将光条跳到 0048464C（见图 8.4.19）。看看这个核心函数的内容。

```
* Referenced by a (U)nconditional or (C)onditional Jump at Address:
|:00484494(C)    这里表示有条件转移指令转到此处，由于下面的代码是错误提示，
|                因此说明在00484494前面进行错误判断
:004844F8 6A00                      push 00000000
:004844FA 668B0D60454800            mov cx, word ptr [00484560]
:00484501 B201                      mov dl, 01

* Possible StringData Ref from Code Obj ->"The license key you entered is "
                                        ->"not valid.  To ensure accuracy, "
                                        ->"you should copy+paste the serial "
                                        ->"number directly from your order "
                                        ->"confirmation e-mail.  If you continue "
                                        ->"to have trouble, please contact: "
                                        ->"support@leapware.com."
```

图 8.4.17　原代码

```
:00484485 8B55F4            mov edx, dword ptr [ebp-0C]
:00484488 8B4DFC            mov ecx, dword ptr [ebp-04]
:0048448B 8BC3              mov eax, ebx
:0048448D E8BA010000        call 0048464C   调用判断用户名和序列号的核心函数
:00484492 84C0              test al, al     如果序列号错误，则al=0，否则al不为零
:00484494 7462              je 004844F8     如果序列号错误，则跳转到004844F8
```

图 8.4.18　光条跳到 00484494

```
* Referenced by a CALL at Addresses:
|:0048448D   , :00484FE7    这里表示有两个地方调用了核心函数
|
:0048464C 55                push ebp
:0048464D 8BEC              mov ebp, esp
:0048464F 83C4DC            add esp, FFFFFFDC
:00484652 53                push ebx
:00484653 33DB              xor ebx, ebx
```

图 8.4.19　光条跳到 0048464C

对于上面的核心代码，我们关心的不是核心代码的内容，而是究竟谁调用了它。显然，在代码的开头可以看到有两个地方调用了此段代码，一个是 0048448D，这个我们前面已经分析过了，另一个是 00484FE7。下面，将光条跳到 00484FE7 处来分析(见图 8.4.20)。

```
* Referenced by a (U)nconditional or (C)onditional Jump at Address:
|:00484FC1(C)
|
:00484FD6 8B462C            mov eax, dword ptr [esi+2C]
:00484FD9 50                push eax
:00484FDA A194C14B00        mov eax, dword ptr [004BC194]
:00484FDF 8B00              mov eax, dword ptr [eax]
:00484FE1 8B4E28            mov ecx, dword ptr [esi+28]
:00484FE4 8B5624            mov edx, dword ptr [esi+24]
:00484FE7 E860F6FFFF        call 0048464C   这里调用了序列号判断的核心函数
:00484FEC 84C0              test al, al     判断序列号是否正确
:00484FEE 7404              je 00484FF4     如果序列号错误就跳转
```

图 8.4.20　光条跳到 00484FE7

分析结论：前面的分析可以看到，程序里有两个地方判断序列号的正误，并且有相应的跳转指令，如果发现序列号错误就跳转。破解的方法很显然，只要把这两个 je 指令改成相反的 jne 指令就可以了，对应的机器码就是把 74 改成 75。

将光条移动到指令 00484494 处，从 W32Dasm 主窗口下面的状态栏里读取对应的偏移地址 Offset=00083894h。同理，将光条移动到指令 00484FEE 处，读取对应的偏移地址 Offset=000843EEh。

关闭 W32Dasm，使用 UltraEdit 编辑工具打开 LeapFtp. exe 文件。

在文件中找到 00083894h 位置，如图 8. 4. 21 所示，把 74 改成 75。同理再找到 000843EEh 的位置，把 74 改成 75，保存文件，退出 UltraEdit。

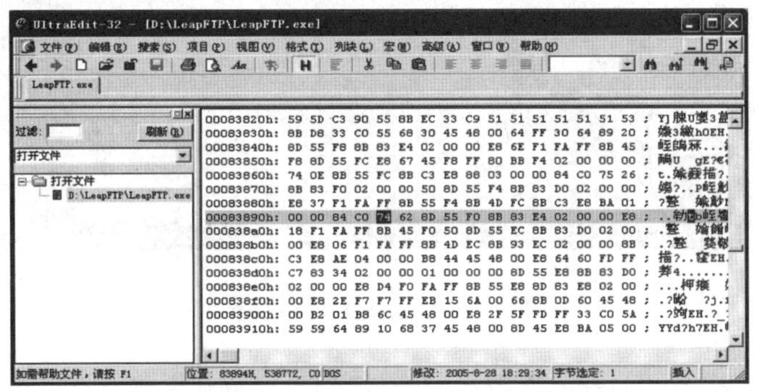

图 8.4.21　UltraEdit 修改文件示意

重新运行 LeapFtp，标题上的“Unregistered”字样消失。

上述实例使用静态分析技术成功破解了 LeapFtp。尽管使用这种方法不能获取具体的序列号，但足以让我们正常使用该软件了。

8.5　动态分析技术

8.5.1　概述

动态分析技术通过对软件进行动态跟踪、实时分析，可以比较详细地了解每个模块的功能。动态分析技术中最重要的工具是调试器，分为用户模式和内核模式两种。用户模式调试器是指用来调试用户模式应用程序的调试器，它们工作在 Ring 3 级，如 OllyDbg、Visual C++等编译器自带的调试器。内核模式调试器是指能调试操作系统内核的调试器，它们处于 CPU 和操作系统之间，工作在 Ring 0 级，如 SoftICE 等。接下来，我们将介绍这两个工具的安装、操作和一些常用的命令。

8.5.2　SoftICE 的安装与使用

SoftICE 有几个平台的版本：DOS，Windows 3. 0，Windows 95/98，WINDOWS NT，等。由于现在最普及的操作系统是 Windows 95/98、Windows NT、Window 2000 因此就讲讲 Softice 在这几个平台安装时的一些注意事项。

1. SoftICE V4.05 安装介绍

(1)运行 Setup.exe 开始安装，如图 8.5.1 所示。

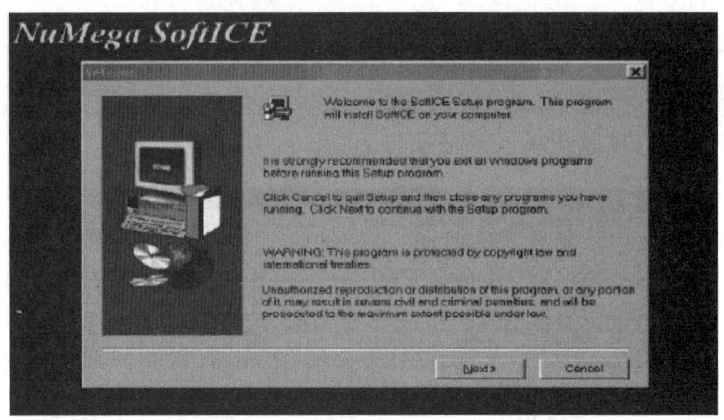

图 8.5.1　SoftICE 安装画面 1

(2)点击下一步(Next)，输入安装序列号(序列号一般在安装软件的 readme.txt 或其他说明文件里)。

(3)接下来几个画面是要求选定路径和安装组件，然后你会来到“显卡配制”对话框，如图 8.5.2所示。

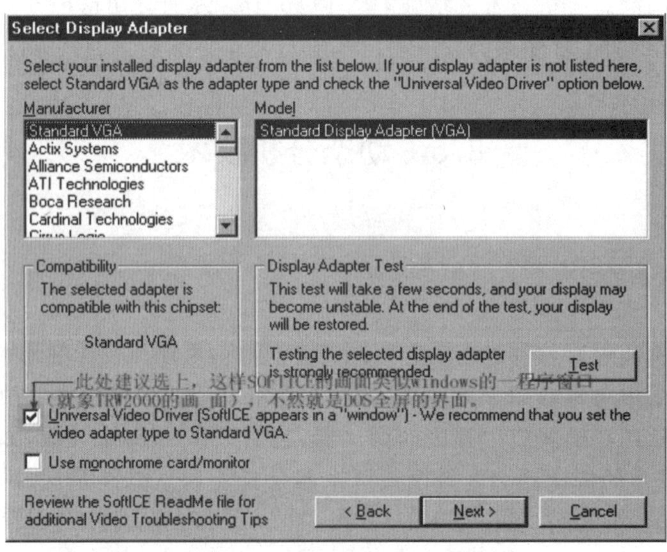

图 8.5.2　SoftICE 安装画面 2

显卡配制的方式有两种：

①字符方式：这种方式使 Softice 激活状态时类似 DOS 全屏状态一样(也就是字符模式状态)，在显卡列表选择你的显卡类型，Universal Video Driver 和 Use monochrome card/monitor 这两项不要选，然后点击“Test”按钮，在测试过程中你能看到各种颜色的字符，说明显卡测试通过，就可以进行下一步了。

②窗口方式：这种配制使 Softice 在激活状态下类似 Windows 应用程序的一个窗口，这样在调试时可避免显示器不停地在图形和字符模式转换。配制时，显卡列表一栏忽略，不用配制，只要把 Universal Video Driver 这一项选上，然后点击"Test"按钮，如跳出对话框如图 8.5.3 所示，则测试通过。（推荐使用该方式）

图 8.5.3　SoftICE 安装画面 3

（4）鼠标的配制，如图 8.5.4 所示。

现在鼠标常见的一般是 ps/2 接口，你根据自己的鼠标接口类型或位置选上合适的就可以。如碰到鼠标在 Softice 调试画面不能用或一用死机，可能是没选好正确的选项，你可以在 Softice 菜单里运行 Mouse Setup 菜单项重新配制鼠标。

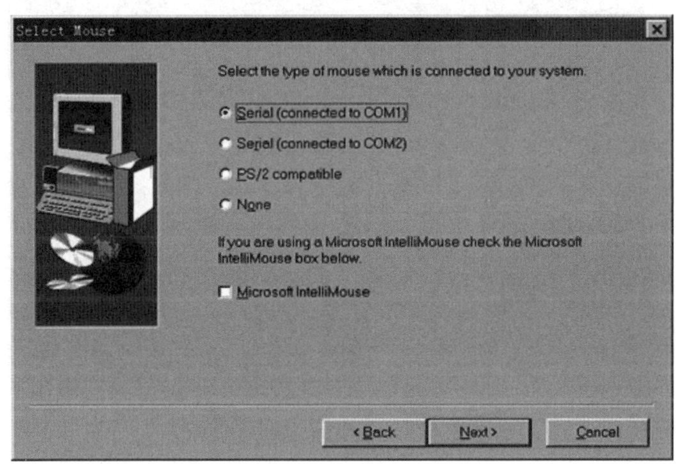

图 8.5.4　SoftICE 安装画面 4

（5）系统参数配置，要求选择装载的模式，是否自动启动 SoftICE。如果选择 Let Setup modify AUTOEXEC.BAT，那么每次系统启动之前都会自动装载 SoftICE。如图 8.5.5 所示。

（6）然后安装程序将复制文件到硬盘里，最后弹出一个"在线注册"对话框，如图 8.5.6 所示，选择最后一项 Register later 即可。

2. SoftICE 调试窗口简介

安装完成后运行 SoftICE，此时在 Windows 里按"Ctrl＋D"键就可以调出 SoftICE 的调试窗口，当需要返回到 Windows 系统时，再按"Ctrl＋D"键，也可使用 X 命令或按 F5 键。由于 SoftICE 工作在系统 0 级，所以无法截取它的界面，SoftICE 的调试窗口主要分为寄存

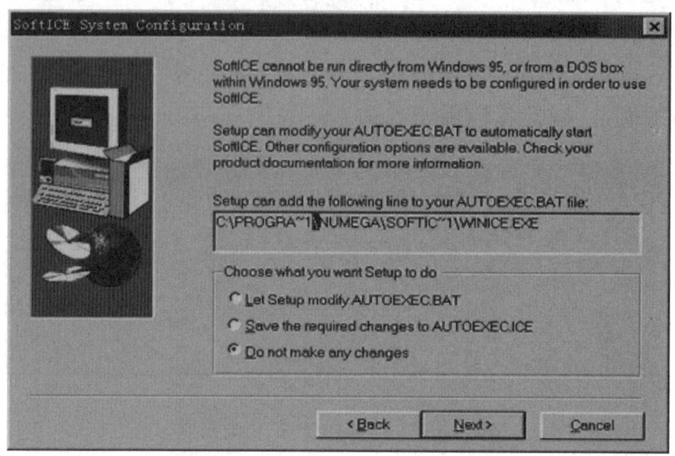

图 8.5.5　SoftICE 安装画面 5

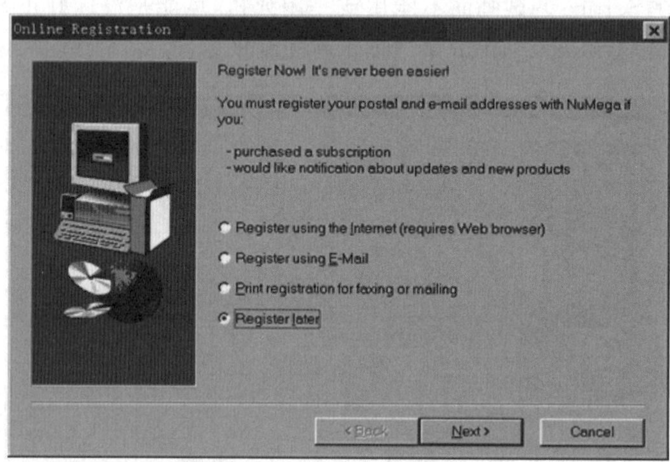

图 8.5.6　SoftICE 安装画面 6

器窗口、数据窗口、代码窗口、浮点窗口和命令窗口等。

3. SoftICE 常用命令简介

由于 SoftICE 命令操作较多，在此就把几个常用的命令介绍一下，其他详细说明请参考 SoftICE 命令参考文档。

(1)执行命令

①G 命令

语法：G [=start-address] [break-address]

功能：执行程序，后面如果加地址，则执行到该地址为止。

用法：TRW2000 中 G 命令与 SoftICE 稍有不同，SoftICE 中 G 命令必须是在当前段中，这时 IP(EIP)为指定值才中断；而 TRW2000 则不管段址如何，只要 IP(EIP)是指定的值便停下，TRW2000 这个特性大大方便了我们的操作。

②P 命令

语法：P [ret]

功能：单步执行程序。

用法：P 命令单步执行程序，相当于按下 F10 键。在汇编模式中，当遇到 CALL、INT、LOOP、REP 指令时，P 不跟踪进去，直到这些指令执行完毕，控制才返回 SoftICE。换句话说，P 命令是跨过这些指令的。如果 P 命令后面加 RET 参数，相当于按快捷键 F12。SoftICE 将一直单步执行直到它找到一条返回语句(RET/RETF)，也就是说，让 SoftICE 一直执行代码，直到出现 RET 指令，再跳出来拦截。

③T 命令

语法：T [=start-address] [count]

功能：单步跟踪。

用法：start-address：执行起始地址；

count：指定 SoftICE 将单步跟踪多少次才停止。

T 命令相当于功能键 F8，如没指定起始地址，将从 CS：IP(EIP)指向的指令开始执行，此时当遇到 CALL、LOOP 等指令时，T 将跟踪进去。

注意：F8 和 F10 功能键的主要差别就在这，遇到 CALL、LOOP 等指令时，F10 是路过，而 F8 是跟进去。

(2)断点命令

①BPX 命令

语法：BPX [address] [IF expression] [DO "command1；command2；…"]

功能：在可执行语句上设置(或清除)断点。

用法：address：断点所在的线性地址；

IF expression：条件表达式，只有条件为"真"时，SoftICE 才在断点处弹出；

Do command：当 SoftICE 弹出时，自动执行一些命令。

BPX 用来在指令处下断点，程序一旦执行到此，SoftICE 就会弹出。当光标在代码窗口中时，直接打入 BPX 就会在光标所在语句处设断点，再打 BPX 就取消。BPX 的快捷键是 F9，当光标在代码窗口中时，按 F9 就是设定(取消)。BPX 也可用函数名来作地址参数：格式为"BPX 函数名"。

②BPM 命令

语法：BPM[size] address [verb][debug-reg][IF expression][DO "command1；command2；…"]

功能：设置内存访问断点。

用法：size：内存单元大小，B 为字节(默认)；W 为字；D 为双字。

verb：所进行的操作，R 为读；W 为写；RW 为读写(默认)；X 为执行。

debug-reg：Debug 寄存器：DR0；DR1；DR2；DR3。

IF expression：条件表达式，只有在条件满足时，SoftICE 才在断点处弹出。

DO command：当 SoftICE 弹出时，自动执行命令。

注意：BPM 用了 DR3-DR0 四个寄存器，所以最多只能设四个断点。

③BMSG 命令

语法:BMSG Window-handle [L][Begin-msg[end-msg]][IF expression]
[DO "command1;command2;…"]

功能:在 Windows 的消息上下断点。

用法:Window-handle:消息发向的窗口句柄,即消息名。

Begin-msg:消息表示字的范围,如果没有 end-msg,那么只在 Begin-msg 上设断点,否则在区域内所有的消息都会被设断点。

IF expression:条件满足时,SoftICE 在断点处弹出。

DO command:当 SoftICE 弹出时,自动执行命令。

Windows 本身是由消息驱动的,所以跟踪一个消息会得到相当底层的答案。如:

我们执行记事本程序(Notepad),然后 Ctrl+D 激活 SoftICE,输入:

:bmsg wm_char

:g

然后回到 Notepad 中,随便按一个键,SoftICE 就激活了;原因在于我们在按键消息上设置了断点(退出 SoftICE 时不要忘下命令“BC *”清除所下的断点)。

④BL 命令

语法:BL

功能:显示当前所设的断点。

用法:SoftICE 会把所有断点按从 0 开始的编号列出,而 TRW2000 是将从 1 开始的编号列出。

⑤BC 命令

语法:BC list | *

功能:清除一个或多个断点。

用法:list:可以清除指定编号的断点,多个时中间用空格或逗号隔开;

* :清除所有的断点。

⑥BD 命令

语法: BD list | *

功能:使一个或多个断点失效。

用法:list:可以是单个,也可以是一系列断点,多个时中间用空格或逗号隔开;

* :禁止所有的断点。

⑦BE 命令

语法:BE list | *

功能:使一个或多个断点恢复有效。

用法:用来恢复前次用 BD 命令使之失效的断点。(每当新定义断点或编辑断点时,系统自动将其置为有效)

⑧BPE 命令

语法:BPE index_number(断点索引号)

功能:编辑一个已存在的断点。

用法:index_number:断点的序号,用 BL 命令可以看到。

(3)修改命令

①R 命令

语法:R 寄存器名

功能:显示或更改寄存器的内容。

用法:其可更改所有的寄存器的值。此命令较常用的一个功能是更改状态寄存器(PSW)的值。利用此命令可很方便地在一些跳转指令上改变方向。

②A 命令

语法:A [地址]

功能:进入小汇编状态,可直接写入汇编代码。

用法:如果 A 命令后面不加地址值,直接在当前 CS:IP(EIP)处开始汇编。

③D 命令

语法:D[size] [address [l length]]

功能:显示某内存区域的内容。

用法:size: B 表示字节;W 表示字;D 表示双字; S 表示短实型;L 表示长实型;T 表示10 字节长实型。

④E 命令

语法:E[size] [address [data-list]]

功能:修改内存单元。

用法:size: B 表示字节;W 表示字;D 表示双字;S 表示短实型;L 表示长实型;T 表示10 字节长实型。

data-list:要修改的值(和 size 类型一致),可用引号来输入字符串。

8.5.3 OllyDbg 的介绍与使用

1. OllyDbg 简介

OllyDbg(简称 OD)是由 Oleh Yuschuk(www.ollydbg.de)编写的一款具有可视化界面的用户模式调试器。OllyDbg 结合了动态调试和静态分析,具有 GUI 界面,可以识别 2300多个 C 和 Windows API 中的常用函数及其使用的参数,比较适合初学者,它对异常的跟踪处理相当灵活,可以处理其他编译器无法解决的难题。这些特性使得 OllyDbg 成为 Ring 3级程序的首选工具。本书以 OllyDbg 1.10 版本为例进行介绍。

2. OllyDbg 界面介绍

OllyDbg 运行后,主界面如图 8.5.7 所示,它包含 5 个子窗口:反汇编窗口、数据窗口、信息窗口、寄存器窗口和堆栈窗口。

(1)反汇编窗口:反汇编窗口显示被调试程序的代码,允许浏览、分析、搜索和修改代码,保存改变到可执行文件,设置断点等。它有四个列,分别是地址列、HEX 数据列、反编汇列和注释列。

①地址列:显示相对被双击地址的地址,再次双击返回标准地址模式;

②HEX 数据列:设置或取消无条件断点,按 F2 键也能设置断点;

③反编汇列:调试编辑器,可直接修改汇编代码;

图 8.5.7 OllyDbg 主界面

④注释列:相关 API 参数或运行简表,允许增加或编辑注释。

(2)数据窗口:以十六进制或内存方式显示文件在内容中的数据,类似于 SoftICE 的数据窗口。

(3)信息窗口:动态跟踪时,显示与指令相关的各寄存器的值、API 函数调用提示和跳转提示等信息。

(4)寄存器窗口:显示 CPU 各寄存器的值,支持浮点(FPU)、MMX、3DNow! 寄存器,可以单击鼠标右键切换。

(5)堆栈窗口:OllyDbg 堆栈窗口功能非常强大,各 API 函数、子程序等都利用它传递参数和变量等。如果传递的参数都是字符串,OllyDbg 会在注释里直接将其显示出来,再也不用像 SoftICE 那样经常用 D 命令查看内存数据了。

3. 加载程序

OllyDbg 可以用两种方式加载目标程序调试:一种是通过 Create Process 创建进程;另一种是利用 Debug Active Process 函数将调试器捆绑到一个正在运行的进程上。

单击菜单“文件/打开”或按快捷键 F3 打开目标文件,这样会调用 Create Process 创建一个用以调试的新进程。OllyDbg 将接收到目标进程发生的调试事件,而对其子程序的调试事件将不予理睬。

OllyDbg 的另一个实用功能是可以调试正在运行的程序,这个功能称为“附加”。其原理是利用 Debug Active Process 函数将调试器捆绑到一个正在运行的进程上,如果执行成功,则效果类似于利用 Create Process 创建的新进程。

4. Ollydbg 的常用功能及操作

(1)载入后继续运行程序(F9):调试运行载入的程序。

(2)单步追踪(F7):遇到 Call 指令会跟入执行。

(3)单步追踪(F8):遇到 Call 指令会不会跟入执行。

(4)执行到所选代码(F4):选定某行后按 F4 即可执行到这里,可用于调出循环。

(5)执行到返回语句(Ctrl+F9):当进入一个函数时可用来跳出这个函数体。

(6)执行到程序的领空(Alt+F9):如果进入到引用的 DLL 模块领空,可以用此快捷键快速回到程序领空。

(7)停止调试(ALT+F2)。

(8)重新调试(Crtl+F2)。

(9)查看"导入表"(Ctrl+N)。

(10)查找虚拟地址(Ctrl+G)。

(11)搜索汇编代码(Ctrl+F)。

(12)设置断点(F2):设置断点后的虚拟地址会呈红色状态,要取消这个断点就再按一下 F2 键。

(13)输入注释(;):在选定的行上按下分号键即可弹出"输入注释"对话框。

(14)输入标签(:):在选定的行上按下冒号键即可弹出"输入标签"对话框。

(15)在积存器窗口中双击积存器,可以修改积存器中的值。

8.5.4 常用 Win32 API 函数简介

Windows 程序模块包括 KERNEL、USER 和 GDI,其中 KERNEL 完成内存管理、程序的装入与执行和任务调度等功能,它需要调用原 MS — DOS 中的文件管理、磁盘输入输出和程序执行等功能;USER 是一个程序库,它用来对声音、时钟、鼠标器及键盘输入等操作进行管理;GDI 是一功能十分丰富的子程序库,它提供了图形与文字输出、图像操作和窗口管理等各种与显示和打印有关的功能。上述 KERNEL、USER 和 GDI 模块中的库函数可被应用程序调用,也可被其他程序模块调用。

Windows 函数是区分字符集的:A 表示 ANSI,W 表示 Wide,即 Unicode (Wide character-set),前者就是通常使用的单字节方式,但这种方式处理如中文这样的双字节字符不方便,容易出现半个汉字的情况。而后者是双字节方式,方便处理双字节字符。Windows 的所有与字符有关的函数都提供两种方式的版本。尽管你编程时使用 GetWindowText,但实际上编译程序会根据设置自动调用 GetWindowTextA 或 GetWindowTextW。函数的最后一个字母告诉我们函数是使用单字节还是双字节字符串。

这里列出几个经常碰到的 Win 32 API 函数,它们都是存在 Windows 系统核心文件 KERNEL32.DLL 中和视窗管理文件 USER32.DLL 中。

1. hmemcpy 函数

hmemcpy 函数在 KERNEL32.DLL 中,很常用,俗称万能断点,但一般的编程书籍上很少提到,原因它是底层的东西,没有特殊需要,一般不直接调用。它执行的操作很简单,只是将内存中的一块数据拷贝到另一个地方。

注意:此函数只在 Windows 9x 系统上有效,在 Win NT/2K 系统上相关的函数是 memcpy,但在 Win NT/2K 上不同于 Windows 9x 上,很少再调用 memcpy 来处理数据了,用此函数设断基本上什么也拦不住。

2. GetWindowText 函数

GetWindowText 函数在 USER32.DLL 用户模块中，它的作用是复制指定窗口中的字符到缓冲区。

3. GetDlgItemText 函数

GetDlgItemText 函数在 USER32.DLL 用户模块中，它的作用是返回对话框中某一个窗口的标题或文字。

4. MessageBox 函数

MessageBox 函数是在 USER32.DLL 用户模块中，它的作用是创建、显示和操作信息框。

8.5.5 动态破解实例

1. 设计一个简单的用户名和密码验证程序

我们以 VC 6.0 为例来设计一个简单的用户名和密码验证程序。在程序窗口中，用户可以输入用户名和密码，如果用户输入用户名为“admin”和密码为“2009”，则提示“输入的用户名和密码正确”，否则，提示“输入的用户名或密码错误”。

程序流程如图 8.5.8 所示。

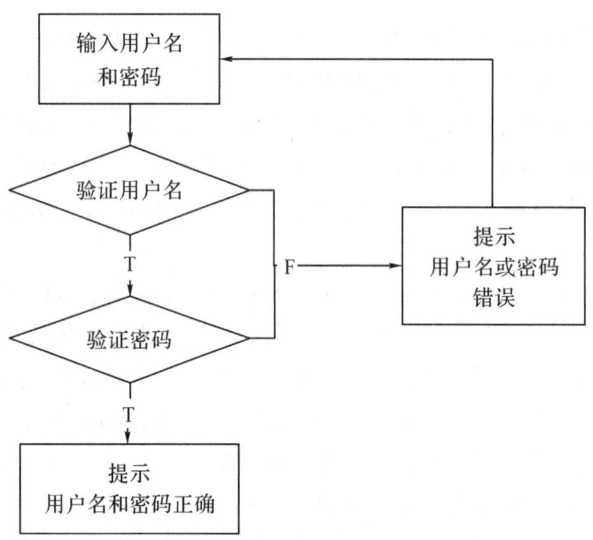

图 8.5.8 程序流程

(1)运行 VC 6.0，选择“菜单”→“新建”，然后点击“工程”，选择“MFC AppWizard(exe)”，输入工程名称“Crackme1”和工程路径位置，最后点击“确定”按钮。如图 8.5.9 所示。

(2)应用程序类型选择“基本对话框”，然后点击“完成”按钮，如图 8.5.10 所示。

(3)从控件工具栏中拖入两个静态文本和两个编辑框，并将两个静态文本的标题属性分别设置成“用户名：”和“密码：”，然后在密码编辑框的样式属性中选择密码并打“√”，对话框设计界面如图 8.5.11 所示。

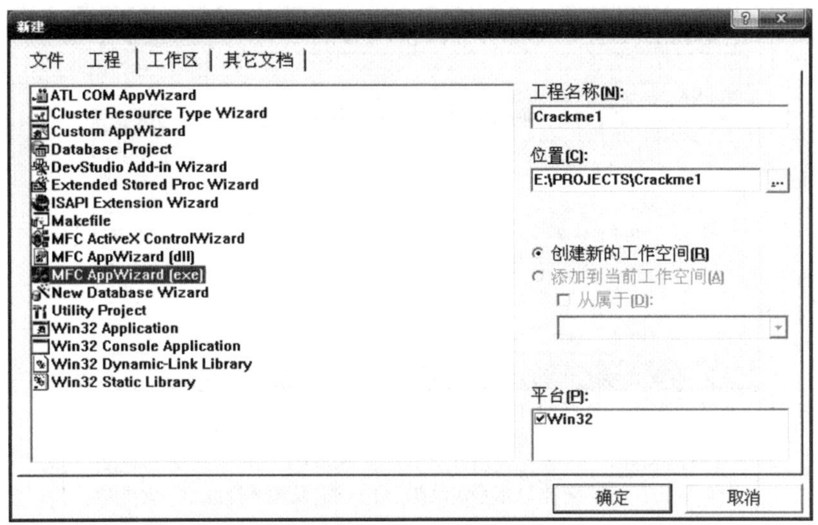

图 8.5.9 VC 运行向导图 1

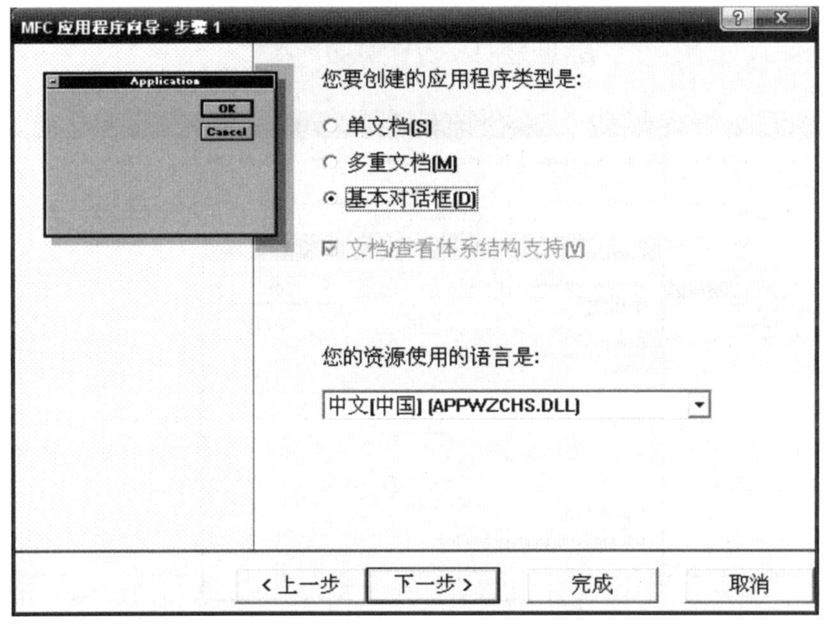

图 8.5.10 VC 运行向导图 2

(4)在用户名编辑框上点击鼠标右键,选择建立类向导,接着选择“Member Variables”,然后点击“Add Variable”按钮,将用户名编辑框的变量名设置成为 m_user,变量类型设置成为 CString,最后点击“OK”按钮。如图 8.5.12 所示。

(5)同上,将密码编辑框的变量名设置成为 m_pass,然后返回对话框设计界面,双击“确定”按钮,在 CCrackme1Dlg::OnOK()函数中加入如下代码:

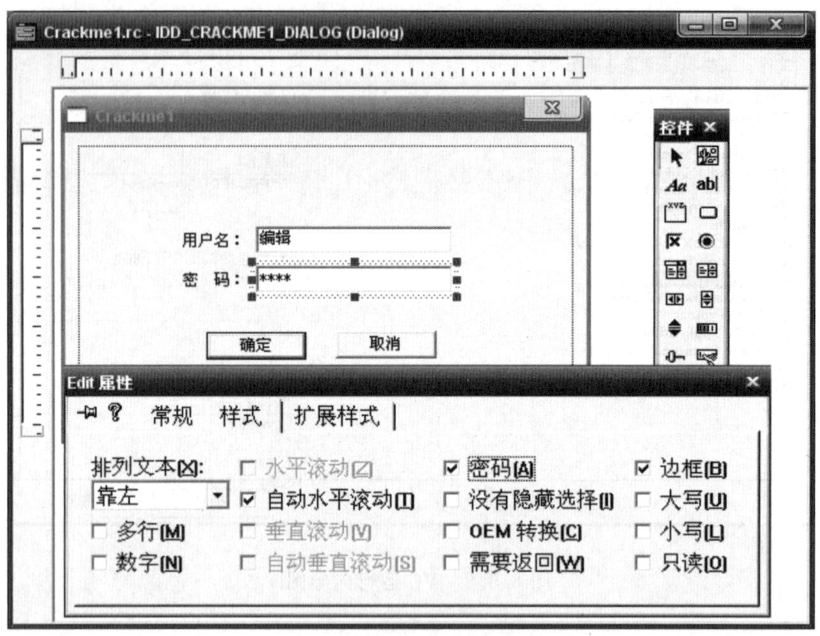

图 8.5.11 对话框设计界面

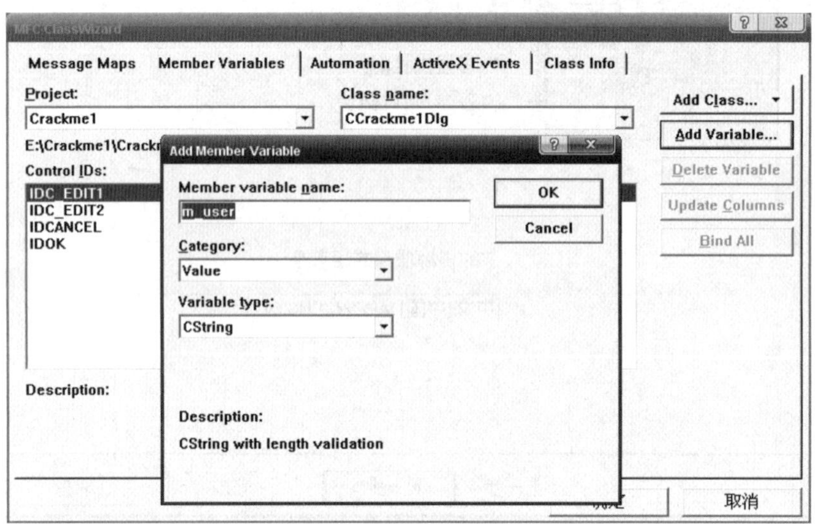

图 8.5.12 设置变量名

```
void CCrackme1Dlg::OnOK()
{
UpdateData(TRUE);
if(m_user == "admin" && m_pass == "2019")
  MessageBox("用户名和密码正确!");
else
```

```
{
  MessageBox("用户名或密码错误!");
  return;
}
CDialog::OnOK();
}
```

(6)完成后编译并运行该程序,并分别在编辑框中输入正确和错误的用户名与密码进行测试。

2. 破解该密码验证程序

(1)运行 OllyDBG,单击菜单"文件/打开"或按快捷键 F3 打开 Crackme1.exe 文件。如图 8.5.13 所示。

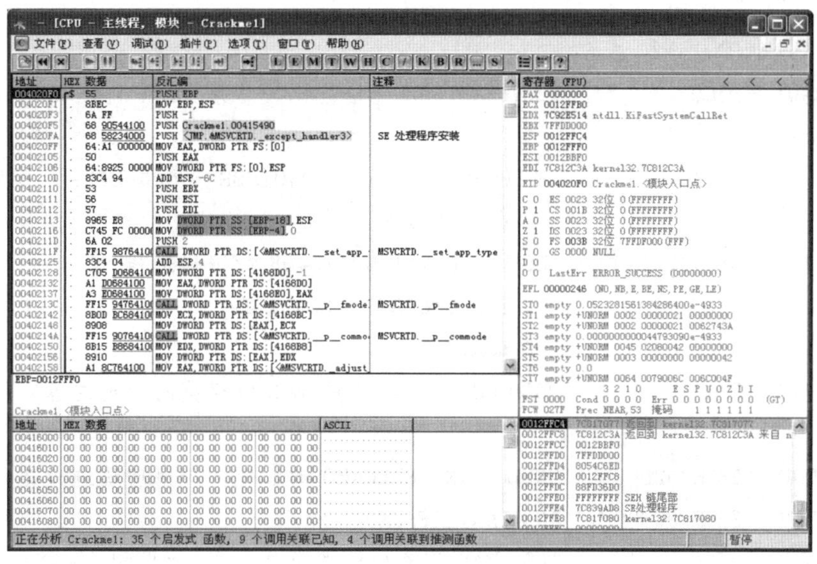

图 8.5.13 加载 Crackme1.exe 文件后的 OllyDBG 界面

(2)在 OllyDBG 反汇编窗口的空白处点击鼠标右键,选择"超级字符串参考"→"查找 UNICODE",显示窗口如图 8.5.14 所示。

(3)在超级字串参考查找结果中,程序的用户名和密码就完全显示出来了。双击第一行,进入程序反汇编地址 00401D77,对该处的反汇编进行详细分析。

```
00401D77    68 14544100    PUSH Crackme1.00415414 //用户名(admin)进栈
00401D7C    8B45 FC        MOV EAX,DWORD PTR SS:[EBP-4]
00401D7F    83C0 60        ADD EAX,60
00401D82    50             PUSH EAX   //EAX 进栈,EAX 中存放的地址内容即用户输入
                                      的用户名
00401D83    E8 FC020000    CALL <JMP.&MFC42D.#813> //对用户名进行比较
00401D88    25 FF000000    AND EX,0FF
```

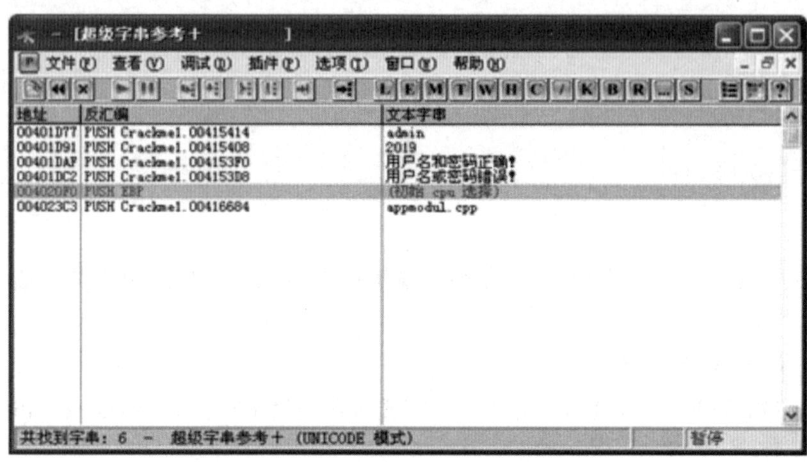

图 8.5.14 超级字串参考查找结果界面

```
00401D8D    85C0           TEST EAX,EAX //检查比较结果,如果相等 EAX=1,否则 EAX=0
00401D8F    74 2D          JE SHORT Crackme1.00401DBE //如果 EAX=0 就跳转到 00401DBE
00401D91    68 08544100    PUSH Crackme1.00415408 //密码进栈
00401D96    8B4D FC        MOV ECX,DWORD PTR SS:[EBP-4]
00401D99    83C1 64        ADD ECX,64
00401D9C    51             PUSH ECX //ECX 进栈,ECX 中存放的地址内容即用户输入的密码
00401D9D    E8 E2020000    CALL <JMP.&MFC42D.#813> //对密码进行比较
00401DA2    25 FF000000    AND EAX,0FF
00401DA7    85C0           TEST EAX,EAX //检查比较结果,如果相等 EAX=1,否则 EAX=0
00401DA9    74 13          JE SHORT Crackme1.00401DBE//如果 EAX=0 就跳转到 00401DBE
00401DAB    6A 00          PUSH 0
00401DAD    6A 00          PUSH 0
00401DAF    68 F0534100    PUSH Crackme 1.004153F0 //字符串"用户名和密码正确!"进栈
00401DB4    8B4D FC        MOV ECX,DWORD PTR SS:[EBP-4]
00401DB7    E8 C2020000    CALL <JMP.&MFC42D.#3517> //显示用户名或密码正确提示框
00401DBC    EB 13          JMP SHORT Crackme1.00401DD1
00401DBE    6A 00          PUSH 0
00401DC0    6A 00          PUSH 0
```

```
00401DC2    68 D8534100    PUSH Crackme1.004153D8 //字符串"用户名或密码错误!"
进栈
00401DC7    8B4D FC        MOV ECX,DWORD PTR SS:[EBP-4]
00401DCA    E8 AF020000    CALL ＜JMP.&MFC42D.＃3517＞ //显示用户名或密码错误
                                 提示框
```

若要对该程序进行暴力破解，只需要将地址 00401D8F 和地址 00401DA9 两处的反汇编命令“JE SHORT Crackme1. 00401DBE”改为“JNE SHORT Crackme1. 00401DBE”，也就是将 HEX 数据中机器码 74 改为 75 即可。

8.6　常见软件的保护与破解

8.6.1　序列号方式

序列号注册方式是我们见得最多的保护方式。通常在注册的时候，要求输入用户名(ID)和对应的序列号(Serial Number)或注册码(Registration Key)，以判断是否可以使用此软件。

1. 序列号保护机制

首先我们来了解一下序列号加密的工作原理。当用户从网络上下载某个共享软件(Shareware)后，一般都有使用时间上的限制，当过了共享软件的试用期后，你必须到这个软件的公司去注册后方能继续使用。注册过程一般是用户把自己的私人信息(一般主要指名字)连同信用卡号码告诉给软件公司，软件公司会根据用户的信息计算出一个序列码，在用户得到这个序列码后，按照注册需要的步骤在软件中输入注册信息和注册码，其注册信息的合法性由软件验证通过后，软件就会取消掉本身的各种限制，这种加密实现起来比较简单，不需要额外的成本，用户购买也非常方便，在互联网上的软件 80% 都是以这种方式来保护的。

我们注意到软件验证序列号的合法性过程，其实就是验证用户名和序列号之间的换算关系是否正确的过程。其验证最基本的有两种，一种是按用户输入的姓名来生成注册码，再同用户输入的注册码比较，公式表示如下：

序列号 ＝ F(用户名)

但这种方法等于在用户软件中再现了软件公司生成注册码的过程，实际上是非常不安全的，不论其换算过程多么复杂，解密者只需把换算过程从程序中提取出来就可以编制一个通用的注册程序。

另外一种是通过注册码来验证用户名的正确性，公式表示如下：

用户名 ＝ F 逆(序列号)(如 ACDSEE)

这其实是软件公司注册码计算过程的反算法，如果正向算法与反向算法不是对称算法的话，对于解密者来说，的确有些困难，但这种算法设计较难。

于是有人考虑到一下的算法：

F1(用户名) = F2(序列号)

F1、F2 是两种完全不同的的算法，但用户名通过 F1 算法计算出的特征字等于序列号通过 F2 算法计算出的特征字，这种算法在设计上比较简单，保密性相对以上两种算法也要好的多。

2. 如何攻击序列号保护

要找到序列号，或者修改掉判断序列号之后的跳转指令，最重要的是要利用各种工具定位判断序列号的代码段。

一种方法是通过跟踪输入注册码之后的判断，从而找到注册码。一般都是在一个编辑框中输入注册码，软件需要调用一些标准的 API 将编辑框中输入的注册码字符串拷贝到自己的缓冲区中。利用调试器提供的针对 API 设断点的功能，就有可能找到判断注册码的地方。这些常用的 API 函数包括 GetWindowTextA(W)、GetDlgItemTextA(W)、GetDlgItemInt、hmemcpy (仅限于 Windows 9x)等。程序判断完注册码之后，一般显示一个对话框，告诉用户注册码是否正确，这也是一个切入点。显示对话框的常用 API 行数包括 MessageBoxA(W)、MessageBoxExA(W)、DialogBoxParamA(W)、CreateDialogIndirectParamA(W)、DialogBoxIndirectParamA(W)、CreateDialogParamA(W)、MessageBoxIndirectA(W)、ShowWindow 等。

另一种方法就是跟踪程序启动时对注册码的判断，因为程序每次启动时都需要将注册码读出来加以判断，从而决定是否以注册版的模式工作。根据序列号的存放位置的不同，可以使用不同的 API 断点。如果序列号存放在注册表中，可以用 RegQueryValueExA(W)；如果序列号存放在 INI 文件中，可以 GetPrivateProfileStringA(W)、GetProfileStringA(W)、GetPrivateProfileIntA(W)、GetProfileIntA(W)等函数；如果序列号存放在一般的文件中，可以用 CreateFileA(W)、_lopen()等函数。

3. 字符串的比较形式

在序列号分析过程中，字符串处理是一个重点，必须掌握一定的分析技能。加密者为了有效防止解密者修改跳转指令，往往采用一些技巧，迂回比较字符串。

(1) 寄存器直接比较

```
mov eax [ ];eax 或 ebx 放的是直接比较的两个数，一般是十六进制形式
mov ebx [ ];同上
cmp eax,ebx;直接比较两个寄存器
jz(jnz) xxxx
```

(2) 函数比较 1

```
mov eax [ ];比较数字直接放在 eax 中，一般是十六进制形式，也可能是地址
mov ebx [ ];同上
call xxxxxxxx;调用比较函数，可以是 API 函数，也可以是作者自己的比较函数
jz(jnz)
```

(3) 函数比较 2

```
push xxxx;参数 1，可以是地址、寄存器
```

```
push xxxx;参数 2
call xxxxxxxx;调用比较函数,可能是 API 函数,也可能是作者自己的比较函数
jz(jnz)
```

(4) 串比较

```
lea edi [ ];edi 指向字符串 a
lea esi [ ];esi 指向字符串 b
repz cmpsd;比较字符串 a、b
jz(jnz)
```

4. 注册函数的实现

(1)序列号 = F(用户名)

函数 GenRegCode 能够根据数组 Table 的值将用户名转换成注册码,具体代码如下(详见文件夹"序列号 1"中的实例):

```
unsigned char Table[8]={0xE,0xC,0xA,0x8,0x6,0x4,0x2,0x1};
BOOL GenRegCode(TCHAR *rCode, TCHAR *name, int len)
{
    int i;
    unsigned long code=0;
    for(i=0; i<len; i++)
      code+=((BYTE)name[i]) * Table[i%8];
    wsprintf(name, TEXT("%ld"),code);
    if(lstrcmp(rCode,name)==0)
      return true;
    else
      return false;
}
```

(2)F1(用户名) = F2(序列号)

函数 F1 和函数 F2 能够分别根据用户名和序列号计算出一个数值,若这个数值相等表示注册成功,否则失败。具体代码如下(详见文件夹"序列号 2"中的实例):

```
int F1(char *name)
{
    int i,k1=0;
    char ch;
    for(i=0;name[i]!=0;i++)
    {
      ch=name[i];
      if(ch<'A') break;
```

```
        k1+=(ch>'Z')? (ch-32):ch;
      }
      k1=k1^0x5678;
      return k1;
}

int F2(char * code)
{
      int i,k2=0;
      for(i=0;code[i]! =0;i++)
      {
        k2=k2 * 10+code[i]-48;
      }
      k2=k2^0x1234;
      return k2;
}
```

8.6.2 时间限制方式

时间限制程序有两类:一类是每次运行多少时间;另一类是每次运行时间不限,但是有个时间段限制,例如一些共享软件的试用期限为 30 天,30 天过后软件就不能运行了。

1. 计时器

这类程序每次运行时都有时间限制,例如运行 10 分钟或 20 分钟就停止,必须重新运行该程序才能正常工作。这些程序里面有个计时器专门负责统计程序运行的时间。在 Windows 下实现计时器有如下几种方法:

(1)SetTimer()函数

应用程序可在初始化时调用这个 API 函数来向系统申请一个计时器,并且指定计时器的时间间隔;还可提供一个处理计时器超时的回调函数。当计时器超时时,系统将会向申请该计时器的窗口过程发送消息 WM_TIMER,或者调用程序所提供的那个回调函数。

该函数的原型如下:

UINT SetTimer(HWND hWnd, UINT nIDEvent, UINT uElapse, TIMEPROC lpTimerFunc);

各参数的含义如下:

hWnd:窗口句柄,当计时器时间到时,系统将向这个窗口发送 WM_TIMER 消息。

nIDEvent:计时器标识。

uElapse:指定计时器时间间隔,以毫秒为单位。

lpTimerFunc:回调函数。当计时器超时,系统将调用这个函数。这个回调函数的原型为:

void CALLBACK TimerProc(HWND hWnd, UINT uMsg, UINT idEvent, DWORD dwTime)；

由于 SetTimer()是以 Windows 消息的方式工作，所以其精度有一定的限制，但对于软件保护来说已经够用。当程序不再需要计时器时，可以调用 KillTimer()来销毁计时器。

(2) GetTickCount()函数

该函数返回的是系统自成功启动以来所经过的毫秒数。将该函数的两次返回值相减，就可知道程序已经运行了多长时间。这个函数的精度取决于系统的设置。该函数原型如下：

DWORD GetTickCount(void)；

(3) 多媒体计时器

微软公司在其多媒体 Windows 中提供了精确定时器的底层 API 支持。利用多媒体定时器可以很精确地读出系统的当前时间，并且能在非常精确的时间间隔内完成一个事件、函数或过程的调用。利用多媒体定时器的基本功能，可以通过两种方法实现精确定时。一种是使用 timeGetTime()函数，该函数定时精度为毫秒级，返回从 Windows 启动开始所经过的时间。另一种是使用 timeSetEvent()函数，该函数精度最高可以达到 1 毫秒。

2. 时间限制

这类保护的软件一般都有时间段的限制，例如试用 30 天等。当过了软件的试用期后，就不能运行。只有向软件作者付费注册后才能得到一个无时间限制的注册版本。这种保护方式的实现流程大致如表 8.6.1 所示。

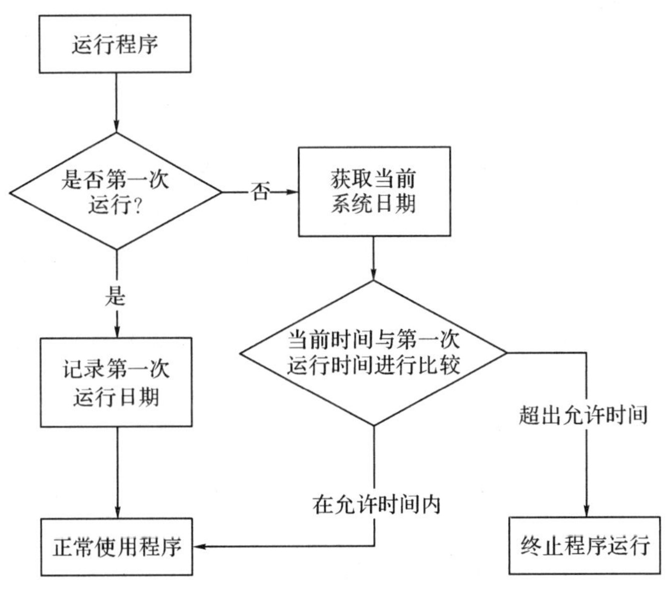

图 8.6.1　时间限制保护的实现流程

可见，这种日期限制的机理很简单。但是在实现的时候，如果对各种情况处理得不够周全，就很容易被绕过，比如在过期之后再把时间改回去，软件就又能够正常使用了。取得时间的 API 函数一般有 GetSystemTime、GetLocalTime 和 GetFileTime。

8.6.3 Nag 窗口方式

Nag 的本义是烦人的意思。Nag 窗口是软件设计者用来不时提醒用户购买正式版本的窗口。软件设计者可能认为当用户受不了试用版中的这些烦人的窗口时就会考虑购买正式版本。它可能会在程序启动或退出时弹出来，或者在软件运行的某个时刻随机或定时地弹出来，确实比较烦人。

去除 Nag 窗口常用的三种方法是：修改程序的资源、静态分析，动态分析。去除 Nag 窗口用资源修改工具是个不错的方法，如 eXeScope 或 Resource Hacker，可以将可执行文件中的 Nag 窗口的属性改成透明、不可见，这样就变相去除了 Nag 窗口。如果要完全去除 Nag 窗口，我们可以进行动态跟踪调试，找到创建此窗口的代码，逃过即可。常用的显示窗口的函数有 MessageBoxA（W）、MessageBoxExA（W）、DialogBoxParamA （W）、CreateWindowExA(W)、ShowWindow 等。

8.6.4 破解实例

【目标软件】Nag. exe

【下载地址】https://pan. baidu. com/s/1GsLGLBL3rgo7Jkj16Ffa2Q(提取码:ks7g)

【破解工具】OllyDbg

【破解平台】Windows Server

实例 Nag. exe 是一个显示提示窗口的程序，调用 MessageBoxA 函数来显示提示框，我们可以通过两种方法对该程序进行破解。

方法一

(1)运行 Nag. exe 文件，弹出 Nag 窗口，如图 8.6.2 所示。

(2)记录 Nag 窗口提示信息，运行 OllyDbg 并载入 Nag. exe 文件。

(3)在 OllyDBG 反汇编窗口的空白处点击鼠标右键，选择超级字符串参考→查找 UNICODE，显示窗口如图 8.6.3 所示。

(4)找到与 Nag 窗口提示信息相同的文本字符串，也就是地址 0040178F 处，双击该行进入程序空间，具体代码如下：

```
00401788   6A 00          PUSH 0
0040178A   68 8C304000    PUSH Nag.0040308C;   nag 窗口
0040178F   68 78304000    PUSH Nag.00403078;   请去除这个 nag 窗口!
00401794   8BCE           MOV ECX,ESI
00401796   E8 17040000    CALL <JMP.&MFC42.#4224_? MessageBoxA@CWnd>
0040179B   33C0           XOR EAX,EAX
0040179D   5E             POP ESI
0040179E   C2 0400        RETN 4
```

(5)将地址 00401788 处的“PUSH 0”改为：“JMP 0040179B”，点击鼠标右键选择菜单中的“复制到可执行文件”，即可将修改保存到磁盘文件中。

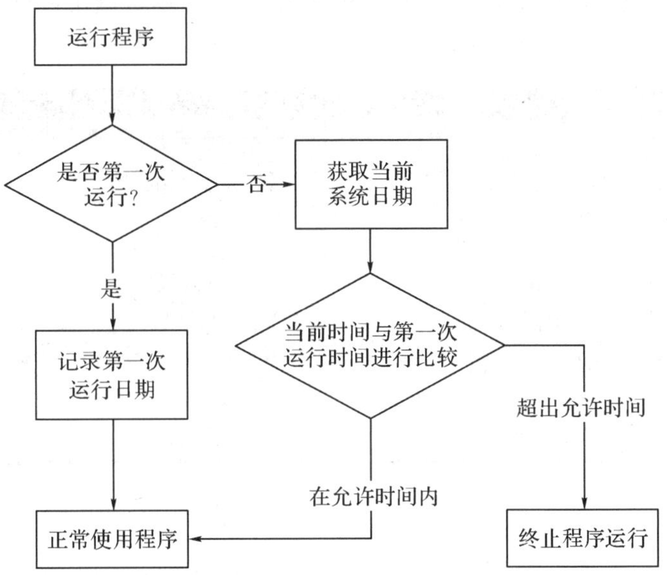

图 8.6.2 Nag 窗口提示框

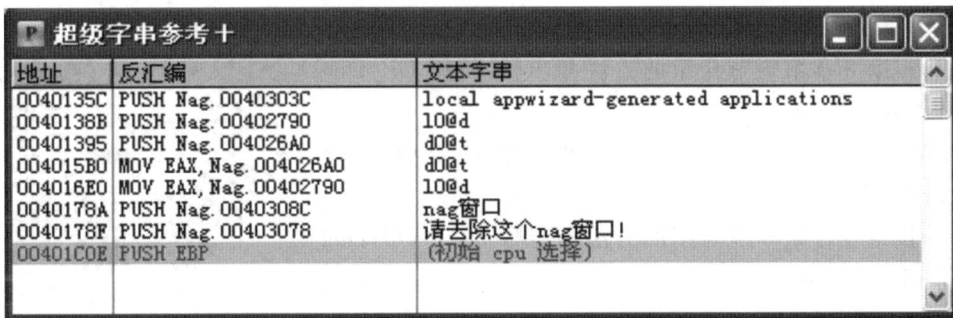

超级字串参考十

地址	反汇编	文本字串
0040135C	PUSH Nag.0040303C	local appwizard-generated applications
0040138B	PUSH Nag.00402790	10@d
00401395	PUSH Nag.004026A0	d0@t
004015B0	MOV EAX, Nag.004026A0	d0@t
004016E0	MOV EAX, Nag.00402790	10@d
0040178A	PUSH Nag.0040308C	nag窗口
0040178F	PUSH Nag.00403078	请去除这个nag窗口!
00401C0E	PUSH EBP	(初始 cpu 选择)

图 8.6.3 超级字串参考查找结果界面

方法二

(1)运行 OllyDbg 并载入 Nag.exe 文件,选择主菜单中的"插件"→"命令行"。如图 8.6.4所示。

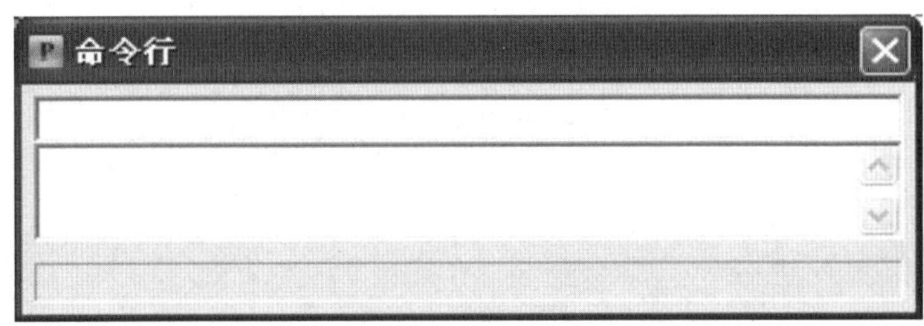

图 8.6.4 命令行窗口

(2)在命令行中输入“bpx MessageBoxA”并回车,弹出函数调用窗口,在窗口的目标文件列中找到 MessageBoxA,也就是地址 00401796。如图 8.6.5 所示。

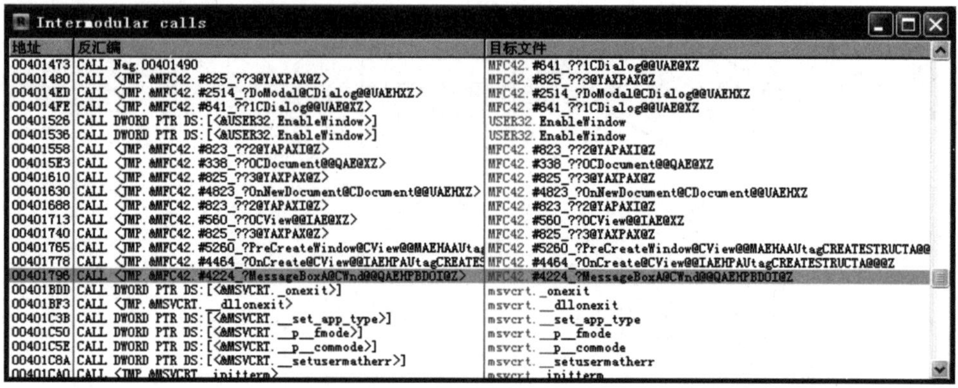

图 8.6.5　函数调用窗口

(3)双击该行进入程序空间,同方法一的步骤 5,将地址 00401788 处的“PUSH 0”改为:“JMP 0040179B”即可。

实训(相关工具软件下载地址:https://pan.baidu.com/s/1GsLGLBL3rgo7Jkj16Ffa2Q,提取码:ks7g):

(1)按第 8 章第 5 节介绍的方法和步骤,使用 OllyDbg 破解 TraceMe1.exe。

(2)按第 8 章第 6 节介绍的方法和步骤,使用 OllyDbg 破解 TraceMe2.exe。

(3)按第 8 章第 6 节介绍的方法和步骤,使用 OllyDbg 破解 SetTime.exe。

参考文献

[1] 彭新光,王峥,等.信息安全技术与应用[M].北京:人民邮电出版社,2013.

[2] 段钢.加密与解密(第3版)[M].北京:电子工业出版社,2008.

[3] 朱海波,等.信息安全与技术(第2版)[M].北京:清华大学出版社,2019.

[4] 胡向东,魏琴芳,胡蓉.应用密码学(第3版)[M].北京:清华大学出版社,2014.

[5] 鲁先志,武春岭.信息安全技术基础[M].北京:高等教育出版社,2016.

[6] 陈小兵.黑客攻防:实战加密与解密[M].北京:电子工业出版社,2016.

[7] 杨波.现代密码学(第4版)[M].北京:清华大学出版社,2017.

[8] Atul Kahate.密码学与网络安全[M].3版.金名,等译.北京:清华大学出版社,2017.

[9] Christof 等,深入浅出密码学:常用加密技术原理与应用[M].马小婷译.北京:清华大学出版社,2012.

[10] 克雷格·鲍尔.密码历史与传奇[M].徐秋亮,蒋瀚译.北京:人民邮电出版社,2019.

[11] 道格拉斯 R.斯廷森.密码学原理与实践[M].3版.冯登国,等译.北京:电子工业出版社,2012.

[12] 李龙景.用户密码的破解及对策[J].职业技术教育,第399期,2004.

[13] 吴旭,张鑫.数据安全专家门诊[M].济南:山东电子音像出版社,2006.

[14] 迈克尔·威尔森巴赫.密码学:C/C++语言实现[M].2版.杜瑞颖,等译.北京:机械工业出版社,2015.

参考文献